中国传统建筑文化与鉴赏

主　编　杨　帆

副主编　张玉莹　赵宇晗　唐永鑫

北京理工大学出版社

BEIJING INSTITUTE OF TECHNOLOGY PRESS

内 容 提 要

本书分为四部分共16个模块，第一部分建筑之美，包括：中国传统建筑、宫殿建筑、城防建筑、宗教建筑和坛庙建筑、民居建筑和园林建筑；第二部分文化之美，包括：诗词之美、绘画之美、音乐之美；第三部分匠心之美，包括：鲁班、喻皓、蒯祥、样式雷、詹天佑、梁思成；第四部分家乡之美，包括：北方传统建筑、南方建筑。全书结合不同典型实例进行具体分析研究，引入历史成因、文化内涵、艺术价值、建造工艺、各地特色等文化内容，使学生比较系统地了解中国传统建筑文化，培养民族责任感，增强民族自信心，以更好地弘扬民族传统文化和民族精神，进而全面提高学生的人文素养。

本书可作为高等院校综合素质教育、美育教育中的相关课程教材。

图书在版编目（CIP）数据

中国传统建筑文化与鉴赏 / 杨帆主编. -- 北京：
北京理工大学出版社，2024.2
ISBN 978-7-5763-2963-6

Ⅰ.①中…　Ⅱ.①杨…　Ⅲ.①古建筑－建筑艺术－中
国－高等学校－教材　Ⅳ.①TU-092.2

中国国家版本馆CIP数据核字（2023）第193698号

责任编辑：封　雪	文案编辑：毛慧佳
责任校对：刘亚男	责任印制：王美丽

出版发行 / 北京理工大学出版社有限责任公司

社　　址 / 北京市丰台区四合庄路 6 号

邮　　编 / 100070

电　　话 /（010）68914026（教材售后服务热线）

　　　　　　（010）68944437（课件资源服务热线）

网　　址 / http：//www.bitpress.com.cn

版 印 次 / 2024 年 2 月第 1 版第 1 次印刷

印　　刷 / 河北鑫彩博图印刷有限公司

开　　本 / 787 mm×1092 mm　1/16

印　　张 / 14

字　　数 / 330 千字

定　　价 / 89.00 元

Foreword

前言

中国传统文化源远流长、博大精深，是由中华文明汇集而成的一种反映民族特质和风貌的民族文化，是民族历史上各种思想文化、观念形态的总体表征；是具有鲜明民族特色和传统优良的文化，是中华民族几千年文明的结晶。它积淀着中华民族最深沉的精神追求，是使中华民族生生不息、发展壮大的动力，也是实现中华民族伟大复兴的精神力量。

中国传统建筑是世界建筑史上延续时间最长、分布地域最广，有特殊风格和建构体系的造型与空间艺术，是中国劳动人民用自己的血汗和智慧创造的辉煌文明，是艺术与技术的结晶。中国传统建筑文化是中国传统文化的重要组成部分，包含了中国古代传统建筑中蕴含的思想、文化和艺术。它承载着中国传统文化的精髓和特点，反映了中国文化的独特性和卓越性。

本书以全新的视角诠释经典，力图将厚重的中国传统建筑文化以浅显、轻松、生动的方式呈现出来，既化繁为简、寓教于乐，也传递了知识；同时，还避免了枯燥乏味的说教。为增强知识性与趣味性，本书中穿插了知识链接、延伸阅读等小栏目，引用大量的图片，包括人物画像、文物照片、建筑美景和复原图等，图文并茂，凸显了中华传统建筑文化在各方面的历史底蕴和深厚内涵。

学习本书中的内容后，学生可以比较系统地了解中国传统建筑文化，培养民族责任感，增强民族自信心，更好地弘扬中国传统文化和民族精神，进而提高人文素养。

本书由辽宁建筑职业学院杨帆担任主编，由辽宁建筑职业学院张玉莹、赵宇晗、唐永鑫担任副主编；具体编写分工为：杨帆编写第一部分的模块一、模块二和第二部分；张玉莹编写第三部分的模块一、模块二和第四部分；赵宇晗编写第一部分的模块三、模块四、模块五；唐永鑫编写第三部分的模块三、模块四、模块五、模块六。

本书的编写得到了同行们的大力支持和帮助，谨致以衷心的感谢。编者在本书的编写过程中参考了大量的文献资料，在此对相关作者表示诚挚的谢意。

由于编者水平有限，书中难免存在疏漏之处，恳请广大读者不吝指正。

编　者

Contents

目　录

第一部分　建筑之美

第二部分　文化之美

第三部分　匠心之美

第一部分　建筑之美

　　梁思成先生曾说："中国建筑既是延续了两千余年的一种工程技术，本身已造成一个艺术系统，许多建筑物便是我们文化的表现，艺术的大宗遗产。"中国传统建筑，既是凝固的历史和文化，也是城市文脉的体现和延续。

　　建筑传承历史，铭刻着人类文明和文化的发展轨迹，被誉为"人类历史文化的纪念碑"。中国传统建筑内容丰富、底蕴深厚，蕴含了天人合一、谦虚内敛、意境幽远等古代哲学思想。同时，中国传统建筑极其丰富的题材也表达了人们对于国泰民安、和谐相处、遇难成祥等美好生活的愿望。我国古代宫殿、城防、民居、园林等诸多传统建筑已经列入世界文化遗产，其体现的历史价值、艺术价值和科学价值已深深植根于人们心中，具有强烈的民族认同感。

　　中国传统建筑作为中华民族重要的创造物之一，是不同时代和文化的结晶，是社会政治、经济、文化的体现，也是人民生活水平的真实写照。

>>> 模块一　中国传统建筑

单元一　中国传统建筑基本概述

一、中国传统建筑结构体系

　　很早以前，中国古代建筑就采用了木构架的结构方式。林徽因在《清式营造则例》的绪论中写道："中国建筑为东方独立系统，数千年来，继承演变，流布极广大的区域。虽然在思想及生活上，中国曾多次受外来异族的影响，发生多少变异，而中国建筑直至成熟繁衍的后代，竟仍然保存着它固有的结构方法及布置规模；始终没有失掉它原始面目，形成一个极特殊、极长寿、极体面的建筑系统。故这系统建筑的特征，足以加以注意的，显然不单是其特殊的形式，而是产生这特殊形式的基本结构方法，和这结构法在这数千年中单纯顺序的演进。"正是这种木结构体系赋予了中国传统建筑神秘、奇妙的个性特点，形成了中国建筑体系所特有的建筑语汇。这种木结构的建筑有许多优点。

　　第一，在使用上有很大的灵活性。人们常说中国房子是"墙倒屋不塌"，就是因为这些房屋都是用立柱，而不是用墙体承受上面的质量，即使墙壁倒塌了，房屋也依然立在那里，房屋的外墙和内墙都可以灵活处理。外墙可以是实体的墙，在北方寒冷地带，可以用厚墙；在南方炎热地区，可以用木板或竹编的薄墙，也可以不用墙而安装门窗，甚至房屋四周都可以临空而完全不用墙。这样就满足了殿堂、亭榭、廊子等各类建筑的不同需要。在室内更可以按用途以板壁、屏风、隔扇分隔成不同的空间。

第二，防震性能好。因为木结构建筑的各部分之间绝大多数是用榫卯连接的，这些节点都属于柔性连接，加之木材本身所具有的韧性，因此当遇到像地震这样突然的袭击力量时，它可以减少断裂和倒塌，加强建筑的安全性。

第三，木结构便于施工建造。木材是天然材料，它不像砖瓦那样需要用泥土烧制，比起同样是天然材料的石头，采集和加工都要容易得多。同时，在长期实践中，工匠们还创造了一种模数制，就是以木结构中一个构件的大小作为基本尺度，计算房屋的柱、梁、门窗等尺寸时，都以这个尺度作为基本单位来计算，这样，工匠就可以按照规定尺寸对不同构件同时加工，再到现场拼装，较少受季节和天气的限制，加快了房屋建造的速度。

当然，木结构也存在着缺点。例如，它的坚固性和耐久性不如砖石结构；木材怕火、怕潮湿、怕虫腐蚀，历史上遭受雷击而毁于火灾的建筑不计其数。因此，木建筑比起砖石建筑，寿命要短得多，这也是历史悠久的传统建筑保存下来为数不多的原因。

总体来说，房屋的骨架都是用木料制成的。它的基本形式是用木头柱子立在地面上，柱子上架设木梁和木枋，在这些梁和枋上面架设用木料做成的屋顶构架，在这些构架上再铺设瓦顶屋面。中国传统建筑大体都是三段式结构，即由台基、屋身、屋顶三个基本部分构成（图1-1-1）。北宋喻皓所著《木经》中记载："凡屋有三分：自梁以上为'上分'，地以上为'中分'，阶为'下分'。"这说明这种建造特征有非常久远的历史。

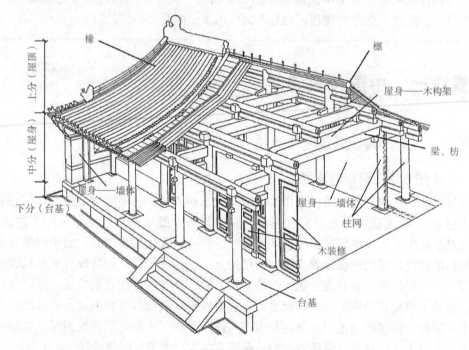

图1-1-1　中国古代建筑木构架示意

（一）台基

1. 台基的作用

台基是一种挡水防潮的措施，可使室内保持干燥。但因其本身具备一定的尺度，就会在视觉上增强建筑的稳定感，更易体现建筑物的高大雄伟。台基在《木经》中被称为

"下分"，虽然无法为使用者提供遮蔽，但其并非毫无用处，甚至非常重要，无论是心理上还是功能上它承担的是将建筑抬高的功能。通过抬高，将一个特定的区域与周边环境进行区分，从而在心理上使该区域变得特殊甚至庄重，是台基的一个重要作用。"台基"又称"堂"，其高度具有等级制度，《礼记》记载："天子之堂九尺，诸侯七尺，大夫五尺，士三尺。"高度一直是权力的实体象征之一。无论是先秦时期的高台建筑，还是流传至今的"高士""高人"等词汇，都表明"高"与权力具有某种心理关联。

抬高地面除限定出一片专属空间(图1-1-2)，满足人们心理上的需求外，大部分情况主要是为了使屋身离开原始地面，从而更好地保护屋身及屋内使用者或重要之物不受雨水与虫蛀的侵害。由于早期受材料限制，屋身多为木结构或土木混合承重结构，雨水的侵蚀或虫蛀等因素会导致屋身根部强度大大降低，危害整个建筑的安全。将地面抬高，就能大大减少这种侵害。

图 1-1-2　明代仇英《汉宫春晓图》

台基的作用主要包括以下几点：
(1)承托建筑物。
(2)防潮、防腐。
(3)弥补中国古建筑不甚高大的欠缺。
(4)台基的高度代表着建筑物本身的等级及主人的阶层、身份和社会地位。

2. 台基的类别
台基按其形态主要分为普通台基和须弥座两类。普通台基(图1-1-3)在商代早期就已出现，全部由夯土筑成。东汉画像石中所示的台基已外包砖石，而且有了阶条石、角柱石和间柱石，形制和后来的基本一致。南北朝至唐代的台基常在侧面砌不同色泽的条砖，或贴表面有各种纹样的饰面砖，或做成连续的壸门。到宋代后，大多台基以条石为框，其间嵌砌条砖或虎皮石。

须弥座(图1-1-4)是一种侧面上下凸出、中间凹入的台基，由佛座逐渐演变而来。最早的实例见于北魏时期的石窟，从隋唐时期开始大量使用在等级较高的建筑中，在装饰上出现了莲瓣、卷草纹饰、人物雕刻、壸门等。至宋代，《营造法式》规定了须弥座的详细做法，上下做逐层外凸的叠涩，中部起束腰，其间隔以莲瓣。元朝起须弥座趋向简化，人物雕刻及壶门已不大使用。明清时期的须弥座上部、下部基本对称，且束腰变矮，莲瓣肥厚，装饰多采用植物或几何纹样。

图 1-1-3　义县奉国寺的普通台基

图 1-1-4　太和殿的须弥座台基

踏跺与栏杆也是建筑基础的重要组成部分。除较为常见的垂带踏跺外，还有如意踏跺、慢道与用于行车的斜道，以及栏杆及其上千姿百态的柱头，它们和台基共同组成了中国传统建筑中坚实厚重的基座。

（二）屋身

中国传统建筑的屋身是由固定的柱、梁、枋、门窗、格扇、墙等构件组成的，是中国木结构中变化最为丰富的空间部分。

1. 支撑构件

柱、梁、枋是中国传统建筑的常用支撑构件。

柱是形成屋身最重要的构件，起到承上启下的关键作用，正所谓"立木顶千金"，因此柱子很少用雕饰，即使使用也是浅浮雕。柱按其所处的部位可分为檐柱、金柱、中柱、山柱、童柱、角柱、蜀柱、垂柱和雷公柱。

柱多立于柱础之上，以便隔潮。柱础是中国古建筑构件的一种，俗称磉盘或柱础石，它是承受屋柱压力的奠基石。凡是木架结构的房屋，可谓柱础皆有，缺一不可。古代中国人民为使落地屋柱不潮湿腐烂，在柱脚上添上一块石墩，就使柱脚与地坪隔离，起到防潮作用；同时，又加强柱基的承压力。因此，对础石的使用均十分重视。露明的部分是中国传统建筑中一个典型的艺术构件，尤其是在民间，更是千姿百态。柱础的形状有方形、鼓形和瓜形等。柱上雕饰的内容有动物、植物及人物等，无奇不有（图1-1-5）。

图 1-1-5　造型各异的柱础

梁、枋是起拉结柱间作用的构件。梁与枋是置于柱间或柱顶的横木。但是，两者的走向差别较大：梁是置于前后金柱或置于金柱与檐柱之间的横木；而枋是置于檐柱与檐柱、或金柱与金柱、或脊柱与脊柱之间的横木。简单地说，大多数的梁是与建筑的横断面方向一致的；而枋主要与建筑的正立面方向一致。枋更多的是起横向连接作用；梁更多的是起承重作用。梁和枋相互垂直，都架于柱上，平行于屋脊的托着桁的是枋，垂直于屋脊的就是梁。梁从造型上划分，可分为直梁和月梁两种（图1-1-6）。在早期的建筑中，直梁较为多见。后来出于美观的考虑，殿堂或住宅等重要空间中的梁多做成中间略拱、两侧弯曲向下，呈弯月状，因此得名"月梁"。梁的下面，主要支撑物就是柱子。在较大型的建筑物中，梁是放在斗拱上的，斗拱下面才是柱子，而在较小型的建筑物中，梁是直接放置在柱头上的。

图 1-1-6　直梁与月梁

枋根据位置的不同，主要可分为额枋、金枋、脊枋等。与梁、枋相关的其他构件还有驼峰（图1-1-7）、雀替（图1-1-8）、撑拱（图1-1-9）等，它们除具有相应的支撑作用外，还是建筑构件艺术化的主要部位。

图1-1-7　驼峰

图1-1-8　雀替

图1-1-9　撑拱

2. 围护构件

墙体不起承重作用，因而门窗、格扇、罩和挂落等围护构件所采用的艺术形式多种多样，极尽匠人之所能。

隔扇是一种中国古代的门。凡可以开启或拆卸者皆可称为隔扇门，也有写作榻扇的。宋代时称为格门或格木门。清代用于内檐装修的隔扇又称碧纱橱。

在建筑中，罩的设计与使用体现着较高的艺术水准。《史记·秦始皇本纪》载："咸阳之旁二百里内，宫观二百七十，复道甬道相连，帷帐钟鼓美人充之……"可见这时的室内是用帷帐来作为装饰的。直到隋唐五代，屏风、帷帐、帘幕仍然是用于室内分割的设施，大屏风是主要的室内隔断物，并作为布置家具的背景，帷帐和帘幕也同样用于分割空间，它不仅可以随意布置，变化灵活，还有很好的装饰效果。宋代出现用装饰各种棂条花纹的格子门、落地长窗作为主要室内隔断物的现象。罩的艺术形式及种类很多，如栏杆罩、花罩、几腿罩、飞罩、天弯罩、炕罩、落地罩等。除炕罩外，通常设施的位置是沿室内进深方向或面阔方向进行设置的，进深方向与室内露明的梁袱相对应，对梁、柱两侧的空间并没有加以阻隔，只是在视觉上做出区域的划分；在分隔的地方略加封闭，从而达到相对分隔或意向分隔的效果。这些作为室内隔断的罩常常用在两种不完全相同但又性质相近的区域之间，如一座三开间的厅堂，在其左右间和中央开间之间，即在左右两排柱旁顺梁枋安置栏杆罩或花罩，以区分出三开间的不同区域与空间。罩营造出室内既有联系又有分隔的环境气氛，体现了实用性（外层实用功能层）、艺术性（中层艺术审美功能层）和文化性（内层又称观念层，体现了文化的心理部分）三性合一的复合功能特性。

挂落是中国传统建筑中额枋下的一种构件，常用镂空的木格或雕花板做成，也可由细小的木条搭接而成，用作装饰或划分室内空间。挂落在建筑中常为装饰的重点，常作透雕或彩绘。在建筑外廊中，挂落与栏杆从外立面上看位于同一层面，并且纹样相近，有上下呼应的装饰作用。自建筑中向外观望，则在屋檐、地面和廊柱组成的景物图框中，挂落有如装饰花边，使图画空阔的上部产生了变化，出现了层次，具有很强的装饰效果。在室内的挂落称为挂落飞罩，但不等于飞罩，挂落飞罩与挂落很接近，只是与柱相连的两端稍向下垂；而飞罩的两端下垂更低，使两柱门形成拱门状。

3. 斗拱

斗拱又称枓栱、斗科、铺作等，是中国建筑特有的一种结构。宋代《营造法式》中称为铺作，清工部《工程做法》中称为斗科，通称为斗拱。斗是斗形木垫块，拱是弓形的短木。拱架在斗上，向外挑出，拱端之上再安斗，这样逐层纵横交错叠加，形成上大下小的托架。斗拱是中国木构建筑中屋身与屋顶的过渡构件，在横梁和立柱之间挑出以承重，将屋檐的载荷经斗拱传递到立柱。斗拱作为我国封建社会中等级制度的象征，在中国传统建筑中更是有举足轻重的意义。

斗拱最早见于周代铜器，后来在汉代的画像砖、明器和石阙中也屡见不鲜。特别是在高大的殿堂和楼阁建筑中，出檐深度越大，檐下斗拱的层数越多。层层叠架的斗拱，恢宏壮丽，充满韵律感（图 1-1-10）。唐宋时，它同梁、枋结合为一体，除上述功能外，还成为保持木构架整体性结构层的一部分。到了明清时期，因为砖墙的普遍使用，不再需要用深远的屋檐来保护夯土墙体以免雨水侵蚀，所以屋顶的出檐渐渐缩短，斗拱的功能趋于减弱，形式变得繁缛精巧，渐渐成为一种纯装饰性的构件。后人可根据斗拱的演变之序来鉴定建筑物的年代。

因为斗拱的尺寸较小，古代工匠在房屋的设计和施工过程中，逐渐将其当作一种单位，作为衡量房屋其他构件大小的基本尺度。《营造法式》总结了工匠在实践中的经验，正式规定根据拱的断面尺寸定为一"材"。"材"就成为一幢房屋的宽度、深度、立柱高低、梁枋粗细的基本单位。这种制度一直沿用到清朝，类似近代建筑设计与施工中应用的基本"模数"制。

等级规则是有斗拱大于无斗拱、斗拱多的大于斗拱少的、层次多的大于层次少的。例如，故宫太和殿下搪为七踩斗拱，上檐为九踩，建筑等级最高。

图1-1-10　斗拱

拓展小知识

檐柱：建筑物檐下最外一列支撑屋檐的柱子，也称"外柱"。檐柱在建筑物的前后檐下都有，也就是从平面图上看前后最外侧的两排柱子。

金柱：建筑物的前后檐柱以内，除处在建筑物中轴线上与建筑的屋脊平行的一排柱子外，其余的柱子都称为"金柱"。在较大的建筑中往往有数列金柱，其中距离檐柱较远的称为"外金柱"，离檐柱较近的称为"内金柱"。

瓜柱：一种比较特别的短柱，立在两层梁架之间或梁檩之间。因为其形体短小，所以宋代时称它为"侏儒柱"或"蜀柱"。

雷公柱：主要用在庑殿顶和攒尖顶建筑中，是一种形体较短小的柱子。在庑殿顶建筑中，雷公柱用于支撑庑殿顶山面挑出的脊檩，其下部立在太平梁上。在攒尖顶建筑中，雷公柱多直接悬在宝顶之下，只以若干由戗支撑。雷公柱下面的柱头通常做成垂莲形式，非常漂亮。而在较大型的攒尖顶建筑中，一般要在雷公柱下置太平梁，以减少由戗的负荷。

驼峰：用在各梁架之间配合斗拱承托梁栿的构件，因其外形似骆驼之背，故名之。

雀替：中国古建筑的特色构件之一，用于缩短梁枋跨度增强梁枋的载荷力。它形似双翼附于柱两侧，如同一只栖居在古建筑檐梁上的云雀。

撑拱：一种用于承接柱和悬挑构件（梁、檐檩、檐枋等）的斜撑。民间称呼各有不同，传统的叫法有"牛腿""马腿"等。

（三）屋顶

对于建筑来说，无论形式如何，屋顶最基本的功能是遮风避雨与停留或储存。因此，用于遮蔽的屋顶是建筑必不可少的要素，也是其最为重要和最为夺目的部分。由于屋身为土木之物，为防止受到雨水侵蚀，中国传统建筑通常为坡屋顶，并且有非常大的出檐，这也是其与西方传统教堂、城堡等石头建筑最大的区别——通过出挑使屋檐伸出墙体范围，是保障土木屋身安全的一种手段，在石头建筑中却并不必要。

中国传统建筑屋顶是中国古代建筑最富有艺术魅力的组成部分之一，是建筑的冠冕。中国古代建筑的屋顶对建筑立面起着特别重要的作用。那远远伸出的屋檐、富有弹性的屋檐曲线、由举架形成的稍有反曲的屋面、微微起翘的屋角（仰视屋角，角椽展开犹如鸟翅，故称"翼角"）及众多屋顶形式的变化，加上灿烂夺目的琉璃瓦，使建筑物产生独特而强烈的视觉效果和艺术感染力。通过对屋顶进行各种组合，又使建筑物的体形和轮廓线变得愈加丰富。

梁思成先生曾经充满自豪地讴歌中国古建筑（主要指官式礼制建筑）的屋顶，认为屋顶是"中国建筑中最显著、最重要、庄严无比、美丽无比的一部分。瓦坡的曲面，翼状起翘的檐角，檐前部的'飞椽'和承托出檐的斗栱，给予中国建筑以特殊风格和无可比拟的杰出姿态"。他曾全面分析作为中国传统建筑基本特征和重要部分的屋顶，在顶部轮廓线、整体造型、防雨和装饰等方面的特殊作用，以及中国文化中崇尚"生动""意蕴"屋顶造型的表现手法。

脊饰是屋顶表情与表意的重点，正脊、垂脊、戗脊、翼角、宝顶、瓦当和滴水都是装饰的重要部位，就连屋面上也有装饰物，如瓦将军、风狮爷、瓦猫等。

中国传统建筑屋顶上各种装饰构件的造型从龙、凤到各种飞禽走兽，从神佛仙道到凡夫俗子，从帝王将相到才子佳人，从日月星辰到山川万物，可谓包罗万象，无所不有。屋顶装饰文化与宗教文化、民族文化和民俗文化交织融合，从而产生了千姿百态、富有特色的中国传统建筑屋顶装饰艺术（图 1-1-11）。

视频：中国传统建筑的屋顶样式

图 1-1-11　广东佛山祖庙正殿正脊

官式礼制建筑正脊两端装饰有鸱吻(图 1-1-12)，南方民居的正脊两端往往用瓦片做成高高翘起的鳌尖或用陶质鱼状小兽，还经常使用铁片以助鳌尖翘高、翘远、翘得花俏。北方民居的正脊两端多使用比较方正的象鼻子做装饰。一般民居，在片瓦脊中间用中墩或称腰花，单饰宝瓶，以示聚宝发财。在各地的寺庙、会馆、祠堂、民居建筑上，屋脊装饰无论在分布、形象，还是内容上，都大大发展得丰富多彩。除龙外，几乎什么动物都可以放，正脊中央连人物和殿堂楼阁也搬了上去。垂脊和戗脊的装饰更有讲究，兽头、仙人走兽，每个兽都有自己的名字和作用。翼角部分的装饰也不示弱，有套兽、角神、嫔伽及仙人骑鸡(凤)等。琳琅满目、丰富多彩的屋顶脊饰，进一步提升了传统建筑的整体艺术性，丰富了人居处所的微观艺术文化内涵。相当数量的脊饰具有较高的艺术价值和观赏价值。

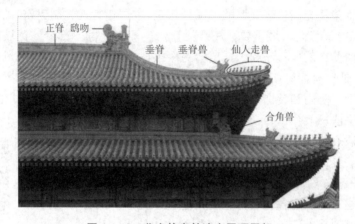

图 1-1-12　北京故宫乾清宫屋顶局部

从中国传统建筑的立面来看，屋顶以其硕大的体型压倒了其他部分，故在三段式的单体建筑中，屋顶的形式尤为突出，它富有变化的轮廓也给天际线增添了丰富多彩的效果。中国传统建筑的屋顶样式有很多，根据建筑物的等级和用途而有所不同，以下五种屋顶样式是最常见的，也是非常重要的。

1. 庑殿顶

庑殿顶是中国各式屋顶中等级最高的，由一条正脊、四条垂脊组成，也称"五脊殿"。因为屋顶四面形成斜坡，所以也称"四阿顶"。前后两坡相交形成横向正脊，左右两坡与前后两坡相交，形成自正脊两端斜向延伸到四个屋脚的四条斜脊。屋檐两端向上微翘，四面坡略有凹形弧度。唐代以前，正脊短小，四面坡深，明代以后正脊加长。

中国传统建筑的屋顶不仅有单檐形式，还有双檐甚至多檐形式，称为重檐。重檐是指有两层屋檐的中国传统建筑形式，主要用于庑殿顶、歇山顶和攒尖顶，可以增加建筑的体量，使建筑更添雄伟庄严之感。

山西大同善化寺大殿采用单檐庑殿顶(图 1-1-13)。北京故宫太和殿采用重檐庑殿顶(图 1-1-14)。

图 1-1-13　山西大同善化寺大殿的单檐庑殿顶　　　　图 1-1-14　北京故宫太和殿的重檐庑殿顶

2. 歇山顶

歇山顶在规格上仅次于庑殿顶，共有九条屋脊，即一条正脊、四条垂脊和四条戗脊，因此又称"九脊顶"。其正脊两端到屋檐处中间折断了一次，好像"歇了一歇"，故名歇山顶。其上半部分为悬山顶或硬山顶的样式，而下半部分为庑殿顶的样式。歇山式的屋顶两侧形成的三角形墙面叫作"山花"。为了使屋顶不过于庞大，山花还要从山面檐柱中线向内收进，这种做法叫作"收山"。

北京故宫寿康宫采用单檐歇山顶(图 1-1-15)。北京天安门采用重檐歇山顶(图 1-1-16)。

图 1-1-15　北京故宫寿康宫的单檐歇山顶　　　　图 1-1-16　北京天安门的重檐歇山顶

3. 攒尖顶

攒尖顶是圆形和正多边形建筑的屋顶造型。攒尖顶没有正脊，屋顶为锥形，顶部集中于一点，也称"宝顶"。攒尖顶按照形状可分为圆攒尖和角攒尖。圆攒尖没有垂脊；角攒尖又有四角、六角、八角等式样，顶上有与角数相同数量的垂脊。这种屋顶多用于亭、榭、阁、塔等建筑。

攒尖顶不仅形象优美、生动，比例尺度宜人，而且特殊的屋脊处理和生动的兽形瓦饰，均体现了民族文化的特色。

北京天坛祈年殿采用重檐攒尖顶(图 1-1-17)。

4. 悬山顶

悬山顶的等级仅高于硬山顶，这两种屋顶形式都有一条正脊和四条垂脊，只有两面坡。悬山顶建筑不仅有前后檐，而且屋顶两侧有与前后檐尺寸相同的檐，于是屋檐两端便悬伸在山墙之外，因此得名"悬山顶"（图1-1-18）。形成的四面檐，有利于防雨。

图1-1-17　北京天坛祈年殿的重檐攒尖顶　　　　图1-1-18　广东从化广裕祠的悬山顶

5. 硬山顶

硬山顶屋面以中间横向正脊为界分前后两面坡，左右两面山墙与屋面齐平，没有伸出部分，此时山墙顶部形成四条垂脊（图1-1-19），简单朴素，同时等级最低。硬山顶的山墙与屋顶两侧齐平或高出屋顶。高出的山墙称为"风火山墙"，也称为封火墙，能够在火灾发生时防止火势沿着房屋蔓延。南方因风雨较多，民居多用悬山顶；北方天气比较干燥，民居多用硬山顶。

建筑等级制度是中国传统建筑一种独特的文化现象。等级制度是按照人们在社会政治生活中的地位差别，来确定其可以使用的建筑形式和规模。建筑的等级表现在建筑的各个方面，首先表现在屋顶式样上（图1-1-20）。梁思成先生曾经就做过考证："屋顶等第制度，明清仍沿前朝之制，以四阿（庑殿）为最尊，九脊（歇山）次之，挑山又次之，硬山为下。"庑殿顶是最高等级的式样，只有皇家建筑才能使用；歇山顶次之，可用于宫殿、寺庙等一般较大规模的建筑；而一般平民百姓的建筑只能使用悬山顶、硬山顶。庑殿顶和歇山顶又有重檐和单檐之分，重檐等级高于单檐。一般来说，庑殿顶、歇山顶、悬山顶、硬山顶式样是有等级区别的，而攒尖顶、卷棚、盝顶、盠顶等其他式样一般不加入等级序列。

图1-1-19　沈阳故宫崇政殿的硬山顶　　　　图1-1-20　中国传统建筑屋顶基本形式等级

二、中国传统建筑的装饰

(一)装饰色彩

中国传统建筑的色彩首先对建筑构件起保护作用，是基于传统建筑采用木构架的基本特点而产生的。其次，色彩作为一种装饰手段，不仅反映着当时人们对艺术的欣赏水平和用色的考究程度，还逐渐演变成建筑等级的表现手段，体现着当时的社会等级制度和建筑文化的内容。色彩及其描绘的场景已远远超出了视觉和艺术的范畴，从一定意义上来说，它也是文化的部分载体。

视频：中国传统
建筑的色彩装饰

中国传统建筑的装饰色彩具有较长的稳定性，并形成了一定的规则。通常，中国传统建筑的主色首先选择象征幸福、喜庆的红色，其次采用象征永久、平和与生机的蓝绿色，宫殿建筑则采用象征尊贵、威严的金黄色。与建筑一样，中国传统建筑的装饰色彩也是一种标示等级观念的象征性符号。

《周礼》记载："以玉作六器，以礼天地四方，以苍璧礼天，以黄琮礼地，以青圭礼东方，以赤璋礼南方，以白琥礼西方，以玄璜礼北方。皆有牲币，各放其器之色。"这表明色彩已用于政治礼仪之中。在春秋时期宫殿建筑柱头、护栏、梁上和墙上不仅有彩绘，而且已使用朱红、青、淡绿、黄灰、白、黑等颜色。秦代继承战国时的礼仪，更重视黑色。秦代统一后变服色与旗色为黑色。汉代，发展了周代阴阳五行理论，五色代表方位更加具体：青绿色象征青龙，代表东方；朱色象征朱雀，代表南方；白色象征白虎，代表西方；黑色象征玄武，代表北方；黄色象征龙，代表中央。这种思想一直延续到清末。汉代除民间一般砖造泥木房的室内比较朴素外，宫殿楼台极为富丽堂皇。天花一般为青绿色调，栋梁为黄、红、金、蓝色调，柱、墙为红色或大红色。盛唐时期，色彩比以前更豪华，用大红、绿青、黄褐及各层晕染的间色，金银玉器是必用材料。绿色、青色琉璃瓦流行，深青泛红的绀色琉璃瓦开始使用。从汉代至唐代，建筑木结构外露部分一律涂朱红，墙面采取赤红色与白色组合方式，红白衬托，鲜艳悦目，简洁明快的色感是其特点。宋代喜欢清淡高雅，重点表现品位，建筑彩作和室内装饰色调追求稳而单纯。这一时期，往往将对构件进行雕饰，色彩是青绿彩画，朱金装修，白石台基，红墙黄瓦综合运用。元明清三代是少数民族与汉族政权更迭时期，除吸收少数民族成就外，明代继承宋代清淡雅致传统，清代走向华丽烦琐风格。元代室内色彩丰富，装修彩画红、黄、蓝、绿等颜色均有。明代色泽浓重明朗，用色于绚丽华贵中见清秀雅静。明代官方规定，公主府邸正门用绿油铜环，一、二品官员的正门用绿油锡环，三品至五品官员的正门用黑油锡环，六品至九品官员的正门用黑门铁环。到了清代，油漆彩画流行，民宅色彩多为材料本色，北方灰色调为主，南方多粉墙、青瓦，梁柱用深棕色、褐色油漆，与南方常绿自然环境协调。正式规定黄色的琉璃瓦只限于宫殿使用，王公府邸只能用绿色的琉璃瓦。于是，黄色也逐渐成了帝王之色，黎民百姓不得用之。在《中国建筑史》中，梁思成根据《营造法式》，对中国传统建筑的用色这样描述："色调以蓝、绿、红三色为主，间以墨、白、黄。凡色之加深或减浅，用叠晕之法。其方法亦自唐至清所通用也。"

(二)装饰图案

中国传统建筑的装饰图案丰富多彩，具有鲜明的中华民族情调，主要可分为以下几类。

1. 动物类

中国传统建筑装饰中，不乏飞禽、走兽、虫鱼等现实中生物的装饰图样，但更多的是通过丰富的想象虚构出来的各种动物，如龙、凤、麒麟等，甚至有许多连名字都叫不出来。

无论是天上飞的、地上跑的，还是水中游的，只要这种动物可以给人们的生活带来富足、力量、平安或吉祥，就会被人们喜爱，也会被广泛运用到建筑中。例如，民居的门窗上常雕刻代表着福禄寿喜的蝙蝠、梅花鹿、仙鹤和喜鹊，或者代表吉祥如意的大象、鲤鱼、燕子等。狮子撑拱、双狮戏球轩梁多出现在牌坊石雕中。不仅如此，因为现实生活中的动物还不足以表达人们的思想和愿望，所以人们还特别臆想出一些理想的动物。这些理想型动物被人们赋予了超出常规的力量，人们期望它们实现自己完成不了的愿望。例如，鸱可以激浪降雨，于是被安排到建筑的正脊两端，以防火灾（图1-1-21）；龙因为是四灵（龙、凤、麒麟、龟）之首而成为帝王的象征，在与皇帝有关的建筑中便都能看到它（图1-1-22）；仙人走兽具有逢凶化吉、灭火压邪的作用，具体是指仙人——逢凶化吉；龙、凤、天马、海马——吉祥之物；狮、狻猊——辟邪之物；狎鱼——灭火之物；獬豸——执法兽；斗牛——消灾灭火；行什——降妖（图1-1-23）。龙凤呈祥、二龙戏珠、鲤鱼跳龙门等装饰图案在祠堂和富家大室中多有所见。

图 1-1-21　山西运城永乐宫大殿鸱吻

图1-1-22　沈阳故宫大政殿门前的金龙盘柱

图 1-1-23　北京故宫太和殿屋顶的仙人走兽

2. 植物类

植物花纹发展较晚，据典籍记载，秦代已有用藤蔓作为建筑花纹的，但考古未见实物，汉代虽有，但显得单一呆板，真正生动形象的植物花纹出现于佛教传入中国后的六朝时期。自然物中最常见的是云与水的花纹，山岳岩石也用得比较多。几何纹种类较多，较常见的有雷纹、云纹、粟纹、弦纹、蝉纹等。从风格上看，早期花纹、线条较硬直滞涩，缺乏婉曲流畅，有一种神秘的气味，虽然古劲滞重，表示出威严的气势，但缺乏清秀。到了汉代，除保持周朝特点外，线条更加畅达，有一种雄健豪迈之气，令人惊叹。魏晋南北朝时期，随着佛教的传入，装饰纹也为之一变，最初是强壮、粗犷，略带稚气，到北魏末年，呈现出雄浑而带俏丽、刚劲而带柔和的倾向。唐代除莲瓣外，常用卷草纹构成带状花纹，不但构图饱满，线条也很流畅、挺秀。宋代装饰风格绚丽多彩，出现了飞天等图案。另外，图案随建筑等级的差别而出现了五彩遍装、青绿彩画和土朱刷饰三种类型，后来明清的彩画都由此发展而成。明清时期，随着官方建筑的标准化、定型化，装饰图案也受到限制，但从清中叶后，装饰走向过分烦琐，花纹的定型化使其失去了清新活泼的韵味，从而更加深了个体建筑沉重、拘束的风格。

隐喻是中国文人最擅长的手法，在绘画、诗文、音乐和书法中，都有文人士大夫寄情言志的身影，建筑装饰也不例外。宋代诗人郑思肖在《寒菊》中描述了菊的高洁品质："花开不并百花丛，独立疏篱趣未穷。宁可枝头抱香死，何曾吹落北风中"。"菊"因此成了为人清高、坚毅不屈的象征，被广泛用于装饰图案中。"衙斋卧听萧萧竹，疑是民间疾苦声。些小吾曹州县吏，一枝一叶总关情"。这首郑燮的《墨竹图题诗》反映出他对百姓疾苦的关心，"竹"成了为官清廉的写照，同样被广泛应用于建筑装饰中。除菊、竹外，松、柏、桃、莲、梅、兰、桃、荷等花草树木也都是装饰中的常见之物，其雕刻手法在长期的历史实践中达到了很高的艺术水平。

3. 典故类

将日常生活中津津乐道的故事刻画在建筑上是传统建筑装饰常用的手法。古代识字的人比较少，将这些故事雕刻在住宅的门窗或墙面上，既可作为富有美感和民族特色的艺术装饰，又具有教化作用。如取材于桃园三结义、苏武牧羊、将相和、杨家将的故事，贯穿了封建的"仁、义、礼、智、信"（五常）的宣扬和教育。最为突出的是出自《封神演义》的"忠、孝、节、义"四个字。

4. 自然现象类

日月星辰、万物的更替对于古人来说，是非常美妙且神圣的事情，对它们的遐想促使人们把日月山川、风雨雷电等用美丽的形态表现在建筑的构件上。如云气腾升的柱头形式拔高了望柱的气势，而云的多变形态也使它在建筑上的表现形态变化万千，或温柔，或刚直。立于北京天安门广场上的华表，柱身呈八角形，柱子上雕有一条巨龙盘旋而上，龙身旁布满云纹，汉白玉的石柱在蓝天白云的衬托下有巨龙凌空飞腾的气势。柱身上方横插一块云板，上面雕满祥云，远远望去，好像柱身直插云间，给人以庄严神圣之感（图1-1-24）。

图 1-1-24　天安门广场上的华表

课堂讨论

你认为，在中国传统建筑中，以江、河、云、海等自然现象为主题的雕刻可能出现在建筑的什么部位？

单元二　中国传统建筑的主要特征

习近平总书记说："古建筑是科技文化知识与艺术的结合体，古建筑也是历史载体。"古建筑有着丰富的人文内涵。中国是一个具有悠久历史的国家，在各个历史时期建造了许许多多、各种各样、不同用途的房屋。按照梁思成先生的划分，可以将1912年之前的建筑称为中国传统建筑。中国传统建筑具有以下特征。

（1）中国传统建筑以"间"为单位。我们的祖先就是这样定出房屋尺度，世代传承，人们居住也方便，所以年代久了，人们要盖房子，就根据这个"间"作为尺度标准。"间"在平面上是一个建筑的最低单位。普通建筑全是多间的，且为单数。在浙江东阳县城有一户人家姓卢，他家前后有5个院子，两边又各有5个院子，房屋达200间，成为一大片，这是比较大的住宅。因此"间"非常灵活，而且是方便的，可多可少，再大也可以。自古以来，一直到今天，在中国盖房子还是用这个"间"作为盖房子的基本的布局标准。

我们买布做衣服，要买几尺；吃饭要吃多少，要用斤两作为标准，或用碗作为量度。人们盖房子、造建筑也是这个样子，所建的建筑无论多大，无论分期或一次性建设完毕，都要用"间"作为标准。人们习惯说："你家住几间屋？"可见，"间"在人们生活中的重要性。

（2）建筑由房屋组合而成。中国的四合院房屋就是用"间"组合起来的，每面3间，四面共计12间。1个院子不够住，可做2个院子或者3个院子，随时可以就地扩大房屋的数量。在西方，大的建筑组群多数以一栋建筑为一个单体，互相之间并没有什么有机联系。在中国就不同，中国多数以大建筑群组出现，各单体房屋之间都是有机联系的。在中国大的建筑群组中，无论是庙宇、皇宫还是佛寺，都是由多个房屋组合而成的。

（3）建筑具有封闭性。中国古代生活以家族为中心，因此，在建筑上也反映出家庭观念。每人都固守其家。家家户户为了安全，把自家的房屋用高墙包围起来。

（4）建筑布局横向延展。中国传统建筑均以单层平房为主，楼房数量比较少，平房互相连接，横向发展。

（5）礼制贯穿。中国是礼仪之邦，对建筑也做出了礼制方面的规定。自西周以来，在造房时就做出相应的约束，是中国古代社会重要的典章制度之一，体现出严格的封建等级制度。例如，在《周礼》《礼记》中，关于建筑的规模和形制，依爵位不同，都有严格的规定。在单体建筑或大型建筑中，乃至城市规划中，都贯穿中轴线，主要建筑都安排在轴线上。中轴线左右建筑对称，左祖右社，前朝后寝，即前部为大朝（办公之处），后部为居住要地（寝室）。

（6）房屋建筑以木结构为主。中国传统建筑一直都是以木材作为主要建筑材料。在当时状况下，树木成林，原始森林很多，这是一个客观因素。木材本身又是一种良性植物，它具有温暖性，当人们接触时给人一种柔和、温暖的感觉，同时加工操作时极其容易，因此，人们就大量地使用木材建造房屋。

（7）重点部位着重装饰。一座建筑不仅是工程技术，而且是一门综合艺术，这是缺一不可的。中国传统建筑的艺术性相当丰富，在综合艺术中要体现雕刻、彩画、壁画、色彩等装饰，往往在一座建筑中的一些部位做重点装饰。以佛殿为例，柱础石、屋檐、斗拱、瓦当、正脊、门窗等部位都做得很精致；在梁架部位，斗拱、梁头瓜柱上都有雕刻，起到画龙点睛的作用。

（8）防御性强。中国古代城池、宫殿、庙宇、佛寺、陵墓、书院、会馆等各种类型的建筑都体现出一种军事防御思想。民居建筑也是如此，每户大宅都筑高墙、修炮台、设望楼、安设水井、开设后门，这一系列设计都体现出防御性。

模块二　宫殿建筑

单元一　宫殿建筑概述

视频：宫殿
建筑概述

宫殿建筑又称宫廷建筑，是皇帝为了巩固自己的统治，突出皇权的威严，满足精神生活和物质生活需要而建造的规模巨大、气势雄伟的建筑物。

宫殿建筑是中国传统建筑中规制最高、规模最大、艺术价值最高的建筑，鲜明地反映了中国传统文化注重巩固社会政治秩序，特别强调古代统治者权威的特色。宫殿建筑为人们留下了完整的记忆，使人们有可能超越时空回顾历史。宫殿建筑是体现各个时代建筑艺术的巅峰，中国宫殿是中国古代帝王所居住的大型建筑组群，是最重要的建筑类型。在中国长期的封建社会中，以皇权为中心的中央集权制得到充分发展，宫殿是封建思想意识的集中体现，在很多方面代表了传统建筑艺术的最高水平。

根据文献记载和考古发掘，早在公元前 16 世纪的商代，就出现了宫殿建筑。秦始皇统一六国之后，大修宫殿，建造了气势磅礴的朝宫，它与汉三宫（长乐宫、未央宫、建章宫）共同形成了中国宫殿建筑发展史上的第一次高潮。此后，伴随着江山易主与王朝更替，华夏大地掀起了建造宫殿的热潮。隋代有仁寿宫、大兴宫，唐代有太极宫、大明宫和兴庆宫，以及辽宋金元明清时期建造的宫殿，无不气势雄伟、规模庞大。然而，令人扼腕叹息的是，这些人类建筑史上的杰作大多在王朝更迭的战争中变成断壁残垣，能够传世的仅有北京故宫和沈阳故宫。其中，北京故宫是现存规模最大、最完整的古代宫殿建筑群，也是中国古代宫殿建筑的典范。

一、汉唐宫殿建筑的特点

汉唐宫殿建筑以大和壮为主要艺术风格，也突出了主体建筑的空间组合，强调了纵轴方向的陪衬手法。其建筑组群主次分明，高低错落，大型廊院组合复杂，正殿左右或翼以回廊，形成院落，转角处和庭院两侧又有楼阁和次要殿堂，并有横向扩展的建筑组群方式，在中央主要庭院左右，再建纵向庭院各一至二组，而在各组之间之夹道来解决交通和防火问题。

西汉之初，在汉长安城之中建设未央宫、长乐宫，到汉武帝之时，又建离宫别院等场所。未央宫（图 1-2-1）建在长安城的西南角，在秦章台的基

图 1-2-1　汉代未央宫复原图

础上修建而成，因其在长安城安门大街之西，故又称西宫。未央宫位于汉长安城地势最高的西南角龙首原上，未央宫建于汉高帝七年（前200年），由刘邦的丞相萧何监造，是中国古代规模最大的宫殿建筑群之一，总面积有北京紫禁城的六倍之大，亭台楼榭，山水沧池，布列其中，其建筑形制深刻影响了后世宫城建筑，奠定了中国两千余年宫城建筑的基本格局。其主要建筑为前殿，殿之两侧建有东西厢房，为处理日常事务之处。这一组建筑主要划分为三个部分，宫城周围8 900米，宫内除前殿外，还有十几组宫殿。

在城的东南角，北部和明光宫接连。宫城周围约10 000米，其中有长信殿、长秋殿、永寿殿、永宁殿四大组宫殿。

建章宫在长安西郊，是苑囿性质的离宫。宫内有山冈、河流、太液池，池中有蓬莱、瀛洲、方丈三岛，宫内豢养珍禽奇兽，种植奇花异草。其前的未央前殿、广中殿可容一万人。另有凤阙、神明台。长乐宫、未央宫的大宫之中还有小宫。

"灵光"是汉代宫殿的名称。灵光殿是汉景帝之子鲁恭王刘馀在其封地鲁国所建。据记载，灵光殿自建成后，历经汉代中、后期诸多战事，长安等地区其他著名的殿宇如未央宫、建章宫等都被毁坏，只有灵光殿仍然存在。

唐代宫殿在皇城之北，是皇帝听政和皇后嫔妃的居住之处，也属于宫室。东西长廊与皇城相通，南面开五个门，北西各两门，东面只有一门。北出玄武门即禁院，宫城中心为太极宫，西部即掖庭宫，东宫是太子居住之处。太极宫是主要宫殿，在中轴线之北，沿着轴线建有太极宫、两仪宫、甘露宫等十几座殿与门。

到634年，兴建大明宫。大明宫（图1-2-2）位于长安城外龙首山，居高临下，在宫内可以看到全城风光。大明宫内建有含元殿、宣政殿、紫宸殿。含元殿是大明宫的正殿，巍峨高大。其前建有长几十米的龙尾道。左右两侧建翔鸾、栖凤二阁，均与含元殿连接。建筑雄伟壮丽，表现出封建社会鼎盛时期的建筑风格。大明宫内另一组宫殿即麟德殿，位于大明宫西北部的高台地上，由三殿组成，面阔11间，进深17间，其面积约等于明清故宫的太和殿的三倍。在主殿的后部，东、西各一楼，楼前有亭，也有廊庑相连。

图1-2-2　唐代大明宫复原图

为了便于处理政务，在大明宫内，附有若干官署。如在含元殿与宣政殿之间，左右有中书省、门下省与弘文馆、史馆等。

二、宋元宫殿建筑的特点

宋元时期的宫殿规模较小，但造型优美，建筑布局合理，风格朴素、简洁，注重内部的装饰和细节。宋代的建筑在造型上有很大的变化，屋顶的坡度也和之前相比有了很大的不同。宋代工匠大胆采用减柱造，形成了"飞檐反宇"的效果。在南宋以前，屋顶檐角呈平直的状态，到了南宋以后，檐角越翘越高，形成"飞檐"。

北宋东京城（图1-2-3）大致为方形，建有三重城，最外一圈即"外城"，外城之内，还有"内城"，中心部位还有一城，即"宫城"，也就是说，中心就是宫城，其总体平面也接近方形。

图 1-2-3　北宋东京城复原沙盘

在中轴线上，由南入北，即宣德楼（乾元门），进而为大庆门。在这个院子里，左为月华门，右为日华门，中心即皇上的正殿大庆殿，再向北进入，即宣佑门，中心线为紫宸殿、虚云殿、崇正殿、景福殿、延和殿，这五个殿均为前后排列。最北部即拱辰，从此出宫。在右部为右昇龙门（月华门往南），有门下省、都堂、中书省、枢密院，这四个殿座并列。月华门以西，为右嘉肃门、右长庆门。日华门以东，有左长庆门、左嘉肃门。再向北，西部有西向阁门、左银台门，东部即东向阁门、右银台门。

在大庆殿之西，有四座殿阁，向西依次为垂拱殿、宣仪殿、集英殿、龙图阁。在紫宸殿之东，有资善堂、元符观。另外，在虚云殿之西，有一殿一阁，即福宁殿、天章阁。在崇正殿之东，有翰林院、东楼、西楼。在景福殿之西，有后苑诸殿阁。在景福殿之东有内侍局、近侍局、严门。其北部有内诸司。

以上是北宋时期东京城宫城的总布局。这些殿阁到现在一座也不存在了。

元代宫殿（图1-2-4）坐北朝南，宫城南北略长，呈矩形。在中轴线上，都建有主要的殿宇，正南为崇天门，呈"门"形，东有景拱门，南建云从门。

宫城之内，分为两个部分，殿座大体上均呈方形，南部建设大明门，东为日精门，西为月华门，三门并列。进而为大明殿，建在三重高台基之上，十分威严壮观，殿后又有柱廊与寝殿相连接。寝殿之东曰文思殿，西为紫檀殿，再北曰宝云殿，殿东曰嘉庆门，西为景福门，周廊环绕，十分严谨安全。大殿之东有周廊连凤仪门，大明殿之西建麟瑞门，并建东曰钟楼，西曰鼓楼。这一大组即大明殿及其附属建筑。四角均有角楼。

大明殿之后北部，还有一大组南北为略长的矩形宫殿建筑组群。

这组建筑群在中轴线上正南为延春门，东为懿苑门，西曰嘉则门，三门均向南开。中轴线的后部主要为延春阁。柱廊连接寝殿，东为慈福殿，西为昭仁殿，均与寝殿并列。这一大组建筑均建在三重台基之上，十分威严。四个转角也建角楼、阁庑。在延春阁之南曰东跃门，西曰清灏门，在东西各建钟、鼓二楼。在宫城的西北角还建设宸庆殿，两厢建东香殿和西香殿，此门为山字门，用墙包围。

宫城之东墙建东华门，西建西华门，宫城正北建厚载门。

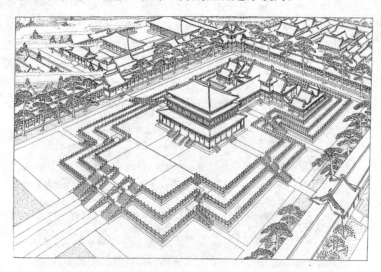

图 1-2-4　傅熹年作品：元大都大内宫殿延春阁复原图

三、明清宫殿建筑的特点

明代北京城宫殿基本上体现礼制制度，如左祖右社，即左边是太庙，为祭祖而建，右边建社稷坛，为了农业大丰收、祭农业方面的神而建立。三大殿即太和殿、中和殿、保和殿，这是古代三朝之制。

从大明门到太和殿，共五座门，为三殿五门，前朝后寝。皇宫建设体现帝王的权势，全部殿堂整齐、庄严、肃穆。从前到后，殿宇宫室、用各个殿宇宫室组成院落，层层进入。明代皇宫为清代皇宫奠定了坚实的基础。

中国历代古都城数量众多，但最为著名的当数"七大古都"。目前可确认的是有"七朝故都"之称的安阳；有"千年古都"之誉的西安，先后曾有 12 个王朝建都于此，是中国古代建都时间最长的一个；仅次于西安、在中国建都时间上排列第二的是洛阳，被称为"九朝名都"；"七朝都会"的开封、"六朝帝王都"的南京、"三吴都会"的杭州，以及现在的北京。

清代北京城的工程建设十分整齐。以皇城的中心布局，中轴线贯穿左祖右社，主体殿宇都在中轴线上。人们若从正面进入皇城，正阳门、天安门、端门、午门、三大殿、神武门、地安门、钟鼓楼等都在一条中轴线上。

宫殿之中分为两大块，一曰"外朝"，一曰"内廷"。

外朝有太和门、太和殿、中和殿、保和殿，两侧则是文华殿、武英殿两大组建筑群。

内廷以乾清宫、交泰殿、坤宁宫为主体。东建东六宫，西建西六宫，最后为御花园，是皇后、嫔妃居住的园林。

在清代宫殿中，建筑艺术风格庄严、整饬，全部建筑基本上是按清代"官式做法"进行的，整体建筑群组都比较简单，构造方式、方法基本大同小异。红墙、红柱、大面积的黄色琉璃瓦，标准式样的彩画，工整而简洁。清代宫殿建筑殿宇大大小小数量较多，在布局方面有些变化，反映出古代建筑的艺术成就。在明清的宫殿中，还夹杂着各类园林，皇宫的总体建设并不呆板、枯燥，与理政、居住、游乐、休息都融为一体。

明清北京城及其中的建筑在命名时，延续了方位上"东为正、西为副""左文右武、文东武西"的规则，又讲求阴阳相合、左右呼应，文与武、仁与义、天与地、日与月、春与秋、十天干与十二地支等相对应。以紫禁城为例，太和门前左为"文华殿"，右为"武英殿"；太和殿东庑为"体仁阁"，西庑为"弘义阁"；乾清宫前东为"日精门"，西为"月华门"；中正殿前左偏殿曰"春仁"，右偏殿曰"秋义"等。其中无不体现着礼仪秩序，却又千姿百态、丰富多彩。

单元二　北京故宫

北京故宫是中国明清两代的皇家宫殿，旧称紫禁城，位于北京中轴线的中心。北京故宫以三大殿为中心，占地面积约为72万平方米，建筑面积约为15万平方米，有大小宫殿70多座，房屋9 000余间。

北京故宫是世界上保存最完整、最大的宫殿建筑群，它充分显示了皇家的尊严和富丽堂皇的气派，体现了"皇权至上"的时代烙印和历史文化内涵。梁思成先生曾说："中国建筑即是延续了两千余年的一种工程技术，本身已造成一个艺术系统，许多建筑物便是我们文化的表现，艺术的大宗遗产。"

北京故宫于明成祖永乐四年(1406年)开始建设，以南京故宫为蓝本营建，到永乐十八年(1420年)建成，成为明清两朝二十四位皇帝的皇宫。1925年10月10日，故宫博物院正式成立开幕。它也是世界上现存最大、最完整的古代木结构建筑群，集中体现了中华民族的建筑传统和独特风格。

故宫是一座长方形的城池，南北长961米，东西宽753米，四周有高10米多的城墙围绕，城墙的外沿周长为3 428米，城墙外有宽52米的护城河，是护卫紫禁城的重要设施。

故宫东西南北开有四座城门：南门为午门，北门为神武门，东门为东华门，西门为西华门。城的四角各建有一座角楼。每座角楼各有九梁、十八柱、七十二脊，结构复杂，式样奇特，为古建筑中罕见的杰作。整个故宫的建筑布局严谨规则，主次有序，并用形体变化、高低起伏的手法，使空间丰富多变。

一、故宫的布局特点

(一)建筑中轴对称布局

故宫建筑群以中轴线为基准，采用严格对称的平面布局手法(图1-2-5)，将封建等级秩序的政治伦理意义表达得淋漓尽致。中轴线上为主要建筑，高大华丽，两侧建筑比主建筑低矮，体现出皇权的至高无上。

视频：北京故宫

故宫位于北京的正中心，遵从了周朝以来"天子择中而处"的思想。中轴线上的建筑主要是皇帝工作、生活所用，而太上皇、太后、六宫妃嫔及皇子皇孙的宫室按"礼"制布置在中轴线的两侧，充分体现了君权受命于天的思想。

(二)左祖右社

所谓"左祖右社"，是指皇宫的左边是祭祀祖宗的祖庙，右边是祭祀社稷的社稷坛。中国人是一个重视祖先的民族，祭祖是中国人世代相传的历史传统，皇帝也不例外，而且要做全国人民的表率，要把祭祖宗的祖庙建在皇宫旁边最重要的地方。祭祖宗的地方比居住的地方更重要。祭社稷也是如此，"社"是指社神——土地之神，"稷"是指稷神——五谷之神。中国古代是农业国，皇帝必须隆重地祭祀社神和稷神，《礼记·祭义》中记载："建国之神位，右社稷而左宗庙。"《周礼·春官·小宗伯》记载："建国之神位，右社稷，左宗庙。"在今天北京故宫的布局中我们还能完整地看到"左祖右社"的痕迹——天安门的东边是太庙，皇帝的祖庙叫"太庙"（今天的劳动人民文化宫），用以祭祀皇帝历代祖先，这是皇权世袭神圣不可侵犯的象征；天安门的西边是社稷坛（今天的中山公园），坛上铺有五色土：东青土、南红土、西白土、北黑土、中黄土。土由各地州府送来，意为"普天之下，莫非王土"。需要注意的是，这里说的"左右"，是按照皇帝坐在皇宫中坐北朝南的方位，即他的左右。当我们站在天安门外，面朝皇宫里的时候，左右就正好反过来了。中国古建筑所说的"左右"都是这样看的，这一点非常重要，因为在中国古代建筑中，或在人们的座位次序排列中，左右关系是有等级地位差别的。

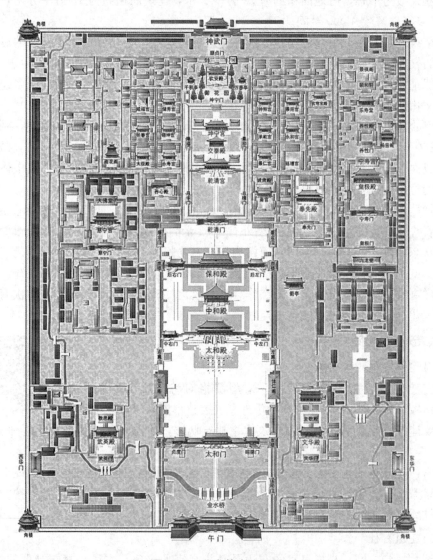

图 1-2-5 北京故宫平面图

(三)前朝后寝

故宫依然保持前朝后寝的建筑布局，前朝的建筑为帝王举行大典、朝会的地方，后方是供帝后、后妃居住的地方。前朝后寝，用现在的话说就是"前面是工作区，后面是生活区"。这同时也符合中国传统农业社会"男主外，女主内"的习惯，一般情况下，皇后是不能去前朝的。所谓"垂帘听政"，体现的也是一种象征意义，因为女性是不能去前朝的，要去也得象征性地挂一道帘幕，表示没有直接到前面去。现在北京故宫就是以乾清门为界线，拉开一条长长的隔墙，把整个故宫分割成前后两个区，即前朝和后寝。辛亥革命成功后，当时革命党和清皇室达成协议，皇帝主动退位，革命党优待皇室。优待的政策是允许退位的皇帝溥仪和清王朝的遗老遗少们继续住在紫禁城内，但是规定他们只准在后宫中活动，不准越过乾清门。实际上这就是一种象征，只在后宫活动，不越过乾清门进入前朝部分，就等于只是生活，没有政治了，由此可见建筑的政治性意义。

"前朝"以后，经过一个横向的乾清门广场的过渡即可进入"后寝"。后寝的布局和建筑形象与前朝相似，但规模远比前朝小，仅约为前朝的 1/4，而且殿堂的形制、庭院的大小、台基的高低也都比前朝建筑的等级低。例如，保和殿是外朝三大殿的最后一座，其规格等级仅次于太和殿。其通面阔九间，进深五间，重檐歇山顶，翼角置跑兽 9 个，内外檐均施以金龙和玺彩画，装菱花格扇门，坐落在高大的三层汉白玉须弥座上。而北面乾清门位居后宫最南端，是帝王正寝乾清宫的正门。其面阔五间，进深三间，单檐歇山顶，单层汉白玉须弥座。

(四)三朝五门

所谓"五门"，是古代宫殿制度规定皇宫前面要有连续五座门。《礼记·明堂位》曰："天子五门，皋、库、雉、应、路。"五座门分别为皋门、库门、雉门、应门、路门。皇帝的朝堂要有三座，分别为外朝、治朝、燕朝。现在北京故宫中相应的五门，就是大清门（明朝叫大明门，民国改称中华门，1976 年拆毁）、天安门、端门、午门、太和门。三朝即故宫中的三大殿——太和殿、中和殿、保和殿。这三座殿堂分别有不同的功能，太和殿相当于"外朝"，是皇帝朝会文武百官和举行重大典礼仪式的场所；中和殿相当于"治朝"，是皇帝举行重大典礼之前临时休息的地方，有时也在这里处理一般朝政，每届科学考试中最后皇帝亲自主考、钦点状元的殿试也是在这里举行；保和殿相当于"燕朝"，是皇帝个别会见朝臣、处理日常朝政的场所，点状元的殿试有时也在保和殿里举行。其中最重要的是太和殿，它是皇宫中最重要的殿堂，皇帝的登基大典必须在这里举行，太和殿里的皇帝宝座就是最高权力的象征。

二、故宫的主要建筑

(一)午门

午门（图 1-2-6）是明清皇宫紫禁城的正门，因在紫禁城中轴线之南向阳的位置，故称午门。午门始建于明永乐十八年（1420 年），以后又多次重建或重修。午门平面呈"凹"字形，左右两侧有双阙前出，呈拱卫状，是唐宋以来皇宫正门形制的延续，也是中国古代建筑门阙合一形式的体现。午门门楼面阔九间，进深五间，重檐庑殿顶，高 40 米，是故宫的最高建筑。两侧有联檐通脊的殿阁伸展而出，四隅各有一个高大的角亭，这一组建筑称五凤楼，巍峨壮丽，气势浑厚。午门广场呈纵长矩形，午门屹立于广场尽端，平面继承隋唐以来如大明宫含元殿的传统，作向南敞开的凹字形。凹字平面有很强的表现力，当人们距午门越来越近时，三面围合的巨大建筑、单调的红色城墙逼面而来，封闭、压抑而紧张的感受也越来越强，更显示出皇权的凛然不可侵犯。

图1-2-6　北京故宫午门

清朝每年十月初一，皇帝都要在午门（图1-2-6）举行隆重的仪式，向全国颁布第二年的历书，又称皇历，这就是"颁历"典礼。它按中国传统的历法排列年、月、日、时和二十四节气日，老百姓照着它进行农事活动，选定良辰吉日。乾隆时期因避乾隆帝弘历名讳，改称"时宪书"，"颁历"改称"颁朔"。其他一些重要仪式也会在午门进行（图1-2-7）。

图1-2-7　清郎世宁《平定准噶尔回部得胜图》局部

进午门，经过一个大庭院，再过金水桥，入太和门，即是外朝的三大殿，太和殿在前，中和殿居中，保和殿在后，依次建筑在一个呈工字形的高大基台上。因为按中国金、木、水、火、土的五行观念，土居中央，最为尊贵。基台高8.13米，分三层，用汉白玉砌筑而成。每层当中都有石雕御路，边上装饰有栏板、望柱和龙头。据统计，共有透雕栏板1 415块，刻有腾龙翔凤图案的望柱1 460根，龙头1 138个。栏板下及望柱上伸出的龙头口中，都刻有小洞口。每当下雨，水由龙头流出，恰似千龙喷水，蔚为大观。

（二）太和殿

太和殿（图1-2-8）不仅是前朝三大殿中最豪华、最壮观的一座，同时，还是中国现存最大的木结构大殿。"太和"二字取自哲学思想，是宇宙间所有事物的关系都得到协调的意思，此殿俗称金銮殿。它的建筑面积达2 377平方米，殿高35.05米、宽63.96米、深37.20米，是故宫最大的建筑，也是全国现存最大的木结构建筑，集中体现了中国传统木

图1-2-8　北京故宫太和殿

结构建筑的特点。整个大殿坐落在高8米左右、汉白玉栏杆环绕的三层台基上。太和殿是皇帝发布政令和举行大典的圣地。在清代，只有最高礼仪的事务才会在这里举行，正如嘉庆在其诗文《御太和殿》的注释中说"至太和殿为正朝，遇行大典礼及庆节受贺，则御之"，如最为隆重的清宫三大节往往都是以太和殿为主会场的。元旦、冬至、皇帝生日、册立皇后、颁布法令或政令、派将出征、金殿传胪及赐宴等，皇帝都要在这里举行仪式。

1. 最高等级的屋顶

太和殿用73根大木柱支承梁架形成重檐庑殿式屋顶，上檐斗拱出跳单翘三重昂九踩，下檐为单翘重昂七踩。整座建筑庄严雄伟、富丽堂皇。太和殿的殿顶为重檐庑殿顶，是殿宇中的最高等级。四个屋檐上各有一排吉祥物，叫作仙人引兽，俗称仙人走兽，每一组为十个，这在中国宫殿建筑史上是独一无二的，显示了至高无上的重要地位。明清两代有明确规定，除太和殿的"十全十美"外，其他建筑上都必须用奇数，数目根据建筑的等级增减，而且最多为九个。这一规定执行的模范自然是故宫了。保和殿、皇极殿为九个，太和门、斋宫、中和殿为七个，东西六宫、昭德门及景运门北侧宫墙为五个，其他殿上的小兽按级递减，体现了严格的等级制度。

关于骑凤凰的仙人，有这样一段故事。战国时齐宣王之子齐湣（mǐn）王一次作战失败，奔逃之时被各国驱逐。眼看齐湣王走投无路之时，一只凤凰飞到他眼前，齐湣王飞身跨上凤凰背项，骑乘着它渡过大河，绝处逢生。因此，这脊端的仙人骑凤也有"逢凶化吉"的寓意。古人把它放在建筑脊端，寓意绝处逢生、逢凶化吉。骑凤仙人后面依次为龙、凤、狮、天马、海马、狻（suān）猊（ní）、狎（xiá）鱼、獬（xiè）豸（zhì）、斗牛、行什。

太和殿最顶上两端雕刻的"鸱（chī）吻"（图1-2-9），传说它是龙的九子之一，能调水降雨、解除火灾。为了防止它不忠于职守，特地又在它的背上插上一把扇形剑，紧紧地钉在屋脊上。在晋代之后的记载中，出现"鸱尾"一词。中唐之后，"尾"字变成"吻"字，又称鸱吻，吻兽通常置于古代大型建筑屋脊上的"避邪物"，守护家宅平安，冀求丰衣足食、人丁兴旺。在太和殿正脊两端各有一只鸱吻，既是

图1-2-9 北京故宫太和殿上的鸱吻

防水构件，也起装饰作用。大型鸱吻都是由数量不等的琉璃构件拼接而成，这样既便于烧制也容易施工。吻件按大小分为"二样"至"九样"不等，而太和殿正脊上的鸱吻是我国现存古建筑中最大的一对，是由13件构件拼接而成的，因此也称"十三拼"。

在中国古代建筑屋顶脊饰中，各种各样的动物形象或人物形象，无论是在类型、外形构造上，还是在颜色使用上，都与宗教设想中的庇护理念相关。脊兽，这种想象产物的构形与其内涵之间的内在关联性才是中国古代建筑屋顶脊饰的文化价值原因所在。正如梁思成先生说过的，屋檐上的神兽"使本来极无趣笨拙的实际部分，成为整个建筑物美丽的冠冕"。

2. 美轮美奂的装饰

太和殿广场宽阔宏大，面积达4万平方米。整个广场无树无花，空旷宁静，给人以

威严肃穆的感觉。为什么要建这么大的广场呢？那是为了让人们感受到太和殿的雄伟壮观。站在广场上向前望去：蓝天之下，黄瓦生辉，层层石台如同白云，加上香烟缭绕，整个太和殿好像位于云端，显示了皇帝的无上权威与尊严。

太和殿前建有宽阔的平台，称为丹陛（图1-2-10），俗称月台。月台上陈设日晷、嘉量各一个，铜龟、铜鹤各一对，铜鼎18座。龟、鹤为长寿的象征。日晷是古代的计时器，嘉量是古代的标准量器，两者都是皇权的象征。

图1-2-10 太和殿前的丹陛

作为中国木结构建筑中的典范，支撑着太和殿的72根大柱全部由一根根的巨树制成，其中六根雕龙金柱，沥粉贴金，围绕在宝座周围。这些巨树都是由工匠们从四川等地的原始森林中砍伐运输而来的。当时营建故宫的各种工匠数以万计，仅从事木材运输的人就达十万人之多，砍伐和运输过程中道路险峻、生活艰苦，民间有"进山一千，出山五百"的说法。

木构即先在栓础上立木柱，柱上架大梁，梁上立小矮柱（瓜柱），再架上一层较短的梁；自大梁而上可以通过小柱重叠几层梁，逐层加高，每层的梁逐层缩短，形成重檐；在最上层立脊瓜柱，在两组构架之间横搭檩枋；在檩上铺木椽，椽上铺木板（望板），板上苫灰背瓷瓦；由于梁架逐层加高，小梁逐层缩短，从而形成斜坡式的屋面；屋檐出挑则采用斗拱承接，既可承重，又可增添装饰效果，是中国传统建筑的又一大特色。

太和殿的装饰十分豪华。檐下施以密集的斗拱，室内外梁枋上饰以和玺彩画。门窗上部嵌成菱花格纹，下部浮雕云龙图案，接榫处安有镂刻龙纹的鎏金铜叶。殿内金砖铺地，明间设宝座，宝座两侧排列6根直径1.00米的沥粉贴金云龙图案的巨柱，所贴金箔采用深浅两种颜色，使图案突出鲜明。宝座前两侧有四对陈设，即宝象、甪（lù）端、仙鹤和香亭。宝象象征国家的安定和政权的巩固；甪端是传说中的吉祥动物；仙鹤象征长寿；香亭寓意江山稳固。宝座上方天花正中安置形若伞盖向上隆起的藻井。在殿内中央有一藻井，是从古代的"天井"和"天窗"形式演变而来的为中国古代建筑的特色之一。藻井主要设置在尊贵的建筑物上，有"神圣"之意。在藻井中央部位，有一浮雕蟠龙，龙头下探，口衔宝珠（图1-2-11）。此宝珠名轩辕镜。悬球（宝珠）与藻井蟠龙连在一起，构成游龙戏珠的形式，悬于帝王宝座上方，以示中国历代皇帝都是轩辕的子孙，是黄帝的正统继承者。它使殿堂富丽堂皇、雍容华贵。据说，如果宝座上坐的不是正统继承人，那悬球就会掉落下来。

图1-2-11 太和殿的藻井

太和殿体量巨大，它和层台形成的金字塔式的立体构图，以及金黄色琉璃瓦、红墙和白台，使它显得异常庄重和稳定，强调区别君臣尊卑的等级秩序，渲染出天子的权威。建筑家通过本来毫无感情色彩的砖瓦木石，与在本质上不具有指事状物功能的建筑及其组合，既显现了天子的尊严，又体现出天子的"宽仁厚泽"，还通过壮阔和隆重彰显了被皇帝统治的伟大帝国的气概，如此复杂精微的思想意识，抽象却十分明确地宣示出来，是中国建筑艺术的骄傲。

（三）保和殿

保和殿，是故宫外朝三大殿之一。其位于中和殿后，建成于明永乐十八年（1420年），初名谨身殿，嘉靖时遭火灾，重修后改称建极殿。清顺治二年改为保和殿。

保和殿面阔九间，进深五间，建筑面积为 1 240.00 平方米，高 29.50 米。屋顶为重檐歇山顶，上覆黄色琉璃瓦，上下檐角均安放 9 个小兽。上檐为单翘重昂七踩斗栱，下檐为重昂五踩斗拱。内外檐均为金龙和玺彩画，天花为沥粉贴金正面龙。金龙和玺是和玺彩画中等级最高的形式。图案以各种姿态的龙为主。枋心内一般画二龙戏珠，藻头内画升、降龙。平板枋以青色为底，上绘行龙；挑檐枋青色底，画流云或"工王云"；由额垫板朱红色底，上绘行龙。龙周围衬云纹、火焰图案。六架天花梁彩画极其别致，与偏重丹红色的装修和陈设搭配协调，显得华贵富丽。殿内金砖铺地，坐北向南设雕镂金漆宝座。东西两梢间为暖阁，安板门两扇，上加木质浮雕如意云龙浑金毗庐帽。建筑上采用了减柱造做法，将殿内前檐金柱减去六根，使空间宽敞。

拓展小知识

和玺彩画：清代建筑彩画中等级最高的一种。和玺彩画由枋心、找头、箍头三部分组成，以连接的人字形曲线为间隔，绘以龙凤图案，主要线路沥粉贴金，并以青绿色、红色衬地，色彩艳丽，金碧辉煌。

金砖：专供宫殿等重要建筑使用的一种高质量的铺地方砖。砖面为淡黑色，油润、光亮、不涩不滑。金砖并不是用黄金制成的，而是一种特制的砖，产自苏州、松江等地区，选料精良，制作工艺复杂，从选土练泥、踏熟泥团、制坯晾干、装窑点火、文火熏烤、熄火窨水到出窑磨光，往往需要一年半时间。砖成后由水路运至北京。因其质地坚细，敲之若金属般铿然有声，故名金砖。

藻井：建筑物室内天花如穹隆状的装饰。藻井由方井、八方井、圆井层叠垒而成。正中多雕成蟠龙状，口衔宝珠。藻井一般用于较重要的殿宇。

保和殿于明清两代用途不同，明代大典前皇帝常在此更衣，清代每年除夕、正月十五，皇帝赐外藩、王公及一二品大臣宴，赐额驸之父、有官职家属宴及每科殿试等均于保和殿举行。每岁终，宗人府、吏部在保和殿填写宗室满、蒙、汉军及各省汉职外藩世职黄册。清顺治三年（1646年）至十三年（1656年），顺治帝福临曾居住保和殿，时称"位育宫"，大婚亦在此举行。康熙自即位至八年（1669年）亦居保和殿，时称"清宁宫"。二帝居保和殿时，皆以暂居而改称殿名。清代殿试自乾隆年始在此举行。

与外朝的宏伟壮丽、庭院开阔明显不同，作为帝后生活居住区的内廷呈现深邃的特征。内廷有乾清宫、交泰殿、坤宁宫，两侧是供嫔妃居住的东六宫和西六宫，也就是人们常说的"三宫六院"。前院乾清宫大殿最大，中院坤宁宫较小，乾清宫、坤宁宫之间是方形平面的交泰殿，三殿共同坐落在一个一层高的工字形石台基上。

乾为阳，为男；坤为阴，为女；交泰则为阴阳和合。后寝三殿的命名包含着中国人关于宇宙的哲学认识。

后寝以后是御花园，虽为花园，但所有建筑、道路、小池甚至花坛和栽植，都规整对称，只在局部有些变化，与中国园林特别强调的自由格局很不相同，这是因为它是格局严格对称的皇宫内的花园，又位于中轴线上，局部须服从全体，以保持全局格调的完整。但其中古木参天，浓荫匝地，花香袭人，波底藏鱼，富于生活情趣。

御花园以北通过一个小广场为神武门，有高大的城楼，过门经护城河即达景山，是故宫的结束。景山筑于明代，约高 50 米，中高边低，略作向前环抱之势，清代沿山脊建造了五座亭子，正中万春亭最大，方形三重檐，以黄色为主；两旁二亭较小，八角重檐，黄绿相当；最外二亭最小，圆形重檐，以绿色为主。在体量、体形和色彩上呈现了富有韵律的变化，并分别与庄重的宫殿和宫外活泼的皇家园林在气氛上取得和谐。

整个故宫的布局以午门至神武门作为中轴，呈对称性排列。中轴线向南延伸至天安门，向北延伸至景山，恰与北京古城的中轴线相重合。登上景山，眺望故宫，飞檐重叠，琉璃连片，壮丽辉煌，气象万千，堪称中国传统建筑之瑰宝。

三、故宫的文化阐释

故宫处处体现了传统文化"中和""天人合一""君权神授""神人以和"等思想和意蕴。

故宫从最南端的永定门始，至景山向北的地安门，南北有一条约长 7 千米的中轴线。它既是故宫宫殿的中轴线，也是当时整个北京城的中轴线。中轴线的建筑设计是中和思想在故宫建筑中的具体体现。皇帝居天地之中，能与天地相亲相和，故皇帝理朝的三大殿和起居的三大宫均建在中轴线上，表示愿意以中和治理国家，求得其统治长治久安。中轴线上的主要建筑天安门、端门、午门城楼及前三大宫殿都是面阔九间、进深五间，表达了天子为"九五至尊"的含义。而故宫中的其他建筑高低起伏，左右呼应，对称平衡，有机地和谐成一组建筑群。故宫凭借中轴线的建筑手法，强化渲染封建帝王至尊无上的地位。

故宫建筑群均用黄色琉璃瓦，这也是传统中和思想的具体体现。《周易》坤卦载："君子黄中通理，正位居体，美在其中，而畅于四支，发于事业，美之至也。"也就是说，君子之德像黄色一样，居中不偏，是最美的德行。晋人王弼在注坤卦时指出："黄，中之色也。"阴阳五行说也认为，世界万物是由水、火、金、木、土五种物体构成，其中土位居中，色为黄。战国阴阳家邹衍提出"五德终始"说，用五行学说来说明王朝的兴替。其规律为水胜火，火胜金，金胜木，木胜土，土胜水。根据他的学说，土最终能战胜水，成为五行之首。封建统治者为使自己的王朝世代延续，故多视黄色为吉祥色，崇尚黄色。据载，我国唐朝开始规定黄色为皇室的服色，宋朝帝王的宫殿开始采用黄色琉璃瓦。明、清两朝更是明文规定，帝王的宫室、陵墓及奉帝王旨意建造的坛庙等才准许使用黄色琉璃瓦。百姓擅自使用黄色琉璃瓦建筑是"犯上"，要处以极刑。

故宫中不少建筑的取名，使用了"和"字，这也是"中和"思想的体现。如太和殿、中和殿、保和殿（清顺治改名），此意本于《易·乾·象》："保合大和，乃利贞。""大"通"太"，"大和"即"太和"，是指天地万物都能保持其自然规律和谐地运行就能有利于天下，使天道正常地发展。"保和"有保持太和景象的意思，"中和"出于《中庸》，"致中和，天地位焉，万物育焉"，即处理任何事要不偏不倚恰到好处，保持和谐，天地万事万物均能兴旺发达。另外，还有太和门、熙和门、协和门等。封建统治者认为，理想的社会应是君惠臣忠、国泰民安，只有一个和谐的王朝，其统治才会繁荣昌盛，江山永固。故宫建筑还处处体现着"天人合一""君权神授"的思想。故宫又称紫禁城，紫是指紫微星垣，它位于三垣星宿（太微垣、紫微垣、天市垣）中央，又称紫宫。封建帝王以天之子自居，他居住的地方就成了大卜的中心，相当于天上的"紫宫"；又因为皇宫是等级森严的"禁区"，故宫便有了紫禁城的称呼。太微垣南有三颗星被人视为三座门，即端门、左掖门、右掖门。与此相应，故宫城前建有端门，午门东西两侧设左、右掖门。

"天子者，与天地参。故德配天地，兼利万物，与日月并明。"即天子的地位是与天地相等的，所以他的道德能和天地相配，广泛地赐给万物利益，同日月一样明亮。为了显示皇帝圣人与日月争辉，天人合一，在故宫东西两侧设有日精门、月华门。后三宫两侧对称平衡的东西六宫象征着天上十二星辰。在中轴线两侧的外东、西路的建筑群，象征着环绕的繁星。太和门前的金水河，外观像支弓，中轴线就是箭，这表明皇帝受命于天，君权神授，代天帝治理国家。所有这些象征日、月、星辰对称的建筑群，拱卫着象征皇权的紫微中宫，充分显示出皇帝受命于天、天人合一的意图。

传统的"中和"思想还必须"神人以和"。《淮南子》云："故圣人怀天气，抱天心，执中含和，不下庙堂而衍四海，变习易俗，民化而迁善，若性诸己，能以神化也。"圣人执中含和能感动神灵，协调人与神的关系。在我们祖先的观念中，认为神与人的关系和谐，对人是吉利，人类能得到神灵的帮助即为吉、为和，反之，人类失去神灵帮助为凶、为不和。为了表示神人以和，于是把皇帝、皇后起居的后三大宫称为"乾清宫""交泰殿""坤宁宫"。"乾""坤"是天地，为神灵居住处。天地是万物的总根源，而封建社会中，人间万事以皇室为准则、为中心，故皇帝的起居处为乾清宫，皇后的起居处为坤宁宫，将天地人事铸成一体，上感与天，下应与地，中位与人，神人以和，统治才能清和平安。

总之，故宫在建筑上、色彩上及宫殿的名称上都体现了由封建礼制控引下的"中和""天人合一""君权神授""神人以和"等传统思想，使故宫建筑具有中华民族独特的魅力。只有从中国传统文化的内核中和思想的意蕴中探索、思考、认识故宫，才能真正体会出其中的韵味和美感。

单元三　沈阳故宫

沈阳故宫位于现在沈阳市沈河区沈阳路二段，历史上称作"盛京宫殿""陪都宫殿"，记录了清王朝的崛起。它始建于后金努尔哈赤天命十年（1625年），建成于清皇太极崇德元年（1636年），这是清太祖努尔哈赤和清太宗皇太极营建与使用过的宫殿。入关以后，沈阳成为陪都，也成为康熙、乾隆、嘉庆、道光等东巡时的"驻跸"之地和理政之所。

经过乾隆嘉庆时期的增建和扩建，沈阳故宫形成了现在的规模，整个宫殿共占地6万余平方米，各式建筑90余座，组成了十几个院落，300多间房屋，它是我国现存仅次于北京故宫的最完整的皇宫建筑，具有高度的建筑艺术和历史价值。它不仅继承了汉族传统的建筑形式，还保留了浓厚的地方和民族风格，成为满汉文化交融的实证。

从规模上看，沈阳故宫（图 1-2-12）要比北京故宫小得多，建造时有意模仿了明制，所以在布局上很接近北京故宫。它分为三大部分：东路为努尔哈赤时期建造的大政殿和十王殿；中路为皇太极时期续建的大内宫阙；西路从南向北包括戏台、嘉荫堂、仰熙斋和文溯阁等，为乾隆年间所造。

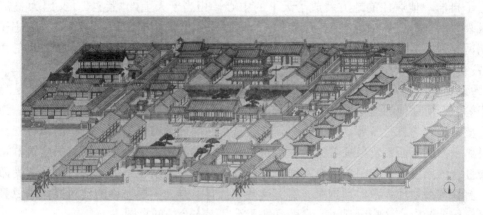

图 1-2-12　沈阳故宫全景图

中路的大内宫阙是按照中原王朝"前朝后寝"的宫殿制度布局的，坐落在南北中轴线上，附属建筑对称鲜明。经过南端的大影壁，从道北正中的大清门进入，穿过左右各有飞龙阁和翔凤阁对峙的广场，便是崇政殿，也就是俗称的金銮殿了。金銮殿只有五个开间，是皇太极处理日常政务、接见外国使臣和少数民族代表的地方。1636 年，后金改国号为清，就是在崇政殿举行的大典。移都北京后，皇帝东巡也经常在此临朝听政。大殿前有宽阔的月台，东置日晷，西置嘉量亭，是乾隆时期仿照北京故宫增建的，皇帝宝座后面是贴金雕龙的扇面大屏风。

中路宫殿可分为两部分，如果崇政殿代表着"外朝"，那么"内廷"则是以清宁宫为中心的。崇政殿北是一片高台城堡式建筑，这就是后宫所在。内廷最南端为凤凰楼，为三层歇山顶楼阁，是当时沈阳城的最高建筑，沈阳八景之一"凤楼晓日"就是在此。穿过楼下的门洞，便到达了清宁宫，这是皇太极和皇后的寝宫，外间有举行家祭的神堂，也是亲眷聚会的厅堂，东侧关雎、衍庆、西侧麟趾、永福四宫则是后妃的寝所。院内有祭天用的索伦杆，杆顶锡斗内盛着米谷、碎肉，据说这是用来饲养鸟雀的，可见还保存着满族的习俗。

在后宫的建筑布局上也保留了浓厚的地方特色，沿用了满族传统住宅的建筑风格和使用功能，后宫建在近 4 米的高台之上，和北京故宫等汉族宫殿不同，与外朝相比"宫高殿低"。这可能是因为满族的先人长期居住在山区，喜欢高屋。

西路建筑的中心是文溯阁，它和仰熙斋构成一个院落，而前面嘉荫堂和戏台构成另一个院落。文溯阁建于乾隆四十七年（1782 年），专收四库全书，它和收藏其他六部《四库全书》手抄本的阁楼——北京故宫文渊阁、圆明园文源阁、热河行宫文津阁、扬州文汇阁、镇江文淙阁、杭州文澜阁一样，都是仿照明代宁波藏书家范钦的"天一阁"建造起来的。现在，其他六阁或毁于战火，或散失书籍，只有沈阳故宫文溯阁贮存的书籍最完整。文溯阁为硬山式二楼三层建筑，屋顶铺着黑色琉璃瓦，镶绿剪边。东侧碑亭内的《御制文溯阁记》为乾隆亲自撰写，记述了文溯阁的建造经过和《四库全书》的收藏情况，阁后的仰熙斋和九间房是乾隆皇帝东巡时的读书场所，阁前的嘉荫堂两侧有游廊，还有为皇帝欣赏戏曲而搭起的戏台。

东路布局和北京故宫差别显著，这也是清初宫阙的特殊所在。在南北长140米、东西宽40米的长方形宽敞庭院中，大政殿居于北部中心，南面东西两侧各列了五座方亭，构成了完整的建筑群。

大政殿（图1-2-13）俗称大衙门，始建于努尔哈赤时期，是皇帝举行大典之地，为八角重檐亭，下面是须弥座台基，用青石雕栏环绕，八面出廊，殿前两根明柱上各有金龙蟠绕，殿内为梵文天花和降龙藻井，殿顶是黄色琉璃瓦镶绿色剪边。

图1-2-13　沈阳故宫大政殿

大政殿和十王亭是八旗制度在建筑上的反映。距离大政殿有195米距离，是10座建筑式样相同的亭子，这是和八旗旗主议政和处理财务的地方。君臣合署办事的建筑布局历代罕见，这也是满族固有的习俗在宫殿建筑中的体现。

沈阳故宫的巨大魅力在于它将各民族的文化和建筑艺术有机地结合在一起，体现了一段民族团结和民族融合的历史。

课堂讨论

你认为游览北京故宫、沈阳故宫时，应该按照哪条游览顺序呢？

模块三　城防建筑

中国悠久的历史创造了灿烂的古代文化，而古建筑实体便是古代文化的直接体现。有非常多的著名古建筑产生了世界性的影响，成为举世瞩目的文化遗产。欣赏中国经典古建筑，就好比翻开一部沉甸甸的史书。

中国古代建筑从功能上可分为民居建筑、宫殿建筑、城防建筑、坛庙建筑、宗教建筑、园林建筑、陵墓建筑等。

单元一　城防建筑概述

城防建筑主要是指为了保卫城池而修建在其周围的各种类型的建筑物，主要是起卫君守民、防御外来敌寇的作用。

视频：城防建筑

31

《吴越春秋》曰："鲧筑城以卫君，造郭以守民，此城郭之始也。"可见，宫城主要担负卫君功能，城郭主要负责守民任务。战国时期，列国之间互相征伐，冲突不断，攻城略地的兼并战争愈演愈烈，各国统治者竞相构筑坚固城防。伴随着"争城以战，杀人盈城"的战争形态，作为国家政治中心的都城，防御设施的营建达到了登峰造极的地步。著名的长城就是这一时期发展起来的城防建筑。

随着周代后期对诸侯国城址大小的限制已失去控制，这一时期城市的规模不断扩大。战国七雄各国的都城都很大，如齐国的临淄，大城南北长 5 千米、东西宽约 4 千米，城内居民达 7 万户，街道上车毂相碰，人肩相摩。大城西南角有小城，推测应是齐国宫殿所在地，其中有高达 16 米的夯土台。再如赵都邯郸城位于河北省邯郸市区及其西南郊，由大北城与赵王城组成，总面积约 19 平方千米。赵王城由西城、东城、北城三座小城组成，平面略呈"品"字形布局，总面积约 5 平方千米。共发现有 11 座城门。城内有地面夯土台 10 个，地下夯土基址 14 个。考古发现，赵王城不仅城墙近旁挖有壕沟，南郊外围还营建一套壕沟防御系统。主体建筑群外挖壕沟，修筑了门楼和角楼等防御性建筑，并建造了拱卫城和高台建筑。近几年考古发现楚纪南城也具备完善的城防建筑体系。

一、中国古代都市制度

(一)国都营造规划体制

中国古代都城的规划必须体现城防的要求。如图 1-3-1 所示为洛邑复原图，图 1-3-2 所示为《考工记》的"匠人营国"，被认为是洛邑规划的实录。这些规定反映了中国古代哲学思想开始进入都城建设规划，其代表着一脉相承的儒家思想，维护传统的社会等级和宗教法礼，表现出城市形制中皇权至上的理念，对中国古代城市规划实践活动产生了深远的影响。这为以后唐代长安城、元大都(图 1-3-3)、明清北京城(图 1-3-4，浅色为明清都城)营建都城提供了理论依据。

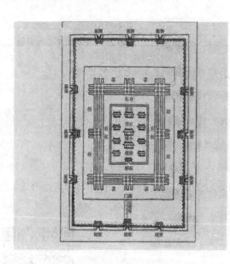

图 1-3-1　洛邑复原图

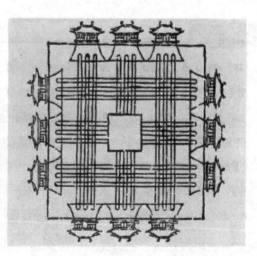

图 1-3-2　《考工记》的"匠人营国"

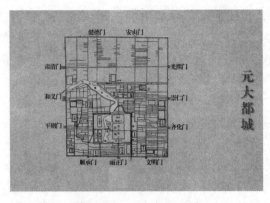

图 1-3-3 元大都城布局

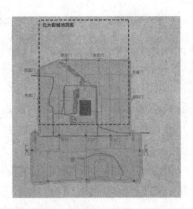

图 1-3-4 明、清北京都城布局

(二)中国古代城防管理

1. 都城治安管理体制

(1)里坊制。在北宋之前,中国的主流城市形态是里坊制(坊市制)。

典型的里坊制兴起于北魏,鼎盛于隋唐,是古代政府严格按照礼制、运用权力人为塑造政治型城市形态的体现,以北魏的洛阳城、唐朝的长安城为代表。洛阳与长安都有方方正正的城墙包围着,政府再将城墙内的城市切分成若干个工整的方块,其中大部分作为居民区,叫作"坊";25户为"1里"或"一坊",用高墙围筑,进行统一管理。个别作为商业区,叫作"市"。北魏时洛阳城每三百步建一个坊;唐代的长安城共有一百零八坊和东西二市。图 1-3-5 所示为唐朝长安城平面图,图 1-3-6 所示为西安永兴坊。

每个坊的四周都修建了围墙,与外面的大街、大道相隔离,严禁居民翻墙。

夜禁制与坊市制相互配合,一个指向对市民活动时间的限制,一个指向对市民活动空间的限制。跟坊市制相配套的是夜禁制,唐朝实行严格的夜禁制度:每日入夜之后,长安城的街鼓响起,城门与坊门会准时关闭,"五更三筹,顺天门击鼓,听人行。昼漏尽,顺天门击鼓四百搥讫,闭门。后更击六百搥,坊门皆闭,禁人行"。所有居民都被限制在各个坊内,不准上街晃荡。坊外街道实行宵禁,如偷偷溜出坊外大街,即"犯夜"。

夜禁制与坊市制共同塑造了中世纪城市的井然秩序。

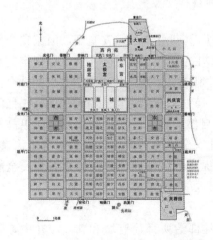

图 1-3-5 唐朝长安城平面图(里坊制)

图 1-3-6 西安永兴坊

（2）街巷制。北宋从东京汴梁开始，拆除坊墙，城池里大街上出现了大量的商店、酒楼、货餐馆及店铺，大街上行人很多，非常繁华，居民区由原坊内小街发展成横列的巷（胡同），商业沿城市大街布置。改变了城池的封闭状态，一直延续到元明清各时代。例如，北宋的名画《清明上河图》（图1-3-7）中可以看到这样的城市景象。如果你穿越宋朝来到都城开封，在宋朝的城市里行走，将会发现，宋朝城市的形态，跟我们熟悉的现代城市并没有什么根本性的差别，都是街巷交错纵横、四通八达，市民自由往来；临街的建筑物都改造成商铺、酒楼、饭店、客邸；每个商铺都打出醒目的广告招牌；入夜，店家掌灯营业，灯烛辉映；有的商家还安装了广告灯箱，夜色中特别耀眼。这样的城市形态，我们称为"街巷制"。有专家学者认为这种城防管理带来了北宋的城防建筑的下降，在城市街道的各色人群中，隐藏着大量周边政权的间谍人员，人民国家安全意识薄弱，尤其是城防管理涣散，画中还出现了望火亭无人值守，衙门官员慵懒怠慢，城门守卫毫无警惕，军力懈怠、消防缺失、城防涣散、国门洞开、商贸侵街、商贾囤粮、酒患成灾和御林军嗜酒为业等场景状况。这可能成为导致北宋灭亡的主要原因之一。

张择端的《清明上河图》虽然场面热闹非凡，但所表现的并非繁华市井，而是带有忧患意识的一幅"盛世危图"。给人们留下的不仅是一幅宏阔的画卷，更是一种绵延不绝的警示、一种有关家国危机的苦心告诫。

图1-3-7 《清明上河图》局部（街巷制）

习近平总书记在党的二十大报告明确提出："我们贯彻总体国家安全观，国家安全领导体制和法治体系、战略体系、政策体系不断完善，在原则问题上寸步不让，以坚定的意志品质维护国家主权、安全、发展利益，国家安全得到全面加强。共建共治共享的社会治理制度进一步健全，民族分裂势力、宗教极端势力、暴力恐怖势力得到有效遏制，扫黑除恶专项斗争取得阶段性成果，有力应对一系列重大自然灾害，平安中国建设迈向更高水平。""提高防范化解重大风险能力，严密防范系统性安全风险，严厉打击敌对势力渗透、破坏、颠覆、分裂活动。全面加强国家安全教育，提高各级领导干部统筹发展和安全能力，增强全民国家安全意识和素养，筑牢国家安全人民防线。"

2. 中国古代城市建筑的特点

（1）城郭分明。中国古代上至天子王侯，下至县郡治所都建有城和郭。城在内，郭包在城的外围，有"内之为城，外之为郭"之说，统称城郭。从内到外依次是宫城、皇城、外城（郭）。明代的南京城和北京城较为特殊，筑有四道城墙。

（2）防御体系严密。古代城市有十分严密的防御体系。大都筑有高大的城墙，矮者4～5米，高者可达10余米，厚约12米，坚固异常。城墙之上建有女儿墙、门楼、角楼、马面等防御设施。城墙之外建有护城河（称为"城池"），水面宽度可达30米，深3～5米。护城河上设有吊桥。城墙的四面都设有数量不等的城门，城门之外往往加筑瓮城、罗城、箭楼等。

（3）棋盘状的街区结构。中国古代城市的道路结构多为棋盘状的结构。据《周礼·考工记·匠人》记载，古代都城的规制是"匠人营国，方九里，旁三门。国中九经九纬，经涂九轨。"即都城九里见方，每边开有三门，东西南北各有九条道路，南北道路宽为车轨的9倍。这种整齐划一的方格形道路交通网，不仅便于交通，同时，也便于在街坊内建造各种建筑。千百年来形成的棋盘状街区结构对现代城市建设影响较大。我国各主要大、中城市的道路交通管网至今都保持着这种基本的格局。

（4）中轴对称的平面布局。中国古代城市采用中轴对称的平面布局。城市建设或以宫殿，或以官衙，或以钟楼等公共建筑为中心进行规划，反映了统治阶级严格的等级观念。典型城市，如北京城就有南北两条中轴线。

（5）基础设施完善。基础设施完善，具有完备的城市功能。中国古城设有市，供百姓们交换和采购。如北京城的市场和店铺共有132行，分布于皇城四周的大街小巷之中，并形成东单、西四牌楼、正阳门、鼓楼四个商业中心。其他城市设施，如绿化、饮水、排水、防火、报时、报警等，一应俱全，极为完善。

3. 城防建筑的意义

城防建筑一直伴随着人类城市文明的发展而不断演变。最早城防建筑的设施包括城楼、城墙、城门、垛口和护城河等。随着战争方式的不断变革，城防建筑由单一的地面防御设施转变为多样化、多层次的立体防御体系，如宋代的画像墙、元代的火器台和明清时期的城垣炮台等。

城防建筑的设计旨在提高城市的安全性，使城市能够抵御敌人的攻击。在城防建筑的设计中，应该考虑到材料、高度、角度、坚实程度及适宜的守卫等各种因素。不同地域的城防建筑类型和形式存在明显差异。如中国北方的长城、江南的园林水系及欧洲中世纪的城堡等，都是在各种自然条件和历史环境的影响下形成的具有地域特色的城防建筑。

随着现代化的发展，城市防御设施已经逐渐转向科技化、现代化的方向推进，这些设施包括雷达预警系统、防空反导弹等。这些现代化的城市防御设施因为具有高度的实用价值，在国民安防中得到了广泛使用。

二、城防建筑的组成

历史上城防建筑的组成包括城墙、门楼、角楼、城垛（马面）、箭楼、瓮城、护城河、钟楼和鼓楼等防御工事，构成一整套坚固的防御体系。

（一）城墙

城墙是古代最主要的军事防御设施，是由墙体和其他辅助军事设施构成的军事防线。也指旧时农耕民族为应对战争，使用土木、砖石等材料，在都邑四周建起的用作防御的障碍性建筑。城墙包括一切城市（京师、王城、郡、州、府、县）的内、外城垣。我国现存长度及规模最大的城墙为南京明城墙，保存较为完整的城墙有西安古城墙、平遥古城墙、荆州城墙、兴城城墙、开封城墙等。

1. 南京明城墙

南京有 7 000 多年文明史、近 2 600 年建城史和近 500 年建都史，有六朝古都、十朝都会之称。原建的宫城、皇城及外城郭已不复存在，现仅存都城城垣。

南京明城墙整体包括明朝时期修筑的宫城、皇城、京城和外郭四重城墙，现多指保存完好的京城（内城）城墙，如图 1-3-8、图 1-3-9 所示。

南京明城墙始建于元至正二十六年（1366 年），全部完工于明洪武二十六年（1393 年），动用全国五省二十八府，一百五十二州县共 28 万民工，约 3.5 亿块城砖，历时 27 年，终完成明王朝都城四重城垣的格局。目前所称的南京城墙，就是指明代京城城墙，城垣内侧周长 33 千米。南京明城墙不仅是我国现存的第一大城墙，而且是世界第一大城墙。

南京明城墙为中国古代军事防御设施、城垣建造技术集大成之作。无论历史价值、观赏价值、考古价值以及建筑设计、规模、功能等诸方面，国内外城墙都无法与之比拟，可谓继中国秦长城之后的又一历史奇观。

图 1-3-8　南京明城墙一段

图 1-3-9　南京明城墙一景

2. 西安古城墙

西安古城墙于明洪武三年至十一年（1370—1378 年）在唐长安城的基础上修建。明清时屡经修葺、增建，是中国现存规模最大、保存最完整的明代城墙。

西安古城墙周长 11.9 千米，高 12 米，厚 16.5 米，城内面积近 12 平方千米。城的四面正中均辟有城门，东为长乐门，西为安定门，南为永宁门，北为安远门。每座门外设有箭楼，内建有城楼，两楼之间建瓮城，如图 1-3-10 所示。

图 1-3-10　西安古城墙夜景

城楼高 33 米，面阔七间，宽 40 米，歇山顶，重檐回廊，气势雄伟。箭楼是单檐建筑，内分四层，外辟有 48 个箭窗，作射击防御之用。城墙的内面建有六处马道，作兵马登城之用。城墙的外面建有防御性的设施——敌台，因其上小下大，俗称"马面"。两敌台相距 120 米，恰在箭镞、火铳等武器的有效射程之内。城垣外围的护城河宽 20 余米，深达 10 余米，与城墙共同构成了一套完整的防御体系，如图 1-3-11 所示。

图 1-3-11　西安古城墙

3. 平遥古城墙

平遥古城墙位于山西省中部平遥县内，始建于西周宣王时期(前 827 年—前 782 年)。明洪武三年(1370 年)在旧墙垣基础上重筑扩修，并全面包砖。以后景泰、正德、嘉靖、隆庆和万历各代进行过十次的补修和修葺，更新城楼，增设敌台。

清康熙四十二年(1703 年)因皇帝西巡路经平遥，而筑了四面大城楼，使城池更加壮观。平遥古城墙总周长为 6 163 米，墙高约为 12 米，将面积约为 2.25 平方千米的平遥县城一隔为两个风格迥异的世界，如图 1-3-12、图 1-3-13 所示。

山西平遥被称为"保存最为完好的四大古城"之一，也是中国仅有的以整座古城申报世界文化遗产获得成功的两座古城市之一。1997 年被列入世界遗产名录。

平遥古城是中国汉民族城市在明清时期的杰出范例。在中国历史的发展中，它为人们展示了一幅非同寻常的汉族文化、社会、经济及宗教发展的完整画卷。

图 1-3-12　平遥古城全景

图 1-3-13　平遥古城墙

2023 年 1 月 27 日，习近平总书记考察调研世界文化遗产山西平遥古城，就保护历史文化遗产、传承弘扬中华优秀传统文化发表重要讲话。这次重要讲话与党的十八大以来习近平总书记关于历史文化遗产保护的重要论述和重要指示批示精神一脉相承，体现了以习近平同志为核心的党中央对历史文化遗产保护的高度重视。

"历史文化遗产承载着中华民族的基因和血脉，不仅属于我们这一代人，也属于子孙万代。要敬畏历史、敬畏文化、敬畏生态，全面保护好历史文化遗产，统筹好旅游发展、特色经营、古城保护，筑牢文物安全底线，守护好前人留给我们的宝贵财富。"习近平同志关于加强历史文化遗产保护重要论述和重要指示批示，内涵深刻、思想精深、论述精辟，为新时代文物事业改革发展指明了前进方向，提供了根本遵循。

(二)门楼

古代城墙的大路出入口都有城门，城门的上面都建有门楼。门楼往往是一个城市最宏伟的建筑，同时也是一个城的重要标志，所以，一般门楼建得比较高大雄伟。门楼在平时作瞭望守卫，储备粮食武器之用，战时则是作战指挥中心和守卫要地。图 1-3-14、图 1-3-15 展示的分别是北京正阳门和西安古城北门城楼。

图 1-3-14　北京正阳门　　　　　图 1-3-15　西安古城北门城楼

(三)角楼

角楼位于城之四角，因为它双向迎敌，所以是城防中的薄弱点，需要努力加强防卫。战时，一般角楼中集中较多的兵力和武器。图 1-3-16、图 1-3-17 所示是两座著名的角楼。

图 1-3-16　北京故宫角楼　　　　　图 1-3-17　西安古城墙角楼

(四)城垛

城垛又称"马面"，它的防御作用是很大的，因城墙正面不便俯射，将士若探身伸头射杀敌人，容易遭到对方的射击，有了突出的城台，进逼城墙脚下的登城者，就会遭到左右敌台上的射击，而使登城无法进行。因此，敌台的距离一般均在两个敌台能够控制的射程之内。图 1-3-18、图 1-3-19 所示为两座典型的城垛。

图 1-3-18　西安古城墙城垛　　　　　图 1-3-19　平遥古城墙城垛

（五）垛口

垛口泛指城墙上呈凹凸形的短墙。在城墙顶外侧的迎敌方向修筑 2 米高的垛口，是战斗人员瞭望敌情、射击敌人时掩护自己用的。从墙上地坪开始砌至人体胸部高度时，再开始砌筑垛口。一般砌筑成凹凸的形状。垛口上部砌有一个小方洞，即瞭望洞。瞭望洞的左右侧面砖呈内外八字形，这是为了便于瞭望敌人，又不易被敌箭射中。下部砌有一个小方洞，是张弓发箭的射孔。射孔底面向下倾，便于向城下射击敌人。图 1-3-20、图 1-3-21 所示为垛口实例。

图 1-3-20　长城城墙垛口

图 1-3-21　西安古城中山门垛口

（六）箭楼

箭楼是指古城墙上周围有远望、射箭窗孔的城楼，其代表有北京正阳门箭楼（图 1-3-22）和西安城墙箭楼（图 1-3-23）。箭楼是很科学的古代军事建筑。

北京正阳门箭楼始建于明正统四年（1439 年），建筑形式为砖砌堡垒式，城台高 12 米，门洞为五伏五券拱券式，开在城台正中，是内城九门中唯一箭楼开门洞的城门，

图 1-3-22　北京正阳门箭楼

专走龙车凤辇。箭楼为重檐歇山顶、灰筒瓦绿琉璃剪边。上下共四层，东、南、西三面开箭窗 94 个，供对外射箭用。正阳门箭楼是北京城中轴线天安门南端的重要建筑之一。

西安城墙箭楼是建在西安城墙四门瓮城上的门楼，楼的外壁与左右两壁开有箭窗，用于防守反击。

图 1-3-23　西安城墙箭楼

正面箭窗共有四层，每层开一十二窗，四层共计四十八个窗户。箭楼左右两侧山墙，亦为砖壁，下部一层皆不开窗口，上部各设箭窗三层，每层三窗，每面设有九窗，左右共计一十八窗。这样，整个箭楼，三面总共有箭窗六十六孔。

(七)瓮城

瓮城是古代城市主要防御设施之一。在城门外口加筑小城，高与大城相同，其形或圆或方。圆者似瓮，故称瓮城；方者亦称方城。瓮城设在侧面，从而增强了防御能力。重要出入口的城门往往做成连续两道，并用城墙围合起来，前后两道城门之间被围合起来的这个空间就叫作"瓮城"。当敌人攻破了第一道城门，进入瓮城内再攻第二道城门时，防守的士兵就可以在瓮城四周的城墙上朝下面射箭，消灭敌人，所以"瓮城"，取"瓮中捉鳖"或"关门打狗"之意。

中国现存最大的城垣为南京明城墙，在修筑以前，中国传统瓮城的制式是将其设于主城门外。南京明城墙一反此旧制，将瓮城设于城门内，在城体上革命性地设置了"瓮洞"(藏兵洞)，大大加强了城门的防御能力。三道瓮城的东西两侧各建有一条宽11米的斜坡式登城马道，供守将骑马上城之用。

南京中华门位于城南。保存下来的"中华门城堡"共有4层墙体，共有藏兵洞27个，其中最外层上建敌楼，城门左右各3个，对外第一道城门中层筑有7个藏兵洞；下层两侧各有3个藏兵洞。马道外侧下方还各有一排五个藏兵洞，加起来总共有23个藏兵洞。据说每个藏兵洞可容纳士兵百人以上，共计可藏兵3 000人以上。这些洞除藏兵外，还可储备粮草和武器(图1-3-24～图1-3-26)。

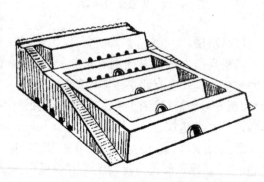

图1-3-24 南京城中华门瓮城示意

图1-3-25 南京城中华门瓮城

图1-3-26 南京明城墙中华门

(八)护城河

护城河也作濠，定义为人工挖掘的围绕城墙的河，古代为防守用，是古时由人工挖凿，环绕整座城、皇宫、寺院等主要建筑的河，具有防御作用，可防止敌人或动物入侵。

图 1-3-27 所示为夜色中的西安城墙护城河景色。

（九）钟楼

古时，为"晨钟暮鼓"的报时及报警之需，古代都城内多建有钟鼓楼。

西安钟楼始建于明洪武十七年（1384年），初建于今广济街口，与鼓楼相对，明神宗万历十年（1582年）整体迁移于今址。

西安钟楼位于西安市中心，明城墙内东西南北四条大街的交汇处。钟楼建在方形基

图 1-3-27 西安城墙护城河

座之上，为砖木结构，重楼三层檐，四角攒尖顶的形式。钟楼整体以砖木结构为主，构建于用青砖、白灰砌成的方形基座上。楼体为木质结构，深、广各三间。

自地面至楼顶总高 36 米，由基座、楼身和楼顶三部分组成。下部砖石结构的正方形基座高 8.6 米，每边长 35.5 米，面积约 1 377.4 平方米，内有楼梯可盘旋而上，基座之上为两层木结构楼体，由四面空透的圆柱回廊和迭起的飞檐等组成，高 27 米。由台阶踏步上至基座的平台可进入一层大厅，大厅四面有门，周为平台，顶有方格彩绘藻井，二层四面有木格窗门与外廊相通。图 1-3-28、图 1-3-29 所拍摄的是昼夜中的西安钟楼。

西安钟楼是中国现存同类建筑中规模最大、建筑年代最久、保存最完好的钟楼。明代西安是西北军政重镇，所以，无论从建筑规模、历史价值或艺术价值各方面来说，西安钟楼都居中国同类建筑之首。

图 1-3-28 白天的西安钟楼

图 1-3-29 夜晚的西安钟楼

北京钟楼位于北京东城区地安门外大街，在鼓楼北，是老北京中轴线的北端点。清乾隆十年（1745年）重建。为了防止火灾，建筑全部采用了砖石结构。占地约 6 000 平方米，为重檐歇山顶建筑，通高 47.95 米。底层基座的四面均有券门，内设 75 级石阶可上二层的主楼。主楼面阔三间，上有黑琉璃瓦绿剪边覆顶，下有汉白玉须弥座承托，四面分别开一座券门，券门的左右各有一座石雕窗，周围环绕着石护栏（图 1-3-30）。

图 1-3-30 北京钟楼

(十)鼓楼

西安鼓楼位于古都西安市中心，明城墙内东西南北四条大街交汇处的西安钟楼西北方约 200 米处。建于明洪武十三年(1380 年)，是中国古代遗留下来众多鼓楼中形制最大、保存最完整的鼓楼之一。

西安鼓楼建在方形基座之上，为砖木结构，顶部为重檐形式，通高 34 米。高台砖基座东西长 52.6 米，南北宽 38 米，高 8 米。基座南北正中辟有高宽均 6 米的拱券门洞，供人车出入，南通西大街，北通北院门。面积为 1 998.8 平方米，内有楼梯可盘旋而上。在檐上覆盖有深绿色琉璃瓦，楼内贴金彩绘，画栋雕梁，顶部有鎏金宝顶，是西安的标志性建筑。

西安鼓楼是中国现存明代建筑中仅次于故宫太和殿、长陵棱恩殿的一座大体量的古代建筑，且在中国同类建筑中年代最久、保存最完好，无论从历史价值、艺术价值和科学性方面都属于同类建筑之冠(图 1-3-31 、图 1-3-32 所拍摄的是昼夜中的西安鼓楼)。

图 1-3-31　白天的西安鼓楼

图 1-3-32　夜晚的西安鼓楼

北京钟楼与鼓楼前后纵置，鼓楼在南，钟楼在北，气势雄伟，巍峨壮观，超高的技术水平和不朽的艺术价值充分显示出了古代劳动人民的智慧和力量。北京鼓楼坐北朝南，为重檐三滴水木结构楼阁建筑，通高 46.7 米。楼身坐落在 4 米高的砖砌城台之上，东西长约 56 米，南北宽约 33 米，台上四周以宇墙(图 1-3-33 所示为北京鼓楼的正面)。

图 1-3-33　北京鼓楼

北京钟楼和鼓楼作为元、明、清代都城的报时中心，是古都北京的标志性建筑之一，也是见证中国近百年来历史的重要建筑。

单元二　长城

一、长城的历史沿革

长城(The Great Wall)是中国古代的军事防御工事，是一道高大、坚固而且连绵不断的长垣，用以限隔敌骑的行动。长城是人类建筑史

视频：长城

42

上的伟大奇观，也是中华民族伟大志向和能力的标志。长城也被称为世界中古七大奇迹之一。

(一)万里长城的由来

长城修筑的历史可上溯到西周时期，发生在首都镐（hào，今西安）的著名典故"烽火戏诸侯"与长城有关。从战国到清代，先后有20多个诸侯国和王朝修筑过长城，历时2 700多年。实际上长城总长度达5万多千米，堪称"上下两千年，纵横十万里"，故又称万里长城。

1. 北方的长城

中国北方的长城开始于战国时期秦、赵、燕三国。

战国时期是我国黄河长江中下游地区由奴隶社会向封建社会的转变时期，诸夏文化与秦、楚、吴、越文化的交流与融合，统一的趋向日益强烈。当时进行封建改革的魏、赵、韩、楚、齐、秦、燕七国强盛之后，进行兼并战争，谋求以武力统一黄河、长江中下游地区。这时，陕北、晋北、冀北和内蒙古草原上的少数民族主要是匈奴也强大起来，不断掳掠秦、赵、燕三国北部边境。秦国北方有义渠和匈奴；赵国西北有林胡、楼烦，北有襜褴、匈奴；燕国北界有东胡。自战国中期以来，他们不断掳掠秦、赵、燕三国北部地区。他们善于骑射，长于野战，采取突然袭击，来去飘忽，难以捉摸，显示出很强的战斗力。而秦、赵、燕在战国中期的作战部队主要是步兵和战车，穿着宽衣大袖的服装，行动迟缓，日行30～50米，自然不能阻止匈奴、东胡的袭击和掳掠。这不仅使三国北部人民的人身财产受到严重威胁、生产遭到严重破坏，而且大大影响了三国的统一事业。针对这种被动局面，三国便先后进行兵制改革和在北部修筑长城。

2. 南方的长城

以楚、齐、魏、韩、中山国为代表的南长城，随着时间的推移，逐渐淡出我们的记忆，在此不再赘述。

战国时期，秦、赵、燕之所以在北边修筑长城，是为了防御匈奴、东胡等少数民族的劫掠、杀伤。南方长城的修筑，主要是防御各国之间的战争。

中国的万里长城以工程浩大、历史悠久、气势雄伟而著称于世。长城主要分布在河北、北京、天津、山西、陕西、甘肃、内蒙古、黑龙江、吉林、辽宁、山东、河南、青海、宁夏、新疆15个省、自治区和直辖市。

长城沿山脊而建、蜿蜒起伏，每隔一段距离就选择制高点建一个烽火台。烽火台为方形平顶台形建筑，下面驻扎军队，顶上堆放柴草，遇到敌人进攻，就点燃柴草，烟雾升腾，一个个烽火台接力式传递，迅速把信号传到远方。这种烟火就叫"烽烟"或"狼烟"。后来用这些词来形容战争就源于此。

(二)长城三次修筑高潮

据专家考证，在我国长城修筑史上，曾经有过三次修筑长城的高潮。

1. 秦代长城——我国历史上第一次大规模地修筑长城

秦始皇统一中国后，命令大将蒙恬率大军30万，北击匈奴，收复了今内蒙古河套以南地区，并于前214年开始大规模修筑长城。秦始皇征调了大批军队和民工，利用10年时间，将多国的长城加以修缮、连缀、增筑，形成我国历史上的第一条万里长城（图1-3-34所示为秦长城遗址）。

秦长城西起甘肃临洮，东至辽东，达今朝鲜平壤大同江北岸，全长5 000多千米。

2. 汉代长城——第二次大规模地修筑长城

西汉初年，北方匈奴势力强大。为巩固北方边陲，加强防卫，汉武帝一方面先后3次对匈奴实行军事打击，另一方面开始了大规模修筑长城的活动。

汉长城东起鸭绿江畔，向西经过内蒙古的阴山、居延海，再过甘肃（河西四郡：武威、张掖、酒泉、敦煌），一直延伸到新疆的罗布泊和库尔勒，全长1万多千米，是我国历史上最长的长城（图1-3-35所示为汉长城遗址）。

图1-3-34　秦长城遗址

图1-3-35　汉长城遗址

汉长城的修筑不仅抵御了北方匈奴的入侵，对保证西域"丝绸之路"的畅通也起到了重要的作用。

3. 明朝长城——第三次大规模地修筑长城

明朝建立后，元朝统治者仅仅是逃回漠北，有生力量并未被消灭，经常卷土重来。东北女真等游牧民族的兴起对明王朝的扰掠形成很大的威胁。朱元璋取得全国政权之后，便把修筑长城当作头等大事来抓，因此，明朝热衷于长城的修建。在明朝统治中原的270多年里，一直没有停止过对长城的修筑和巩固，时间之长，工程之大，质量之高，是历代王朝所无法比拟的。

明长城西起甘肃嘉峪关，经宁夏、陕西、内蒙古、山西、河北、北京、天津，直到辽宁的鸭绿江边，横亘9个省区市，全长7 500千米。我们现在所见到的长城，大部分是明朝修筑的，坚固完好，雄风不减当年（图1-3-36所示为明长城遗址）。

图1-3-36　明长城遗址

二、长城著名的关口与城段

长城防御体系以城墙为主体，还包括敌台、关隘、烽火台等一系列城防建筑（图1-3-37、图1-3-38）。因此，长城不是一道单纯孤立的城墙，而是以城墙为主体，同大量的城、障、亭、标相结合的防御体系。

长城的游览胜地主要有北京延庆区的八达岭、北京怀柔区的慕田峪长城、河北滦平县的金山岭长城、天津蓟县的黄崖关长城、河北秦皇岛市的山海关、甘肃嘉峪关市的嘉峪关等。游览长城不仅使人赏心悦目，更重要的是它直击人的心灵，振奋民族精神。

图 1-3-37　长城烽火台

图 1-3-38　长城的关隘

（一）山海关——"天下第一关"

山海关位于河北省秦皇岛市，北依燕山，南临渤海，因修筑在燕山和渤海之间，故名"山海关"。山海关地势险要，是东北进入华北狭长通道上的咽喉，地理位置十分重要，素有"两京锁钥无双地，万里长城第一关"之称，历来为兵家必争之地。

关城四面设门，"天下第一关"的匾额高悬于东城门的门楼上。相传是明成化八年（1472年）进士、山海关人萧显所题字。图 1-3-39、图 1-3-40 所示为山海关城楼和关隘。

图 1-3-39　山海关城楼

图 1-3-40　山海关关隘

（二）雁门关——"中华第一关"

雁门关地处中国山西省忻州市代县县城以北约 20 千米处的雁门山中，是长城的重要关隘，以"险"著称，被誉为"中华第一关"，有"天下九塞，雁门为首"之说。与宁武关、偏关合称"外三关"。图 1-3-41、图 1-3-42 所示为雁门关城楼和关隘。

雁门关南控中原，北扼漠原，是中国古代关隘规模宏伟的军事防御工程。

图 1-3-41　雁门关城楼

图 1-3-42　雁门关关隘

雁门关的历史价值

自秦汉以来，山西北部是北朝各国统治的中心，成为民族大融合的前沿地带。雁门关及其所在的代县是古代塞北少数民族入侵内地的通道，因此，雁门关自古就是边防战略要地。自公元前4世纪至20世纪，发生在这里的战事，据不完全统计就有140多次，可见它确实是兵家必争之地。雁门关北通大同，南达太原，进可主辽阔草原，退可守千里关中，战略地位十分重要。

特别是1937年9月，中国共产党为了团结抗日，派周恩来、彭德怀等前来雁门山的太和岭口与国民党第二战区司令长官阎锡山会晤。

1937年10月18日，在阎锡山弃关南撤以后，八路军一二〇师七一六团挺进雁门关大同公路附近，在此伏击了日军汽车运输队，一举摧毁敌人汽车四百余辆，赢得了震惊中外的大捷。

《雁门太守行》——李贺（唐）

黑云压城城欲摧，甲光向日金鳞开。角声满天秋色里，塞上燕脂凝夜紫。

半卷红旗临易水，霜重鼓寒声不起。报君黄金台上意，提携玉龙为君死。

李贺（790—816年），字长吉。祖籍陇西郡。与李白、李商隐称为"唐代三李"，后世称李昌谷，著有《昌谷集》。

李贺是继屈原、李白之后，中国文学史上又一位浪漫主义诗人，李贺与"诗仙"李白、"诗圣"杜甫、"诗佛"王维齐名，被称为"诗鬼"或"诗魔"。他留下了"黑云压城城欲摧""雄鸡一声天下白""天若有情天亦老"等千古佳句。

（三）嘉峪关——"天下第一雄关"

嘉峪关位于甘肃省嘉峪关市河西走廊中西部的嘉峪山西麓的嘉峪塬上，是明代万里长城西端的终点、丝绸之路的交通咽喉。历史上曾被称为河西咽喉，因地势险要、建筑雄伟，自古就是"丝绸之路"的要冲，古有"西襟锁钥"之称。地理位置十分险要，有"天下第一雄关"之称。嘉峪关是古代"丝绸之路"的交通要塞，素有中国长城三大奇观之一（东有山海关、中有镇北台、西有嘉峪关）的美称。

嘉峪关始建于明洪武五年（1372年），由内城、外城、罗城、瓮城、城壕和南北两翼长城组成，全长约60千米。长城城台、墩台、堡城星罗棋布，由内城、外城、城壕三道防线组成重叠并守之势，形成五里一燧，十里一墩，三十里一堡，百里一城的防御体系。

嘉峪关关城平面呈梯形，城墙高达11.7米，总长为733.3米，关城面积为33 500多平方米。关城有东、西二门，上筑城楼，高为17米，面阔三间，三层歇山顶，周有围廊，气势雄伟。东西二门外均建有瓮城。图1-3-43、图1-3-44所示为嘉峪关城楼和关隘。

嘉峪关经过1950年、1957年和1973年三次大规模的修葺和装饰，重新焕发出一代雄关的风采。现已对外开放，供游人参观。

图1-3-43　嘉峪关城楼

图1-3-44　嘉峪关关隘

拓展小知识

《出塞》——王昌龄

秦时明月汉时关，万里长征人未还。

但使龙城飞将在，不教胡马度阴山。

王昌龄（698—757年），字少伯，盛唐著名边塞诗人，30岁左右进士及第。初任秘书省校书郎，而后又担任博学宏辞、汜水尉，因事被贬岭南。开元末返长安，改授江宁丞。被谤谪龙标尉。安史乱起，被刺史间丘晓所杀。王昌龄与李白、高适、王维、王之涣、岑参等人交往深厚。其诗以七绝见长，尤以登第之前赴西北边塞所作边塞诗最著，有"诗家夫子王江宁"之誉，又被后人誉为"七绝圣手"。

(四)阳关和玉门关

阳关和玉门关一个在南，一个在北。名扬中外，情系古今。在离开两关以后就进入了茫茫戈壁大漠。两者都是"丝绸之路"的重要关隘，也是丝绸之路上敦煌段的主要军事重地和途经驿站，通西域和连欧亚的重要门户，出敦煌后必须走两个关口的其中一个。

阳关：因坐落在玉门关之南而取名阳关。阳关始建于汉武帝元鼎年间（公元前116—前111年），在河西"列四郡、据两关"，阳关即是两关之一。阳关作为通往西域的门户，又是丝绸之路南道的重要关隘，是古代兵家必争的战略要地。图1-3-45所示为阳关故址。

玉门关：丝绸之路北路必经的关隘，始置于汉武帝开通西域道路、设置河西四郡之时，因西域输入玉石时取道于此而得名。汉时为通往西域各地的门户，故址在今甘肃敦煌西北小方盘城。元鼎或元封中（公元前116—前105年）修筑酒泉至玉门间的长城，玉门关当随之设立。图1-3-46所示为玉门关遗址。

图 1-3-45　阳关故址

图 1-3-46　玉门关遗址

拓展小知识

阳关三叠

《送元二使安西》——王维（唐代），此诗后有乐人谱曲，名为"阳关三叠"，又名"渭城曲"。

渭城朝雨浥轻尘，客舍青青柳色新。

劝君更尽一杯酒，西出阳关无故人。

王维，唐代诗人，字摩诘，被后人称为"诗佛"。原籍祁（今属山西），其父迁居蒲州（治今山西永济），遂为河东人。开元（唐玄宗年号，713—741 年）进士。累官至给事中。安禄山叛军陷长安时曾受职，乱平后，降为太子中允。后官至尚书右丞，故亦称王右丞。晚年居蓝田辋川，过着亦官亦隐的优游生活。诗与孟浩然齐名，并称"王孟"。前期写过一些以边塞题材的诗篇，但其作品最主要的则为山水诗，通过田园山水的描绘，宣扬隐士生活和佛教禅理；体物精细，状写传神，有独特成就。兼通音乐，工书画，著有《王右丞集》。

《凉州词二首》其一——王之涣

黄河远上白云间，一片孤城万仞山。

羌笛何须怨杨柳，春风不度玉门关。

王之涣（688—742 年），盛唐时期的著名诗人，字季凌，绛州（今山西新绛县）人。豪放不羁，常击剑悲歌，其诗多被当时乐工制曲歌唱。名动一时，他常与高适、王昌龄等相唱和，以善于描写边塞风光著称。其代表作有《登鹳雀楼》《送别》等。虽然王之涣今仅存六首诗，但是他这两首诗极负盛名。

（五）平型关——八路军"首战平型关，威名天下扬"

平型关是明朝内长城沿线上的一个关口，位于山西省大同市灵丘县和忻州市繁峙县交界处的平型岭脚下，古称瓶形寨，以周围地形如瓶而得名。金时为瓶形镇，明、清称平型岭关，后改今名。历史上很早就是戍守之地。明朝正德六年（1511 年）修筑明朝内长城时经过平型岭，并在关岭上修建城堡。平型关城虎居于平型岭南麓，呈正方形，周围九百余丈，南北东各置一门，门额镌刻"平型岭"三个大字。图 1-3-47 所示为平型关关隘。

平型关是我国抗日战争第一个大胜仗的遗址，是爱国主义和革命传统教育具有自然意义和历史意义的军事博物馆(图1-3-48展示的是平型关大捷参战主要将领雕像)。

图 1-3-47 平型关关隘

图 1-3-48 平型关大捷参战主要将领雕像

拓展小知识

平型关战役

　　1937年9月23—25日,八路军115师师长林彪、副师长聂荣臻率领的八路军在平型关日本第五师团一部全力攻击,在此一役歼灭日军1 000多人,毁敌汽车100辆,大车200辆,缴获步枪1 000多支,轻重机枪20多挺,战马53匹,另有其他大量战利品。八路军平型关首战大捷是抗日战争全面爆发以来中国军队的第一个大胜仗,打破了日军不可战胜的神话,大大提振了中华民族的士气,鼓舞了全国人民团结抗战的信心,提高了八路军的声威,对华北战局和全国抗战形势产生了深远影响,在中央党史、中国抗日战争史和解放军战史上写下了光辉的一页。

（六）娘子关——"万里长城第九关"

　　娘子关在河北、山西两省交界处,为中国万里长城著名关隘,位于太行山脉西侧河北省石家庄市井陉县西口、山西平定县东北的绵山山麓。位于平定县城东北45千米处,娘子关历史悠久,据记载,隋开皇时曾在此设置苇泽县。唐高祖的三女儿、唐太宗的姐姐——平阳公主曾率娘子军在此设防、驻守,故名娘子关(图1-3-49)。

　　娘子关使中华民族巾帼不让须眉的美名远扬。

　　长城具有很强的军事防御作用,是古代保卫农业文明的屏障,是推动北方地区经济发展的杠杆,是中华民族交往、整合的纽带,是建筑技术的宝库。

　　长城精神是中华民族自尊、自信、自立、自强的精神与意志的体现,长城精神包括团结统一、众志成城的爱国精神,坚韧不屈、自强不息的民族精神,守望和平、开放包容的时代精神。

图 1-3-49 娘子关城楼

尽管如今长城已失去了它的军事用途，更多的是激励着中华儿女体现中华民族长城精神，长城用实物见证了中国人民在这块土地上团结一致、拼搏进取，书写了伟大的奇迹。在近代，中华民族到了最危险的关头，中国人民筑起了新长城，建立了一个新中国。长城将带着多民族统一融合的历史记忆，共同铸牢中华民族共同体意识。

模块四　宗教建筑和坛庙建筑

单元一　宗教建筑的类型

中国是世界四大文明古国之一，有醇厚、绵延的历史文化。在中国的封建社会里，宗教祭祀活动是社会各个阶层重要的精神生活，它表达了人们的精神信仰。宗教建筑有强烈的民族性和地域性，它像一幅幅传神的画卷，记载着另一种风格特征的中国传统建筑。

宗教建筑是人们从事宗教活动的主要场所，包括佛教的寺、塔、石窟等，道教的宫、庙、观等，伊斯兰教的清真寺。

中国是一个多宗教的国家，古代主要宗教有佛教、道教和伊斯兰教。其他宗教有摩尼教(明教)、袄教(拜火教)、天主教、基督新教等。

一、佛教建筑

世界上不同宗教建筑有不同的风格。尽管佛教是由印度传入中国的，但中国的佛教建筑与印度的寺院大不相同。中国的佛教建筑深受中国古代建筑的影响，它们庄严雄伟、精美华丽，与自然的风景融为一体，具有浓郁的、特有的中国佛教建筑特色。

1. 白马寺

佛教大约在东汉初期经西域传到中国内地。白马寺建于东汉明帝永平十一年(68年)，是我国最早的一座官办佛寺。之后佛教传到了朝鲜、日本等国家，在亚洲得到普及，后来又进入欧美国家。白马寺是世界各地佛教信徒参拜的圣地，可谓名副其实的"天下第一寺"。

白马寺坐北朝南，为一长形院落，总面积约4万平方米。主要建筑有天王殿、大佛殿、大雄宝殿、接引殿、毗卢阁等，均列于南北向的中轴线上。1990年，在原有建筑的基础上，白马寺增加了钟鼓楼、泰式佛殿、卧玉佛殿和齐云塔院内的客堂、禅房等建筑。

整个寺庙布局规整、风格古朴。寺庙大门左右相对放置两匹石马，大小和真马相当，形象温和、驯良。白马寺山门采用牌坊式一门三洞的石砌弧券门。"山门"是中国佛寺的正门，一般由三个门组成，象征佛教空门、无相门、无作门的"三解脱门"。由于中国古代许多寺院建在山村里，故又有"山门"之称。明嘉靖二十五年(1546年)重建。红色门楣上嵌着"白马寺"的青石题刻，它同接引殿通往清凉台的桥洞拱形石上的字迹一样，是东汉遗物，为白马寺最早的古迹。图1-4-1、图1-4-2所示为白马寺山门景观。

2. 永宁寺

两晋南北朝时期，佛教得到很大的发展，仅洛阳一带就曾建寺院1 200多座，种类有寺院、石窟和佛塔等。如北魏的洛阳永宁寺就是当时著名的寺院之一。

永宁寺为北魏王朝在洛阳营建的皇家佛寺，在佛寺的中部曾经建有一座木构佛塔，它是北魏洛阳城内的标志性建筑，始建于 516 年，由笃信佛法的灵太后胡氏主持修建，是专供皇帝、太后礼佛的场所。可惜的是 534 年，永宁寺塔被大火焚毁。据推算，永宁寺塔高度可能达 136.71 米，加上塔刹通高约为 147 米，是我国古代最高的佛塔。

图 1-4-1　白马寺山门

图 1-4-2　白马寺山门全景

在当时的技术条件下，建造如此巨大体量和如此高度的木结构建筑，在中国建筑史上乃至世界建筑史上都是奇迹。图 1-4-3 所示为永宁寺塔复原图。图 1-4-4 所示为考古挖掘的永宁寺塔地基基址。

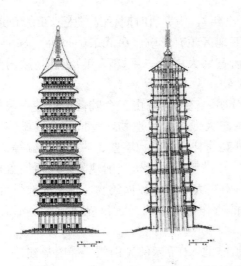

图 1-4-3　永宁寺塔复原图

隋、唐五代到宋代，是中国佛教大发展时期。隋代佛寺仍然是以佛塔为主的"前塔后殿"布局形式；唐代佛寺是以佛殿为寺院的核心，佛塔建在侧面或另建塔院。其间出现过唐武宗和周世宗灭佛事件，但时间较短，并没有影响整个佛教的发展。

隋唐时期较大的佛寺采用轴线对称的布局方法，按照轴线依次排列山门、莲池、平台、佛阁、配殿、大殿。建筑群的核心

图1-4-4　考古挖掘的永宁寺塔地基基址

已经从塔变为殿，佛塔一般建在侧面或另建塔院。到晚唐时，寺院已经有钟楼的定制，钟楼一般在轴线的东侧，到了明代才普遍在轴线的西侧建鼓楼。

元、明、清三代在西藏和内蒙古一带藏传佛教流行，但对中原佛教建筑的影响不大。流行在汉族地区的佛教一般称为汉传佛教。小的寺院称为"庵"（或为比丘尼寺院），大的称寺，更大的在寺院名称前加一个"大"字，如大慈恩寺、大相国寺、大圆满寺等。明、清时期又建立了以四座名山为圣地的道场。所谓道场，就是佛教的普法之地，如山西五台山为文殊菩萨的道场、峨眉山为普贤菩萨的道场、安徽九华山为地藏菩萨的道场、浙江普陀山为观音菩萨的道场。

中国现存唐代和五代时期结构完整的木结构建筑有7座，全部在山西省境内，即山西五台南禅寺大殿、山西五台佛光寺东大殿、山西平顺天台庵大殿、山西芮城广仁王庙正殿、山西平遥镇国寺万佛殿、山西平顺龙门寺西配殿、山西平顺大云院大佛殿。

唐代和五代时期建筑的主要特点是斗拱硕大、屋檐高挑、出檐深远；屋脊两端的鸱吻简单、粗犷；柱子粗壮、下粗上细，体现了唐代人以丰满为美的审美取向。从外形上看，这一时期的建筑呈现出朴实无华、雄伟庄重的特点。

3. 五台山佛光寺

佛光寺创建于北魏孝文帝时期（471—499年），隋、唐时期寺况兴盛。五台山佛光寺声名远扬长安、敦煌等地，在日本、东南亚地区颇有影响。唐武宗（841年—846年）灭佛时，佛光寺遭到破坏，现存东大殿，为唐宣宗大中十一年（877年）重建，殿内塑像、壁画、石刻，殿外墓塔、经幢，都是唐代遗物。

佛光寺内殿宇高宏，布局疏朗，主从分明，整个寺院由三个院落组成，一院最低，三院最高（图1-4-5），二院环境最美。寺内东大殿是唐代遗物，背依高台，雄伟古朴，可俯览全寺。此殿面宽七间，进深四间，外观简朴，门窗、墙壁、斗拱、柱额等皆用朱色土涂染，设有装饰彩绘；大殿结构精巧，斗拱粗壮、梁枋嵌削规整；殿顶铺盖板瓦，脊料用兽开黄绿色琉璃瓦，屋脊两端矗立一对高大雄健的琉璃鸱吻。整个大殿显得劲健绮丽、气度不凡。佛光寺是我国古建筑中的杰作，在中国乃至世界建筑史上都有重要地位。

山西五台山佛光寺大殿在山西五台县城东北32千米佛光山腰。寺因势建造，坐东向西，三面环山，唯西向低下而疏豁开朗。寺区松柏苍翠，殿阁巍峨，环境清幽。寺内建筑高低错落、主从有致，堪称盛唐气度，斗拱之美。

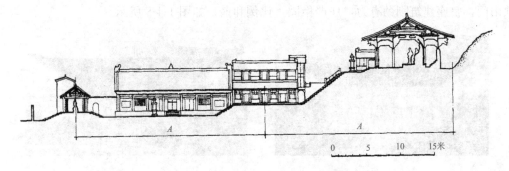

图1-4-5　山西五台山佛光寺立面图

　　山西五台山佛光寺现存的东大殿，为单檐四阿顶（庑殿顶），用鸱尾。大殿面阔七间，进深8架椽，单檐庑殿顶。总宽度为34米，总深度为17.66米。由内外两圈柱子形成"回"字形的柱网平面，称为"金厢斗底槽"。整个构架由回字形柱网、斗拱层和梁架三部分组成，这种水平结构层组合、叠加的做法是唐代殿堂建筑的典型结构做法。佛光寺大殿作为唐代建筑的典范，形象地体现了结构和艺术的高度统一，简单的平面却有丰富的室内空间。大大小小、各种形式的上千个木构件通过榫卯紧紧地咬合在一起，构件虽然很多但是没有多余的。外观造型雄健、沉稳、优美，表现出唐代建筑的典型风格。斗拱高度约为柱高的1/2。粗壮的柱身、宏大的斗拱、深远的出檐体现了唐代建筑雄健、恢宏的特征，如图1-4-6所示。

图1-4-6　五台山佛光寺大殿

　　4. 五台山南禅寺

　　南禅寺大殿位于山西省五台县城西南22千米的李家庄。始建年代不详，重建于唐建中三年（782年）。

　　南禅寺寺院坐北向南，为四合院形式。南禅寺大殿面阔、进深各三间，平面近方形，单檐歇山灰色筒板瓦顶。屋顶鸱尾秀拔，举折平缓，出檐深远。殿内无柱，以通长的两根四椽栿横架于前后檐柱之上，贯穿大殿南北。南禅寺大殿唐代风格明显，形制壮丽，结构简练，用材断面合理，纵横连贯牢固，手法古朴，力学与美学有机结合，展现了中唐时期的建筑艺术，如图1-4-7所示。

　　5. 天津蓟县独乐寺

　　独乐寺又称大佛寺，位于天津市蓟州区，是中国仅存的三大辽代寺院之一，也是中国现存著名的古代建筑之一。独乐寺为千年名刹，而寺史则殊渺茫，其缘始无可考，寺庙历史最早可追至贞观十年（636年）。寺内现存最古老的两座建筑物山门和观音阁，经考查为辽圣宗统和二年（984年）重建。

　　独乐寺山门和观音阁为辽代建筑。全寺建筑分为东、中、西三部分；东部、西部分别为僧房和行宫，中部是寺庙的主要建筑物，由山门、观音阁、东西配殿等组成，山门与大殿之间，用回廊相连接。独乐寺山门单檐四阿顶，脊用鸱尾，面阔三间，进深两间，斗拱相当于立柱的二分之一，粗壮有力，为典型唐代风格，是中国现存最早的庑殿顶山门，整座建筑刚劲有力，庄严稳固，比例和谐，如图1-4-8所示。

图1-4-7 山西五台山南禅寺大殿

图1-4-8 天津蓟县独乐寺山门

山门内有两尊高大的天王塑像守卫两旁，俗称"哼哈二将"，是辽代彩塑珍品。独乐寺山门正脊的鸱尾，长长的尾巴翘转向内，犹如雏鸟飞翔，是中国现存古建筑中年代最早的鸱尾实物。梁思成曾称独乐寺为"上承唐代遗风，下启宋式营造，实研究中国建筑蜕变之重要资料，罕有之宝物也"。

独乐寺观音阁，九脊殿顶，面阔五间，进深四间，位于有月台的石砌台基上。外观2层，有平坐，内部3层，如图1-4-9所示。

6. 晋祠

晋祠位于山西省太原市晋源区晋祠镇，是为纪念晋国开国诸侯唐叔虞（后被追封为晋王）及母后邑姜后而建，是中国现存最早的皇家园林，为晋国宗祠。祠内有几十座古建筑，具有中华传统文化特色。晋祠中难老泉、侍女像、圣母像被誉为"晋祠三绝"。

晋祠现存最早的主体建筑圣母殿创建于北宋太平兴国九年（984年），殿四周围廊，为中国现存古建筑中的最早实例，是中国宋代建筑的代表作，对研究中国宋代建筑和建筑发展史有重要的意义，如图1-4-10所示。

图1-4-9 独乐寺观音阁

图1-4-10 晋祠圣母殿（宋代建筑）

唐代建筑和宋代建筑檐口虽然都是上扬的曲线，但是唐代的曲线是平缓的，感觉舒展、大气，宋代的曲线就较为明显，显得秀丽、轻盈。两个时代的建筑，体现了两个时代的气质。

二、道教建筑

道教是唯一发源于中国，由中国人创立的宗教，又被称为本土宗教。道教以"道"

为最高信仰，以神仙信仰为核心内容，以丹道法术为修炼途径，以得道成仙为终极目标，追求自然和谐、国家太平、社会安定、家庭和睦，相信修道积德者能够幸福快乐、长生久视，充分反映了中国人的精神生活、宗教意识和信仰心理。

道教建筑一般称为宫、观等。比较著名的是武当山道教建筑群和山西省运城市芮城永乐宫建筑群。

武当山位居四大道教名山之首，是著名的道教圣地，武当山道教文化源远流长。春秋至汉末，武当山已是宗教活动的重要场所。

1. 武当山古建筑群

武当山古建筑群位于湖北省丹江口市境内，敕建于唐贞观年间（627—649年），明代达到鼎盛，历代皇帝都把武当山作为皇室家庙来修建。明永乐年间（1403—1424年），明成祖朱棣"北建故宫，南修武当"，历时12年，建成9宫（太和宫、清微宫、紫霄宫、朝天宫、南岩宫、五龙宫、玉虚宫、净乐宫、遇真宫）、8观（仁威观、回龙观、龙泉观、复真观、元和观、太玄观、威烈观、八仙观）、36庵堂、72岩庙、39桥、12亭等33座建筑群，嘉靖年间（1522—1566年）又增修扩建。整个建筑群严格按照真武修仙的故事统一布局，并采用皇家建筑规制，形成了"五里一庵十里宫，丹墙翠瓦望玲珑，楼台隐映金银气，林岫回环画镜中"的"仙山琼阁"意境，绵延140米，体现了道教"天人合一"的思想，被誉为"中国古代建筑成就的博物馆"和"挂在悬崖峭壁上的故宫"。

武当山古建筑群主要包括太和宫、南岩宫、紫霄宫、遇真宫四座宫殿，玉虚宫、五龙宫两座宫殿遗址，以及各类庵堂祠庙等200余处。建筑面积达5万平方米，占地总面积达100余万平方米，规模极其庞大。被列入的主要文化遗产包括太和宫、紫霄宫、南岩宫、复真观、"治世玄岳"牌坊等。图1-4-11～图1-4-21所示为部分武当山古建筑群景观。

武当山古建筑群在建筑艺术和建筑美学上达到了很高的成就，有丰富的中国古代文化和科技内涵，是研究明初政治和中国宗教历史的重要实物见证。武当山古建筑群总体规划严密，主次分明，大小有序，布局合理。建筑位置选择注重环境，讲究山形水脉布局疏密有致。庙宇宏敞，建筑巍峨，古朴壮观，显示了古代中国劳动人民的聪明才智和艺术创造力。

武当山的古建筑对宗教、民间艺术和建筑艺术的发展也产生了积极影响。其建筑类型多样、用材广泛，各项建筑的设计、构造、装饰、陈设都达到了很高的技术和艺术成就。

图1-4-11　武当山古建筑群一景

图 1-4-12 武当山太和宫(关哲/视觉中国)

图 1-4-13 武当山琼台(关哲/视觉中国)

图 1-4-14 武当山复真观(又名太子坡)
(关哲/视觉中国)

图 1-4-15 武当山复真观九曲黄河墙

图 1-4-16 武当山紫霄宫全景

图 1-4-17 武当山紫霄宫

图 1-4-18 武当山玄岳门"治世玄岳"牌坊

图 1-4-19　武当山顶峰太和宫金殿

图 1-4-20　武当山顶峰太和宫金殿全景

图 1-4-21　武当山真武殿

2. 山西芮城永乐宫

山西芮城永乐宫创建于元代（1247—1358 年），位于山西省运城市芮城县城北约三千米处的龙泉村东。它是我国现存最大、保存最为完整的道教宫观，同北京的白云观、陕西户县的重阳宫并称为全真道教三大祖庭。

永乐宫由南向北依次排列着宫门、龙虎殿（无极门）、三清殿、纯阳殿、重阳殿和邱祖殿（图 1-4-22）。在建筑总体布局上，东西两面不设配殿等附属建筑物；在建筑结构上，使用了宋代"营造法式"和辽、金时期的"减柱法"。

永乐宫原址在永济县永乐镇，故得名。相传这里是吕洞宾故乡。20 世纪 50 年代末，因修建三门峡水利枢纽工程，永乐镇成了水库所在地。为了不使

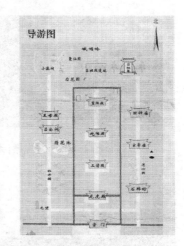

图 1-4-22　山西芮城永乐宫
总平面图

这些文物淹没，经过精心筹划，将宫殿内所有的壁画完整地揭取下来，运至芮城的新址，即今永乐宫。永乐宫内保存着举世闻名的元代壁画艺术，三清殿和纯阳殿内的壁画尤为精美。图 1-4-23～图 1-4-30 所示为部分山西芮城永乐宫建筑群景观。

图 1-4-23 永乐宫山门

图 1-4-24 宫门(无极之门)

图 1-4-25 龙虎殿(无极之殿)　　　　　　图 1-4-26 永乐宫三清殿主殿

图 1-4-27 永乐宫纯阳殿

图 1-4-28　永乐宫重阳殿

图 1-4-29　永乐宫壁画局部(一)

图 1-4-30　永乐宫壁画局部(二)

三、伊斯兰教建筑

伊斯兰教是世界三大宗教之一。伊斯兰教由阿拉伯半岛麦加人穆罕默德于 7 世纪初创立，唐代由西亚传入中国，也称回教、清真教等。伊斯兰教因为教义和仪典的要求，建筑与佛、道两教不同。一般所建寺院称为清真寺或礼拜寺。大殿内没有造像，仅设朝向圣地麦加供参拜的神龛。建筑装饰纹样只有《古兰经》经文和植物、几何形图案。

清真(净)寺是伊斯兰教建筑的主要类型，礼拜寺的朝向必须面东，使朝拜者可以朝向圣地麦加的方向做礼拜，即面向西方；礼拜寺内不设圣像，仅以寺后的圣龛为礼拜的对象；清真寺建筑装饰纹样只能是植物或文字的图形。图 1-4-31、图 1-4-32 所示为福建泉州清净寺，图 1-4-33 所示为新疆喀什阿巴伙加玛札清净寺。

图 1-4-31　福建泉州清净寺景观(一)

图 1-4-32　福建泉州清净寺景观(二)

图 1-4-33　新疆喀什阿巴伙加玛札清净寺

单元二 天坛

一、坛庙建筑

1. 坛和庙

坛庙建筑是中国古代礼仪性的祭祀建筑，主体建筑是坛和庙，亦称礼制建筑。自古有"台而不屋为坛，设屋而祭为庙"的说法。东汉许慎《说文》记载："坛，祭场也。"即封土为祭祀的场所。《说文》："庙，尊先祖貌也。"可见，庙是专为尊崇祖先的建筑。先秦时代，按宗法制的要求，君王的重大事件亦多在庙中举行。

2. 坛庙建筑的种类

(1)祭祀自然神。源自对自然山川的原始崇拜，包括天、地、日、月、风云雷雨、社稷(土地神)、山神、水神等。

(2)祭祀祖先。帝王祭祀祖先的宗庙称为太庙，各级官吏按制度也设有相应规模的家庙、祠堂。

(3)先贤祠庙。如孔子庙、武侯祠、关帝庙等。

中国古代帝王亲自参加的最重要的祭祀有祭天地、祭社稷、祭宗庙三项。因此，帝王的坛庙建筑主要指天坛、社稷坛、太庙。世界上最大的坛庙建筑群是位于中国首都北京的天坛。

二、天坛

天坛是在中国几千年的祭天活动中，不断发展、演变，而最后形成的一座体系完备、规模宏大的为帝王专用的祭祀场所。每年用两次：孟春祈谷，冬至祭天。

1. 天坛的位置及布置

天坛位于北京市的南部(图 1-4-34)、东城区永定门内大街东侧，总面积约为 273 万平方米。天坛始建于明永乐十八年(1420 年)，清乾隆、光绪时曾重修改建。天坛为明、清两代帝王祭祀皇天、祈五谷丰登之场所。天坛是圜丘、祈谷两坛的总称，有坛墙两重，形成内外坛，坛墙南方北圆，象征天圆地方(图 1-4-35)。

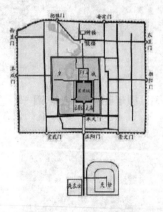

图 1-4-34　天坛在北京的位置

图 1-4-35　天坛的平面布局

2. 天坛的建筑

天坛的建筑主要由坛墙、圜丘组群、祈年殿组群、丹陛桥、斋宫、神乐署和牺牲所等组成。主要建筑在内坛，圜丘坛在南、祈谷坛在北，二坛同在一条南北轴线上。中间由长360米、宽30米的神道(丹陛桥)连成一个整体。

圜丘坛建于明嘉靖九年(1530年)，是皇帝举行冬至祭天大典的场所，又称祭天坛。圜丘坛是主要建筑，有圜丘、皇穹宇及配殿、神厨、三库及宰牲亭，附属建筑有具服台、望灯等(图1-4-36)。圜丘明朝时为三层蓝色琉璃圆坛，清乾隆十四年(1749年)扩建，并改蓝色琉璃为艾叶青石台面，汉白玉柱、栏。皇帝每年祭天时，都从西边牌楼下轿，然后步入昭亨门，进昭亨门到圜丘坛。四周绕有两层蓝色琉璃瓦矮墙。第一层墙为方形，叫外；第二层墙为圆形，叫内，象征"天圆地方"。内中央处，就是祭天台(也称拜天台)，即圜丘台。

图1-4-36 天坛圜丘建筑群

拓展小知识

天坛

天坛建筑的艺术特色主要表现在声、力、美学原理的巧妙运用和精心设计上。站在圜丘坛上层中央的天心石上发声说话，竟会从四面八方传来悦耳的回音，仿佛是要唤起人们意识上的一种神秘感觉，使人的整个心灵都沉浸在声响幻境中。这是因为圜丘坛天心石的位置，正是圜丘坛的中心。石坛的周围砌有三重石栏，石坛以外设了两道逆墙。从天心石上发出的声音传到四周的石栏和逆墙受阻以后，就同时从四周向天心石折射回来。由于圜丘坛半径再折回的时间，总共只有0.07秒，说话的人几乎无法辨出原音与回音，而且因为回声是从四面传来，声波振动较大，所以听起来既十分洪亮悦耳，又连续不断。封建统治者把这种声学现象说成"上天垂象"，是天下万民对于朝廷的无限归心与一致响应，同时赋予"亿兆景从石"的美名(图1-4-37)。

图1-4-37 圜丘坛天心石

圜丘坛共分三层，每层四面各有台阶九级。每层周围都设有精雕细刻的汉白玉石栏杆。栏杆的数字均为九或九的倍数，即上层72根、中层108根、下层180根。同时，各层铺设的扇面形石板，也是九或九的倍数。如最上层的中心是一块圆形大理石

（称作天心石或太极石），从中心石向外，第一环9块，第二环18块，到第九环81块；中层从第十环的90块至第十八环的162块；下层从第十九环的171块至第二十七环的243块，三层共378个"九"，为3 402块。同时，上层直径为9丈（取一九），中层直径为15丈（取三五），下层直径为21丈（取三七），合起来为45丈，不但是九的倍数，而且有"九五"至尊的含义。为什么要用九或九的倍数来设计建造祭坛呢？原因是：第一，据神话传说，皇天上帝是住在九重天里，用九或九的倍数来象征九重天，以表示天体的至高与至大。第二，在我国古代把单数（奇数）看作阳数，而将双数（偶数）视为阴数。天为阳，地为阴。天坛是用来祭天的，只能用阳数进行建筑。而"九"又被视为"极阳数"，这是最吉祥的数字。除了封建迷信的因素，这种设计规制也反映出当时工匠们高超的数学知识和计算才能，实在令人叹服。

祈年殿前身"大祀殿"，又称"祈谷殿"，是北京天坛的主体建筑，也是明、清两朝皇帝孟春祈谷之所，是古代明堂式建筑仅存的一例。祈年殿四周建筑形成祈谷坛建筑群。

祈谷坛内主要建筑有祈年门、大祀殿（祈年殿）、东西配殿、皇乾殿、长廊（附七星石）、神库与神厨、宰牲亭等（图1-4-38、图1-4-39）。

图1-4-38 天坛祈年殿的主要建筑群

图1-4-39 祈年殿

3. 天坛的规划意匠和象征手法

（1）采用超大规模的占地和超级绿化。天坛的面积是北京故宫的近4倍。不使用过多的建筑和超级的建筑体量，而采用超大规模的占地和超级的绿化。

（2）建筑形象的表现。以圆象征天，以方象征地（天圆地方）；尽量用矮墙扩大体量；通过高台重檐屋顶体现崇高感；通过纯净色彩（蓝色）表现天。丹陛桥是高于地面的，帝王走在上面有高高在上的感觉（图1-4-40）。

（3）组织极为开阔的观天视野，创造崇天境界。两个观天点：圜丘、祈年殿。一条观天线：丹陛桥。

（4）数的象征。祈祷丰收与自然有较大的关系，如祈年殿建筑构件中，就运用数来体现大宇运行的现象：祈年殿中用四根龙井柱象征天穹运转所形成的一年四季（春、夏、秋、冬）；室内周围的12根金柱象征一年中的12个月；外圈的12根檐柱象征一天的12个时辰；二层柱子数目相加为24，象征一年中的24个节气；以上构成了28星宿。祈年殿内部构造如图 1-4-41 所示。

（5）天坛体现了"尚无思想"和"以少总多"的方法。占地大，建筑数量少，体量小，用超级绿化表现天；通过主轴线控制建筑，主轴线偏东，拉长了主入口到轴线的距离；不以形象取胜，运用虚扩的手法，常叫"反尺度"，强化建筑的高崇、宏大的形象；以境界取胜。

图 1-4-40　天坛的丹陛桥

图 1-4-41　祈年殿内部构造图

拓展小知识

祭天

祭天作为人类祈求神灵赐福攘灾的一种文化行为，曾经是中国古代先民生活的重要组成部分。中国从传说中的三皇五帝时代至清末，一直举行祭天典礼，绵延数千年，可谓源远流长。

天坛始建于明永乐年间（1403—1424 年），是按照中国传统礼仪制度建立的国家祭坛。自明永乐十九年（1421 年）起，共有 22 位皇帝亲御天坛，向皇天上帝顶礼膜拜，虔诚祭祀。

辛亥革命爆发后，中华民国政府宣布废除祭天祀典，并与 1918 年改天坛为公园。

单元三　古塔

古塔是中华五千年文明的载体之一，为祖国城市山林增光添彩，被誉为"中国古代杰出的高层建筑"。塔在用途上有许多发展和变化，超越单纯佛塔的限制，既可以登高望远，又可以用来瞭望，还可以用于导航引渡。

古塔起源于印度，梵文的原意是坟冢、圆丘。东汉时，塔随着佛教传入中国，一开始是埋葬死者的坟墓，后来用以藏佛的"舍利"，又称"舍利塔"，用来收藏佛经和埋葬长老，称"经塔""墓塔"，逐渐成为一种纪念性建筑。佛塔进入中国后，与我国传统建筑相结合，塔的造型也发生了改变，大致可分为密檐式塔、楼阁式塔、覆钵式塔、金刚宝座式塔等。其中，阁楼式塔数量最多，也是我国古塔建筑中的主要形式。

古塔一般都是由地宫、塔基、塔身、塔刹组成的。其中地宫和塔身是中国特有的创造。

一、嵩岳寺塔

嵩岳寺塔(图1-4-42)位于河南省郑州市登封市嵩山南麓嵩岳寺内，为北魏时期佛塔。嵩岳寺始建于北魏永平二年(509年)，原是北魏宣武帝的离宫，后改为佛教寺院，正光元年(520年)改名闲居寺。隋仁寿二年(602年)，改名嵩岳寺。

嵩岳寺塔为15层的密檐式砖塔，通高为37.045米，底层直径为10.6米，内径为5米余，壁体厚为2.5米。塔的外部由基台、塔身、叠涩砖檐和塔刹组成。塔身分为上、下两部分。上部东、西、南、北四面各辟一券门通向塔心室；下部上下垂直，外壁没有任何装饰。塔身之上是15层的叠涩密檐，自下而上逐层内收，构成柔和的抛物线。塔刹由基座、覆莲、须弥座、仰莲、相轮、宝珠等组成，塔下有地宫。

图1-4-42　嵩岳寺塔

基台平面呈十二边形(图1-4-43)，台体内砌砖以黄泥浆粘合，外部砖壁表面饰白灰皮。

虽历经1500余年的风雨侵袭，地震摇动，嵩岳寺塔仍巍然屹立在祖国的中原大地上。嵩岳塔挺拔刚劲，雄伟秀丽，是一件完美的艺术品，该塔造型深受古印度佛塔的影响，塔身各部做"宝箧印经塔"(阿育王塔)式样，并做出火焰形尖拱等，明显具有古印度犍陀罗艺术风格。我国早期佛塔受古印度塔的影响较大，嵩岳寺塔正是中印古代佛教建筑相融合的早期实物见证。

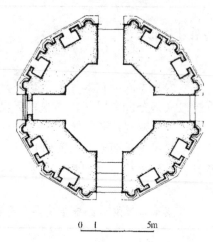

0　1　　　　5m

图1-4-43　嵩岳寺塔平面图

嵩岳寺塔是中国现存最早的密檐式砖塔，反映了中外建筑文化交流融合创新的历程，在结构、造型等方面具有很大的价值，对后世砖塔建筑有巨大影响。

拓展小知识

嵩岳寺塔

"嵩岳寺塔也是唯一平面为十二边形的古塔，在中国建筑史上具有无上崇高的地位"。20世纪30年代，著名建筑学家刘敦桢来考察后，在其《河南省北部古建筑调查笔记》中说："后来的唐代方塔，如小雁塔、香积寺塔等均脱胎于此……"中华人民共和国成立后，著名建筑大师梁思成向中央政府开列了一份必须重点保护的文物清单，根据重要程度，梁思成在其前面分别标上五个圈、四个圈、三个圈……而在嵩岳寺塔前赫然标上了五个圈。登封市文物局原副局长宫嵩涛说："嵩岳寺塔用糯米汁拌黄泥做浆，小青砖垒砌，这种选材及用料在世界上是首创，也是独创。"

二、大雁塔

大雁塔位于陕西省西安市南大慈恩寺（原唐长安城晋昌坊）内，又名慈恩寺塔。现存塔高 64 米，属于楼阁式塔。塔身枋、斗拱、栏额均为青砖仿木结构。大雁塔、大慈恩寺是西安市的标志性建筑之一。

大雁塔最早创建于隋代，原名无漏寺，贞观二十一年（647 年），唐高宗李治为太子时，为其亡母长孙皇后追福改建为慈恩寺。唐末战乱，慈恩寺被破坏，现存慈恩寺，是明代以来形成的。

唐高宗永徽三年（652 年），大雁塔是为供奉玄奘法师由印度带回的佛像、舍利和梵文经典而建造的一座砖塔。初为仿西域建筑形式的砖土型 5 层方塔，其后塔渐颓毁。唐显庆元年（656 年），唐高宗御书《大慈恩寺碑记》，从此寺名为"大慈恩寺"（图 1-4-44）。大雁塔坐落在慈恩寺内，故又名"慈恩寺塔"。称"大雁塔"是为与后建的荐福寺中"小雁塔"相区别。大雁塔是玄奘西行求法、归国译经的纪念建筑物，具有重要的历史价值（图 1-4-45）。

图 1-4-44　大慈恩寺及大雁塔

图 1-4-45　西安大雁塔与玄奘雕像

拓展小知识

雁塔题名的典故

"雁塔题名"始于唐代。当时每次科举考试之后，新科进士除戴花骑马遍游长安外，还要雁塔登高，留诗题名，象征由此步步高升，平步青云。这在当时是很高的荣誉。唐代诗人白居易考中进士后，登上雁塔，写下了"慈恩塔下题名处，十七人中最少年"的诗句，表达他少年得志的喜悦。人称寒酸孟夫子的孟郊，在 46 岁才中进士，他赋诗《登科后》：昔日龌龊不足夸，今朝放荡思无涯。春风得意马蹄疾，一日看尽长安花。他春风得意的著名诗句成为脍炙人口的美谈。到了明代，长安虽已不是国都，但当地的文人学士追慕唐代雁塔题名的韵事，在每次乡试（相当于省级考试）结束后，考中的举人都要相携登塔，题诗留名。直到现在，大雁塔有的门楣和石框上还有前人的部分题诗留存。

752年秋天，正值大雁塔创建101周年，诗圣杜甫会同岑参、高适、薛据、储光羲五位大诗人，同登大雁塔，举行了一次别开生面的雁塔诗会。他们凭栏远望，看到古塔巍巍、秋景如画的情景，激发了每个诗人的情怀和诗兴。著名的边塞诗人岑参兴致勃勃地吟唱道："塔势如涌出，孤高耸天宫。登临出世界，磴道盘虚空。突兀压神州，峥嵘如鬼工。四角碍白日，七层摩苍穹。下窥指高鸟，俯听闻惊风。连山若波涛，奔凑似朝东。"大家请杜甫赋诗，他情怀澎湃，诗句如潮，一开口就语出惊人，气概不凡，他吟唱道："高标跨苍穹，烈风无时休。自非旷士怀，登兹翻百忧。方知象教力，足可追冥搜。仰穿龙蛇窟，始出枝撑幽。七星在北户，河汉声西流。羲和鞭白日，少昊行清秋。秦山忽破碎，泾渭不可求。俯视但一气，焉能辨皇州。"这些诗作都是难得的千古绝唱。

我国的翻译从佛经翻译开始，而玄奘开创了我国佛教翻译史上的新译先河。玄奘是我国历史上著名的佛学家、翻译家、旅行家，同时又是一位对祖国无限忠贞的伟大爱国者。他把中国古代重要的哲学著作《道德经》等翻译成梵文传入印度，促进了中印文化的沟通与交流，奠定了两国人民的友好情谊。有一首诗高度概括了玄奘精神并寄语今天的留学生和青少年。其诗曰："雁塔曾将贝叶藏，千秋盛誉赞玄奘。不辞艰辛游天竺，取得真经返大唐。留学只缘图利国，求知理应做腾骧。诸君勿被香风醉，莫把他邦当故乡。"为继承和弘扬玄奘的爱国主义精神，大雁塔已被选定为爱国主义教育基地。

三、小雁塔

小雁塔位于陕西省西安市南门外的荐福寺内（图1-4-46）。唐睿宗文明元年（684年），唐高宗死后百余日，为向高宗献福，将开化坊中宗李显的旧宅改立为献福寺，武则天天授元年（690年）改名为荐福寺。明清以来荐福寺塔俗称小雁塔。小雁塔始建于唐中宗景龙年间（707—710年），是为了存放唐代高僧义净从天竺带回来的佛教经卷、佛图等而建。

小雁塔与大雁塔是唐代长安城保留至今的两处标志性建筑之一。小雁塔与大雁塔相距三千米。因规模小于大雁塔，故称小雁塔。小雁塔塔形秀丽，是一座典型的密檐式砖塔，它被认为是唐代精美的佛教建筑艺术遗产，如图1-4-47所示。

小雁塔初建时为十五层，高约46米，塔基边长为11米，塔身每层叠涩出檐，南北面各辟一门；塔身从下往上逐层内收，形成秀丽、舒畅的外轮廓线；塔的门框用青石砌成，门楣上用线刻法雕刻出供养天人图和蔓草花纹的图案，雕刻极其精美，反映了初唐时期的艺术风格（图1-4-48）。明清两代时因遭遇多次地震，尤其是明嘉靖三十四年（1555年），遇到华县大地震时塔顶两层被震毁，现仅存十三层。1965年对塔身进行了修旧如旧的加固整修，使其唐风依旧而老当益壮。塔现高为43.3米，为世界文化遗产。

图 1-4-46　荐福寺及小雁塔

图 1-4-47　小雁塔远照

图 1-4-48　小雁塔近照

四、应县木塔

应县木塔位于山西省朔州市应县城西北佛宫寺内，全称佛宫寺释迦塔，俗称应县木塔（图 1-4-49）。佛宫寺释迦塔建于辽清宁二年（宋至和三年，1056 年），金明昌六年（南宋庆元元年，1195 年）增修完毕，该塔塔高 67.31 米，底层直径为 30.27 米，呈平面八角形。山西应县木塔是中国现存最高、最古老的且唯一一座木结构塔式建筑。

佛宫寺释迦塔整体架构所用全为木材，没用一根铁钉，全塔共应用 54 种斗拱，被称为"中国古建筑斗拱博物馆"。国家文物局对释迦塔的评价：现存世界木结构建设史上最典型的实例，中国建筑发展上最有价值的坐标，抗震避雷等科学领域研究的知识宝库，考证一个时代经济文化发展的一部"史典"。

佛宫寺释迦塔与意大利比萨斜塔、巴黎埃菲尔铁塔并称"世界三大奇塔"。2016 年，佛宫寺释迦塔获吉尼斯世界纪录认定，为世界最高的木塔（图 1-4-50）。

图 1-4-49　山西应县木塔全景图　　　　　　　图 1-4-50　山西应县木塔

　　佛宫寺释迦塔除经受日夜、四季变化，风霜雨雪侵蚀外，还遭受了多次强地震袭击，仅烈度在五度以上的地震就有十几次。建筑结构的奥妙、周边环境的特殊性，加上人为保护的因素，木塔千年不倒，存在着一定的合理性。

　　中国工程院院士叶可明和江欢成认为，保证木塔千年不倒的原因从结构力学的理论上来看，木塔的结构非常科学合理，榫卯结合，刚柔相济。这种刚柔结合的特点有巨大的耗能作用，这种耗能减震作用的设计甚至超过现代建筑学的科技水平。

　　从结构上看，一般古建筑都采取矩形、单层六角或八角形平面。木塔是采用两个内外相套的八角形，将木塔平面分为内槽和外槽两部分。内槽供奉佛像，外槽供人员活动。内外槽之间又分别有地栿、栏额、普柏枋和梁、枋等纵向、横向相连接，构成了一个刚性很强的双层套桶式结构。这样就大大增强了木塔的抗倒伏性能，如图 1-4-51 所示。

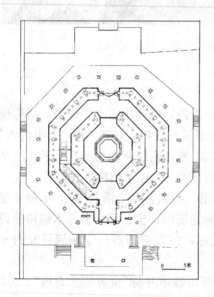
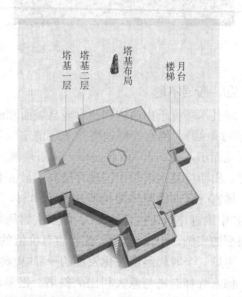

图 1-4-51　佛宫寺释迦塔底层平面图

　　斗拱是中国古代建筑特有的结构形式，它将梁、枋、柱连接成一体。由于斗拱之间不是刚性连接，因此在受到大风、地震等水平力作用时，木材之间产生一定的位移和摩擦，从而可吸收和损耗部分能量，起到调整变形的作用。除此之外，木塔内外槽的平座斗拱与梁枋等组成的结构层，使内外两圈结合为一个刚性整体。这样，一柔一刚便增强了木塔的抗震能力。佛宫寺释迦塔设计了近 60 种形态各异、功能有别的斗拱，是中国古建筑中使用斗拱种类最多、造型设计最精妙的建筑，堪称一座斗拱博物馆，如图 1-4-52 所示。

图 1-4-52 山西应县木塔结构

五、覆钵式塔

覆钵式塔是印度古老的传统佛塔形制，主要流行于元代以后。它的塔身部分是一个平面圆形的覆钵体，上面安置着高大的塔刹，下面有须弥座承托。这种塔由于被藏传佛教寺院使用较多，因此又被人们称作"喇嘛塔"。又因为它的形状很像一个瓶子，还被人们称为"宝瓶式塔"。著名的覆钵式塔有山西五台山大白塔(图 1-4-53)、建于元至元八年(1271 年)的北京妙应寺白塔(图 1-4-54)。

图 1-4-53 山西五台山大白塔　　　　　图 1-4-54 北京妙应寺白塔

六、金刚宝座式塔

金刚宝座式塔的名称是针对它的自身组合情况而言的，而具体形制是多样的。它的基本特征：下面有一个高大的基座，座上建有五塔，位于中间的一塔比较高大，而位于四角的四塔相对比较矮小。基座上五塔的形制并没有固定的规定，有的是密檐式，有的则是覆钵式。这种塔是供奉佛教中密教金刚界五部主佛舍利的宝塔，在中国流行于明朝以后，如北京真觉寺金刚宝座塔（图 1-4-55）、北京碧云寺金刚宝座塔（图 1-4-56）等。

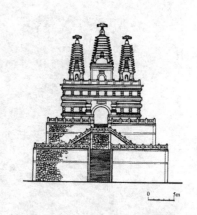

图 1-4-55　北京真觉寺金刚宝座塔　　　　图 1-4-56　北京碧云寺金刚宝座塔

单元四　石窟

石窟是佛寺的一种特殊形式，通常是选择临河的山崖、台地或河谷等相对幽静的自然环境凿窟造像，成为僧人聚居修行的场所。

石窟约在南北朝时期传入我国，北魏至唐为盛期，宋代以后逐渐衰落。著名的有甘肃敦煌莫高窟、山西大同云冈石窟、河南洛阳龙门石窟、甘肃天水麦积山石窟、重庆大足石刻等。

发端于古印度的石窟艺术从西域经河西走廊到中原大地，走过了北魏灿烂、隋唐辉煌的光辉历程，也走过了佛教文化与中国本土文化浸濡对接的探索之旅。唐末之后，中国北方石窟斩至绝响。于此续绝之际，大足石刻异军突起，以其恢宏博大的气势，谱写了石窟艺术史上的又一光辉篇章。它与阿旃陀、巴米扬、敦煌、云冈、龙门等石窟一起，构成了一部完整的世界石窟艺术史。走进大足，就走进了石窟艺术的最后殿堂。

一、敦煌莫高窟

莫高窟俗称千佛洞，位于甘肃省敦煌市东南 25 千米处鸣沙山东麓、宕泉河西岸的断崖上。它的开凿从十六国时期至元代，前后延续约 1 000 年，这在中国石窟中绝无仅有。它既是中国古代文明的一个璀璨的艺术宝库，也是古代丝绸之路上曾经发生过的不同文明之间对话和交流的重要见证。莫高窟现有洞窟 735 个，保存壁画 4.5 万多平方米，彩塑 2 000 余身，唐宋木构窟檐 5 座，是中国石窟艺术发展演变的一个缩影，在石窟艺术中具有崇高的历史地位（图 1-4-57）。

敦煌石窟通常是指莫高窟，是莫高窟、西千佛洞的总称，有时也包括安西的榆林窟。敦煌石窟与山西大同云冈石窟、河南洛阳龙门石窟并称中国三大石窟。

莫高窟始建于前秦宣昭帝苻坚时期，据唐朝《李克让重修莫高窟佛龛碑》一书记载，前秦建元二年（366年），僧人乐尊路经此山，忽见金光闪耀，如现万佛，于是便在岩壁上开凿了第一个洞窟。此后法良禅师等又继续在此建洞修禅，称为"漠高

图 1-4-57　敦煌莫高窟

窟"，意为"沙漠的高处"。后世因"漠"与"莫"通用，便改称为"莫高窟"。另有一说为：佛家有言，修建佛洞功德无量，莫者，不可能、没有也，莫高窟的意思，就是说没有比修建佛窟更高的修为了。

北魏、西魏和北周时，统治者崇信佛教，石窟建造得到王公贵族们的支持，发展较快。

隋唐时期，随着丝绸之路的繁荣，莫高窟更是兴盛，在武则天时有洞窟千余个。安史之乱后，敦煌先后由吐蕃和归义军占领，但造像活动未受太大影响。北宋、西夏和元代，莫高窟渐趋衰落，仅以重修前朝窟室为主，新建极少。元代以后敦煌停止开窟，逐渐荒废。

清光绪二十六年（1900年）发现了震惊世界的藏经洞。莫高窟藏经洞是中国考古史上一次非常重大的发现，其出土文书多为写本，少量为刻本，汉文书写的约占六分之五，粟特文、佉卢文、回鹘文、吐蕃文、梵文、藏文等各民族文字写本约占六分之一。这些对研究中国和中亚地区的历史，都具有重要的史料和科学价值，并由此形成了一门以研究藏经洞文书和敦煌石窟艺术为主的学科——敦煌学。敦煌艺术的发现名闻中外，它对中国古代文献的补遗和校勘有极为重要的研究价值。不幸的是，在晚清政府腐败无能、西方列强侵略中国的特定历史背景下，藏经洞文物发现后不久，英人斯坦因、法人伯希和、日人橘瑞超、俄人鄂登堡等西方探险家接踵而至敦煌，以不公正的手段骗取大量藏经洞文物，致使藏经洞文物惨遭劫掠，绝大部分不幸流散，分藏于英、法、俄、日等国家的众多公私收藏机构，仅有少部分保存于国内，造成中国文化史上的浩劫。

莫高窟是一座融绘画、雕塑和建筑艺术为一体，以壁画为主、塑像为辅的大型石窟寺。莫高窟在建筑艺术、彩塑艺术和壁画艺术等方面具有极高的艺术价值。

莫高窟500多个洞窟中保存绘画、彩塑492个，按石窟建筑和功用可分为中心柱窟（支提窟）、殿堂窟（中央佛坛窟）、覆斗顶形窟、大像窟、涅槃窟、禅窟、僧房窟、廪窟、影窟和瘗窟等形制，还有一些佛塔。窟型最大者高40余米、宽30米见方，最小者高不足尺。早期石窟所保留下来的中心塔柱式这一外来形式的窟形反映了古代艺术家在接受外来艺术的同时，对其加以消化、吸收，使它成为中华民族形式，其中不少是现存古建筑的杰作。在多个洞窟外存有较为完整的唐代、宋代木质结构窟檐，是不可多得的木结构古建筑实物资料，具有极高的研究价值。图1-4-58～图1-4-63所示为莫高窟几组壁画。

从大量的壁画艺术中可发现，古代艺术家们在民族化的基础上，吸取了伊朗、印度、希腊等国家古代艺术之长，是中华民族发达文明的象征。各朝代壁画表现出不同的绘画风格，反映出中国封建社会的政治、经济和文化状况，是中国古代美术史的光辉篇章，为中国古代史研究提供了珍贵的史料。

2019年8月19日，习近平总书记在敦煌研究院座谈时指出："研究和弘扬敦煌文化，既要深入挖掘敦煌文化和历史遗存背后蕴含的哲学思想、人文精神、价值理念、道德规范等，推动中华优秀传统文化创造性转化、创新性发展，更要揭示蕴含其中的中华民族的文化精神、文化胸怀和文化自信，为新时代坚持和发展中国特色社会主义提供精神支撑。要加强对国粹传承和非物质文化遗产保护的支持和扶持，加强对少数民族历史文化的研究，铸牢中华民族共同体意识。"

图 1-4-58　敦煌莫高窟壁画(一)

图 1-4-59　敦煌莫高窟壁画(二)

图 1-4-60　敦煌莫高窟壁画(三)

图 1-4-61　敦煌莫高窟壁画(四)

图 1-4-62　敦煌莫高窟壁画(五)

图 1-4-63　敦煌莫高窟壁画(六)

二、云冈石窟

云冈石窟始建于1 500多年前，是中外文化、中国少数民族文化和中原文化、佛教艺术与石刻艺术相融合的一座文化艺术宝库，其背后是一部厚重的中华文明演进史、民族融合发展史和劳动人民创造史。

云冈石窟位于山西省大同市西郊武周山南麓。开凿于北魏文成帝至孝明帝时期（452—499年），石窟依山开凿，规模恢宏、气势雄浑，东西绵延1千米。现存窟区自东而西依自然山势分为东、中、西三区。现存主要洞窟45个，大小窟龛252个，石雕造像51 000余躯，为中国规模最大的古代石窟群之一。云冈石窟逐步开启了印度佛教艺术及中亚佛教艺术中国化、民族化进程。图1-4-64～图1-4-67所示为几幅云冈石窟的照片。

图1-4-64　云冈石窟（一）

图1-4-65　云冈石窟（二）

图1-4-66　云冈石窟（三）

图1-4-67　云冈石窟（四）

"石窟背后蕴含着具有鲜明开放包容气质的文化。"大同市古城保护和修复研究会秘书长宋志强说。北魏鲜卑族以改革融入中华民族大家庭，这一改革直接影响了隋唐。鲁迅所言"唐室大有胡气"便是此意。

2001年12月，被联合国教科文组织列入世界遗产名录。

2020年5月，习近平总书记来到云冈石窟考察时强调，云冈石窟是世界文化遗产，保护好云冈石窟，不仅具有中国意义，而且具有世界意义。习近平总书记仔细察看雕塑、壁画，不时向工作人员询问石窟历史文化遗产保护等情况。"历史文化遗产是不可再生、不可替代的宝贵资源，要始终把保护放在第一位。"这是寄托习近平总书记殷殷嘱托。他强调："要深入挖掘云冈石窟蕴含的各民族交往交流交融的历史内涵，增强中华民族共同体意识。"在2020年6月召开的文化传承发展座谈会上，习近平总书记指出，中华文明具有突出的包容性，从根本上决定了中华民族交往交流交融的历史取向，决定了中国各宗教信仰多元并存的和谐格局，决定了中华文化对世界文明兼收并蓄的开放胸怀。

三、龙门石窟

龙门石窟位于河南省洛阳市南郊伊河两岸的龙门山与香山上。始凿于北魏孝文帝年间（471—499年），历经东魏、西魏、北齐、隋、唐、五代和宋，连续大规模题记2 800余品。龙门石窟继云冈石窟之后，进一步推进了佛教石窟艺术中国化、民族化的进程。龙门石窟是世界上造像最多、规模最大的石刻艺术宝库，被联合国教科文组织评为"中国石刻艺术的最高峰"。

唐高宗初开凿的"大卢舍那像龛"，咸亨三年（672年）皇后武则天赞助脂粉钱两万贯，上元二年（675年）功毕，长宽各30余米。主佛卢舍那是报身佛，意为光明遍照。通高17.14米，头高4米，耳朵长达1.9米，以神秘微笑著称，被国外游客誉为"东方蒙娜丽莎""世界最美雕像"。佛像面部丰满圆润，头顶为波状发纹，双眉弯如新月，附一双秀目微微凝视下方，露出祥和的笑意，宛若睿智而慈祥的中年妇女，令人敬而不惧，如图1-4-68所示。

图1-4-68　龙门石窟

四、麦积山石窟

麦积山石窟位于甘肃省天水市东南秦岭山脉西端小陇山断崖上，始建于后秦，历经北魏、西魏、北周、隋、唐、五代、宋、元、明、清续建和修缮，现存编号洞窟194个，造像以北朝原作居多。总计有泥塑、石雕7 200余躯，壁画1 300平方米，被誉为"东方雕塑陈列馆"，如图1-4-69、图1-4-70所示。

图1-4-69　麦积山石窟（一）

图1-4-70　麦积山石窟（二）

石窟始建于后秦(384—417年)，大兴于北魏明元帝、太武帝时期(409—452年)，孝文帝太和元年(477年)后又有所发展。西魏文帝元宝炬皇后乙弗氏死后，在这里开凿麦积崖为龛而埋葬。北周的保定、天和年间(561—572年)，秦州大都督李允信为亡父建造七佛阁。隋文帝仁寿元年(601年)在麦积山建塔"敕葬神尼舍利"，后经唐、五代、宋、元、明、清各代不断地开凿扩建，遂成为中国著名的石窟群之一。约在唐开元二十二年(734年)的时候，因为发生了强烈的地震，麦积山石窟的崖面中部塌毁，窟群分为东、西崖两个部分。

麦积山石窟开凿在悬崖峭壁之上，洞窟"密如蜂房"，栈道"凌空飞架"，层层相叠，其惊险陡峻为世罕见，形成一个宏伟壮观的立体建筑群。其仿木殿堂式石雕崖阁独具特色，雄浑麦积山石窟壮丽。洞窟多为佛殿式而无中心柱窟，明显带有地方特色。

麦积山石窟群中最宏伟、最壮丽的一座建筑是第四窟上七佛龛，又称"散花楼"，位于东崖大佛上方，距地面经约80米，为七间八柱庑殿式结构，高约9米，面阔30米，进深8米，分前廊后室两部分。立柱为八棱大柱，覆莲瓣形柱础，建筑构件无不精雕细琢，体现了北周时期建筑技术的日臻成熟。后室由并列七个四角攒尖式帐形龛组成，帐幔层层重叠，龛内柱、梁等建筑构件均以浮雕表现。麦积山第四窟的建筑是全国各石窟中最大的一座模仿中国传统建筑形式的洞窟，是研究北朝木构建筑的重要资料，表现了南北朝后期已经中国化了的佛殿的外部和内部面貌，在石窟发展史上具有重要的意义。

五、重庆大足石刻

3世纪左右，源自古印度的石窟艺术，翻越苍山大漠，沿着商旅古道，循着驼铃之声，经西域传入中国，并在北丝绸之路和黄河流域历经了北魏灿烂，隋唐辉煌，产生了诸如敦煌、云冈、龙门、麦积山石窟这些伟大遗迹。

然而，当唐末中国北方石窟慢慢褪去历史的光晕走向衰落之际，在长江流域的大足，雕刻家们却仍在挥锤凿石，以其兼收并蓄、吐故纳新的胸襟，创造了大足石刻这一惊世杰作。重庆大足石刻景观(图1-4-71～图1-4-74)的创作时间大约在南宋年间。如果打破时间的界限，冲破空间的阻隔，把全世界著名的石窟连缀起来，徜徉其间，无疑将是一次荡涤心灵的文化饕餮之旅。

图1-4-71　第18号，观无量寿佛经变相

图1-4-72　第30号，牧牛图

图 1-4-73　第 5 号，华严三圣像　　　　图 1-4-74　第 11 号，释迦涅槃圣迹像

≫ 模块五　民居建筑和园林建筑

单元一　民居建筑

民居建筑是人们满足最基本的生活需求所要营造的居住性建筑，是历史上最早出现的建筑类型。在中国传统建筑的发展历史上，有数十种经典的传统民居住宅，绽放出令人神往的文明之地。

中华民族历史悠久、幅员辽阔，由于我国的多民族性，在几千年的历史文化进程中，人们以朴素的生态观，结合自然、气候和超凡的审美意境创造了宜人的居住环境，使我国民居建筑形式呈现出丰富多彩的多样性。

中国传统民居建筑根据各地风土人情和自然气候条件可分为七大派，即京派、皖派或徽派、闽派、苏派、晋派、粤派、川派。

一、京派建筑

京派建筑，有代表性的是北方的四合院。传统四合院是北京地区、华北地区和东北地区的传统住宅形式。

四合院又称四合房，是中国的一种传统合院式建筑。其格局为一个院子四面建有房屋，从四面将庭院合围在中间。

1. 四合院的历史

从古代新石器时代的住宅群遗址中可以看出这种向心式的住宅构成。到了夏商，中国已经有了将房屋设置在东南西北四个方向，中央设置内（庭）院的平面形式，被称为"四乡之制"。西周时期，出现了中国已知最早最完整的四合院（图 1-5-1、图 1-5-2 所示为陕西岐山凤雏村西周建筑遗址简图和复原平面图）。陕西岐山凤雏村建筑的意义在于发现了迄今最早的"中国第一四合院""最早的两进式组群""完全对称的严禁组群"，第一次见到的完整的"前堂后室"的格局，第一次出现的最早用"屏"的建筑（前面影壁）。进入汉代，从出土的明器来看，我国的四合院住宅已经相当成熟，直至近代，中国民居仍然保留着传统四合院的形式。竖起坚固的墙壁，将住宅、村落、城市包围起来，可以说是中国建筑最基本的形式。

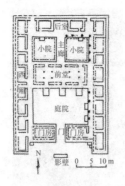

图 1-5-1 陕西岐山凤雏村西周
建筑遗址平面简图

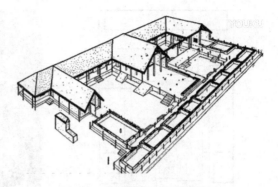

图 1-5-2 陕西岐山凤雏村西周
建筑遗址复原平面图

四合院至少有 3 000 年的历史,在中国各地有多种类型,其中以北京四合院最为典型。图 1-5-3 所示为一座北方典型的四合院。

最典型的东北民居样式是坐北面南的土坯房,以独立的三间房最为多见,而两间房或五间房都是三间房的变种。房子坐北面南最根本的原因是采光和取暖的需要,这一由自然环境造成的建筑格局的风格最后演绎成一种意识形态上的风俗习惯,还发展成带有

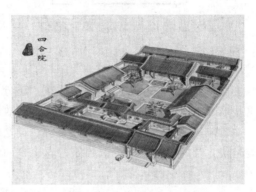

图 1-5-3 北方典型的四合院

等级性质的封建规则,人们观念中以北为上,南面次之,甚至坐北面南成了君临天下的代名词。

2. 北京四合院的布局

北京四合院是北京传统的民居形式。北方中原地区的民宅为了防止寒风与风沙的侵袭,筑起高墙将住宅尽可能地围合起来。

所谓四合,"四"即东、西、南、北四面,"合"即四面房屋围在一起,形成一个"口"字形。北京正规四合院一般依东西向的胡同而坐北朝南,基本形式是分居四面的北房(正房)、南房(倒座房)和东、西厢房,四周再围以高墙形成四合,开一个门。四合院中间是庭院,院落宽敞,庭院中植树栽花,备缸饲养金鱼,是四合院布局的中心,也是人们穿行、采光、通风、纳凉、休息、家务劳动的场所(图 1-5-4、图 1-5-5)。四合院不仅是一所居住建筑,更加蕴含着深刻的文化内涵,承载着博大精深的中华文化。选址、装修、雕饰、彩绘处处体现着源远流长的民俗民风和传统文化,表现特定历史条件下人们对幸福、美好、富裕、吉祥的追求。北京四合院的特征详见第四部分中"北京四合院的建筑布局及特征"。

四合院是三合院前面又加门房的屋舍来封闭。呈口字形的称为一进院落,呈"日"字形的称为二进院落,呈"目"字形的称为三进院落。一般来说,大宅院中,第一进为门屋,第二进是厅堂,第三进或后进为私室或闺房,是妇女或眷属的活动空间,一般人不得随意进入,难怪古人有诗云:"庭院深深深几许"。庭院越深,越不得窥其堂奥。

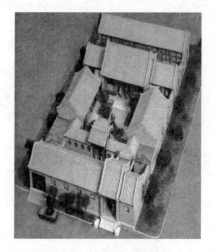

图1-5-4　北京四合院平面图　　　　图1-5-5　北京四合院示意

二、晋派建筑

晋派建筑不仅指山西一带的建筑，还分布在陕西、甘肃、宁夏及青海部分地区。在这些地区中以山西的建筑风格最为著名，故统称为晋派建筑。

通常，晋派建筑可分为两大类：一类是山西的建筑，这是狭义上的晋派建筑；另一类是陕北及周边地区的窑洞建筑，这也是西北地区分布最广的一种建筑风格。

（一）山西大院

山西大院也称晋中大院，是中国民居建筑的典范。在山西，元、明、清时期的民居现存尚有近1 300处，其中最精彩的部分，当数集中分布在晋中一带的晋商豪宅大院。

1. 王家大院

王家大院位于山西省灵石县城东12千米处的中国历史文化名镇静升镇，距世界文化遗产平遥古城35千米、介休绵山4千米。王家大院是由静升王氏家族经明清两朝、历300余年修建而成，包括五巷六堡一条街，总面积达25万平方米，而且是一座具有传统文化特色的建筑艺术博物馆。

王家大院主要以红门堡建筑群和高家崖建筑群为代表，两组建筑群东西对峙，一桥相连。红门堡主要是当年王家长辈世代居住的地方。红门堡建筑群建于乾隆四年（1739年）至乾隆五十八年（1793年），总面积为25 000平方米。从高空俯瞰，整座建筑依山而建，从低到高，由四排院落组成，左右对称，由四排院落组成，中间主巷道与三条横巷，组成一个规整的"王"字（图1-5-6、图1-5-7）。高家崖建筑群由静升王氏十七世孙王汝聪、王汝成兄弟俩修建于嘉庆元年（1796年）至嘉庆十六年（1811年），面积达19 572平方米。所有建筑严格按照封建等级制度建造，院内雕艺精湛的砖、木、石三雕装饰品，题材繁多、内容丰富，集中展示了王氏家族独特的治家理念（图1-5-8、图1-5-9）。

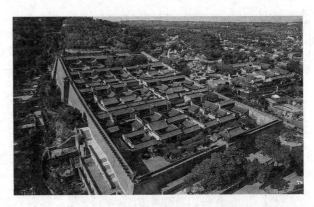

图1-5-6　王家大院红门堡建筑群模型　　　　　　图1-5-7　王家大院红门堡建筑群

图1-5-8　王家大院高家崖建筑群模型　　　　　　图1-5-9　王家大院高家崖建筑群

　　王家大院的建筑格局继承了中国西周时形成的前堂后寝的庭院风格，既提供了对外交往的足够空间，又满足了内在私密氛围的要求，做到了尊卑贵贱有等、上下长幼有序、内外男女有别，且起居功能一应俱全，充分体现了官宦门第的威严和宗法礼制的规整。

　　高家崖建筑群大小院落35座，房屋342间，主院敦厚宅和凝瑞居皆为三进四合院，每院除有高高在上的祭祖堂和两旁的绣楼外，又都有各自的厨院、家塾院，并有共用的书院、花院、长工院、围院。周边堡墙紧围，四门择地而设。大小院落既珠联璧合，上下左右相通的门多达65道，又独立成章。

　　院落特色红门堡建筑群，是堡，又似城，依山而建。因堡门为红色，人们都称它为"红门堡"。堡墙外高8米，内高4米，厚2米多，用青砖砌筑。堡内南北向有一条用大块河卵石铺成的主街，人称"龙鳞街"。主街将西大院划为东、西两大区，东西方向有三条横巷。堡内88座院落各具特色，无一雷同。

拓展小知识

王家大院

　　故宫占地面积为75万平方米，如果只计算建筑面积，大约是15万平方米。王家大院的总面积却达到了25万平方米，足足比故宫大了10万平方米。历时300多年建成，比故宫大10万平方米，因此，王家大院被称为"中国民间故宫""山西紫禁城""华夏民宅第一宅"。

也有人说：王是一个姓，姓是半个国，家是一个院，院是半座城。还有蜚声遐迩的口碑"王家归来不看院"。

2. 乔家大院

乔家大院位于山西省祁县乔家堡村，是一座具有北方汉族传统民居建筑风格的古宅。图1-5-10所示为乔家大院在中堂主院模型。

乔家大院始建于清乾隆二十一年（1756年），又名在中堂，屋主曾是被称为"亮财主"的清朝末年著名晋商乔致庸。全院占地面积为10 642平方米，呈双"喜"字造型，共有6座大院、20进小院、313间房屋。1985年，祁县人民政府利用乔家大院馆址设立了祁县民俗博物馆，翌年对外开放。图1-5-11所示为乔家大院内景之一。

山西素以地上文物之丰、地下能源之巨著称，而今又以大量传统民居建筑艺术乔家大院景观的不断发现而令世人瞩目。这些精致无比、保存完好的宅院，以它们永远的真实，期待着我们对三晋文明史的阐释，期待着我们对晋商辉煌史的解读。

中华民族的智慧和耐劳精神，创造了巍峨的城墙、庄严的宫殿、秀美的园林，也创造了形形色色的宅院。这些宅院都有自己独特的生命。著名建筑专家郑孝燮说："北京有故宫，西安有兵马俑，祁县有民宅千处。"中国历史文化名城——祁县的民居，集宋、元、明、清之法式，汇江南河北之大成，其中乔家大院是最为出名的一个。

图1-5-10　乔家大院在中堂主院模型

图1-5-11　乔家大院内景之一

山西历史上晋商闻名天下，世代晋商在积累无数财富的基础上形成了自己的建筑风格：斗拱飞檐、彩饰金装、砖瓦磨合、精工细做；晋派建筑在很大程度上反映了晋商的品格，即稳重、大气、严谨、深沉。

山西大院的建筑群将木雕、砖雕、石雕陈于一院，将绘画、书法、诗文熔为一炉，人物、禽兽、花木汇成一体，姿态纷呈，各具特色，充分体现了古代劳动人民的卓越才能和艺术创造力，称得上北方地区民居建筑艺苑中的一颗璀璨明珠。

（二）陕北窑洞

窑洞是中国西北黄土高原上传统居民的古老居住形式，这一"穴居式"民居的历史可以追溯到四千多年前。在中国陕甘宁地区，黄土层非常厚，有的厚达几十米，中国人民创造性地利用高原有利的地形，凿洞而居，创造了被称为绿色建筑的窑洞建筑。我国窑洞的民居大致集中在晋中、豫西、陇东、陕北、冀西北五个地区。

窑洞在建筑学上属于生土建筑，其特点是人与自然和睦相处、共生，简单易修、省材省料，坚固耐用，冬暖夏凉。受自然环境、地理风貌的影响，窑洞的形式多种多样。窑洞大体上分为靠崖式窑洞、下沉式窑洞、锢窑三类。其中，靠崖式窑洞应用较多。靠崖式窑洞就是利用天然土壁挖出的券顶式横穴，可单孔，可多孔，还可结合地面房屋形成院落（图1-5-12、图1-5-13）。下沉式窑洞即在地面向下深挖坑，使之形成人工土壁，再在坑底各个方向的土壁上纵深挖掘窑洞，此式窑洞多流行于河南巩县、三门峡、灵宝和甘肃庆阳一带（图1-5-14）。锢窑是在平地上以砖石或土坯，按发券形式建造的独立窑洞，券顶上敷土做成平顶房，以晒粮食，多通行于山西西部及陕西北部，如图1-5-15所示。

图1-5-12　靠崖式窑洞（一）

图1-5-13　靠崖式窑洞（二）

图1-5-14　下沉式窑洞

图1-5-15　锢窑

拓展小知识

延安

　　延安市位于陕西省北部，地处黄河中游。20世纪上半叶，延安在中华民族历史上写下了辉煌的一页。1935年10月，中共中央和中央红军顺利到达吴起镇，延安成为中国革命的落脚点和出发点，是全国革命根据地城市中旧址保存规模最大、数量最多、布局最完整的城市。延安是中国红色革命圣地，孕育了中国第一代革命者，是无数革命先辈的"心灵圣地"。窑洞承载着红色革命文化的衍生与发展，与中国革命相扶相依，有举足轻重的历史价值。

从 1935 年到 1948 年，延安是中共中央的所在地，是中国人民解放斗争的总后方。13 年间，众多老一辈革命家在这里生活战斗，这里经历了抗日战争、解放战争等一系列影响和改变中国历史进程的重大事件。特别是毛泽东等老一辈革命家亲手培育的自力更生、艰苦奋斗、实事求是、全心全意为人民服务的延安精神，是中华民族精神宝库中的珍贵财富，已经成为全国人民团结一致进行社会主义现代化建设的重要精神支柱。13 年，虽只是岁月长河中的一瞬，却书写了光照千秋的诗篇。

　　图 1-5-16～图 1-5-21 所示展示了延安革命岁月场景。

图 1-5-16　延安的宝塔山

图 1-5-17　延安杨家岭的窑洞群

图 1-5-18　杨家岭毛泽东窑洞旧址

图 1-5-19　在革命窑洞里的毛泽东

图 1-5-20　延安枣园革命旧址

图 1-5-21　南泥湾大生产运动

　　2022 年 10 月 27 日，党的二十大闭幕不到一周，中共中央总书记、国家主席、中央军委主席习近平带领中共中央政治局常委李强、赵乐际、王沪宁、蔡奇、丁薛祥、李希，专程从北京前往陕西延安，瞻仰延安革命纪念地，重温革命战争时期党中央在延安的峥嵘岁月，缅怀老一辈革命家的丰功伟绩，宣示新一届中央领导集体赓续红色血脉、传承奋斗精神，在新的赶考之路上向历史和人民交出新的优异答卷的坚定信念。习近平总书记强调，要弘扬伟大建党精神，弘扬延安精神，坚定历史自信，增强历史主动，发扬斗争精神，为实现党的二十大提出的目标任务而团结奋斗。

三、徽派建筑

徽派建筑是皖派建筑的一支。人们最熟悉的徽派建筑是建筑派系里最为突出的建筑风格之一，是中国南方民居的代表。徽派民居建筑风格有"三绝"（民居、祠堂、牌坊）和"三雕"（木雕、石雕、砖雕）。错落有致的封火墙（马头墙）不仅有造型之美，更重要的是它有防火、阻断火灾蔓延的功能。

古徽州歙县现存的古村落雄村、江村、许村；黟县现存的古村落西递、宏村；婺源县现存的古村落篁岭、江湾、理坑等地区的明、清民宅，比较集中地体现了徽州建筑风格。

徽派建筑突出的特征是白墙青瓦、高墙深院、封火墙、"三绝""三雕"、门罩等。具体内容请详见第二部分模块二"徽州建筑"一节，此处不再赘述。

四、闽派建筑

闽派民居主要分布地区是中国福建西南山区，客家人和闽南人聚居的福建、江西、广东三省交界地带，包括以闽南人为主的漳州市，闽南人与客家人参半的龙岩市。福建土楼是世界独一无二的大型民居形式，被称为中国传统民居的瑰宝。

闽派建筑将源远流长的生土夯筑技术发挥到极致：单体建筑规模宏大、形态各异、依山傍水、错落有致、建筑风格独特、工程技术高超、文化内涵丰富。通常是指利用不加工的生土，夯筑承重生土墙壁所构成的群居和防卫合一的大型楼房，形如天外飞碟，散布在青山绿水之间（图1-5-22）。

客家土楼一般单体建筑规模宏大，形态各异，依山傍水，错落有致，建筑风格独特，工程技术高超，文化内涵丰富。结构上以厚实的夯土墙承重，内部为木构架，以穿斗式结构为主。常见的类型有圆楼、方楼、五凤楼（府第式）、宫殿式楼等，楼内生产、生活、防卫设施齐全，是中国传统民居建筑的独特类型，为建筑学、人类学等学科的研究提供了宝贵的实物资料。其中最著名的有华安的二宜楼，永定的承启楼（图1-5-23）、振远楼（图1-5-24）、奎

图1-5-22 天外飞碟般的土楼

聚楼、福裕楼，南靖的和贵楼与田螺坑土楼群，平和的绳武楼等都是福建土楼的典型代表。

永定客家土楼内部布局非常合理，与黄河流域的古代民居建筑极为相似。从外部环境来看，注重选择向阳避风、临水近路的地方作为楼址，以利于生活、生产。形式多样的土楼，乃至发展为参差错落、层次分明、蔚为壮观、颇具山区建筑特色的土楼群，同时是一种供聚族而居且具有防御性能的民居建筑。

图 1-5-23 承启楼

图 1-5-24 怀远楼

全国南方很多地区都有土楼这类建筑形式，浙江交垟土楼也非常有特色，如图 1-5-25 所示。

关于土楼相关知识，请详见第四部分模块二南方建筑客家土楼一节。

图 1-5-25 交垟土楼

五、粤派建筑

粤派民居建筑主要是指广府民居、客家民居、潮汕民居、开平碉楼民居、红砖古厝聚落式民居。

1. 广府民居

由于所处区域的不同，广东地区在传统民居的山墙建筑形式也大有不同，各具风格特色。最具当地特征的是镬（huò）耳屋。镬耳屋的建筑特点是瓦顶建龙船脊和山墙筑镬耳顶，可用于压顶挡风。因其两边山墙顶端状似镬耳，故称镬耳屋。镬耳状建筑具有防火、防热、通风性能良好等特点。镬耳墙呈锅耳形，讲究对称，既象征古代的官帽，取意前程远大，又寓意"独占鳌头"，是古代官宦世家追求达观显赫的象征。最早只有取得功名的官宦人家才有资格在府邸中建造这种镬耳火山墙，代表了本族人鼓励子孙好读书出功名的愿望。后来，只要是发了财的村民，都会建造一所镬耳屋以显示其富有与气派。

镬耳屋是广东广府建筑中的典型代表，是广东珠三角地区广府村落的建筑标志，镬耳墙是广府民居中最显著的文化标志。在岭南，镬耳屋多见于珠三角地区，客家地区也少量分布，粤西山区则少之又少（图 1-5-26～图 1-5-28）。

图 1-5-26　广府建筑（一）

图 1-5-27　广府建筑（二）

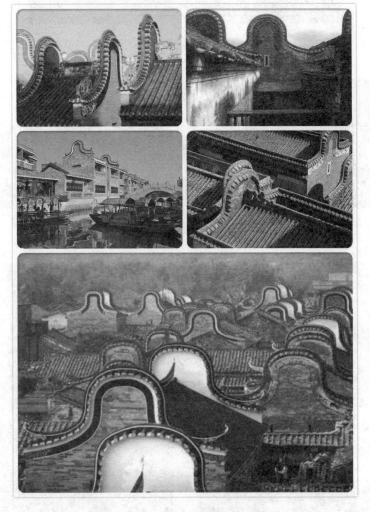

图 1-5-28　岭南民居典型的镬耳墙

　　清代随着硬山顶技术的成熟，山墙的造型开始多样化，称为封火墙。南方各地都出现了带有明显地方特征的山墙，比如岭南民居的马头墙、福州地区的马鞍墙和潮汕地区的五行山墙等（图 1-5-29～图 1-5-31）。

85

图 1-5-29　岭南民居的马头墙

图 1-5-30　福州地区的马鞍墙

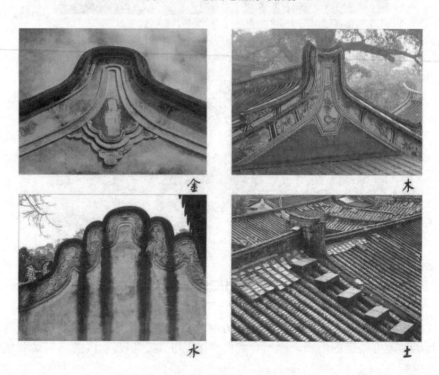

金　木

水　土

图 1-5-31　潮汕地区独有的五行山墙

2. 客家建筑

客家建筑的风格与广府建筑大有不同，主要体现在镬耳端山墙的宽度、高度、风格形式、使用材料等方面。客家建筑顶端山墙高度与广府建筑差别较大，山墙顶端高出正脊的高度通常小于1米，宽度则有大有小。在风格形式方面，客家建筑的镬耳墙用于客家围屋东西两端房屋的山墙，墙端盘头造型比较简单，只起装饰作用，做封火墙的效果较差。使用材料方面，客家建筑的镬耳墙多采用卵石三合土墙基，上部多采用夯土墙体或秆根泥砖墙体，少量采用青砖墙体，并且在外立面设置监视孔和防匪射击孔，如图1-5-32、图1-5-33所示。

图 1-5-32　客家建筑（一）　　　　　　图 1-5-33　客家建筑（二）

3. 潮汕建筑

潮汕建筑镬耳屋的镬耳端山墙宽度一般为山墙总宽度的1/5，次要房屋山墙的镬耳端宽度一般为山墙总宽度的1/7，与广府建筑相比要窄一些，镬耳山墙顶端稍高于房屋正脊。在风格形式方面，潮汕建筑的镬耳端山墙的装饰灰塑造型及线条比客家建筑的镬耳端墙要复杂得多，山墙面先采用草根灰做底起线条造型，再采用纸筋灰做造型线条面层装饰。潮汕建筑镬耳墙的下部墙根多采用红砂岩墙体，少量会采用卵石三合土墙根，上部多采用夯土墙体或青砖墙体，夯土墙厚度只有25～35厘米，比客家建筑镬耳墙的夯土厚度薄，如图1-5-34、图1-5-35所示。

图 1-5-34　潮汕建筑（一）　　　　　　图 1-5-35　潮汕建筑（二）

4. 开平碉楼民居

开平碉楼位于广东省江门市下辖的开平市境内，是中国乡土建筑的一个特殊类型，是集防卫、居住和中西建筑艺术于一体的多层塔楼式建筑。其特色是中西合璧的民居，有古希腊、古罗马及伊斯兰等多种风格。开平碉楼最多时达3 000多座，到2007年仅存1 833座。

开平碉楼的艺术价值是融合了中国传统乡村建筑文化与西方建筑文化的独特建筑艺术，成为中国华侨文化的纪念丰碑，体现了中国华侨与民众主动接受西方文化的历程。在开平建筑中，汇集了外国不同时期不同风格的建筑艺术，如古希腊的柱廊，古罗马的柱式、拱券和穹隆，欧洲中世纪的哥特式尖拱和伊斯兰风格拱券、欧洲城堡构件、葡式建筑中的骑楼、文艺复兴时期和17世纪欧洲巴洛克风格的建筑等，如图1-5-36所示。

图 1-5-36　广东开平碉楼

开平碉楼代表了中国华侨文化的特质。华侨是文化的传播者，中外多种文化的交融和碰撞是其发展的必然产物，它所带来的文化冲突势必广泛触及中国传统社会的方方面面和各个阶层，这也是世界移民文化的共同规律。这种文化的冲突和交融在开平碉楼表现得极为外在化，仍然保持着自己的传统。开平碉楼寄寓了侨乡人民的传统环境意识，是规划、建筑与自然环境、人文理念的优美结合。

2007年，"开平碉楼与古村落"申请世界文化遗产项目在新西兰第31届世界遗产大会上获得通过，正式列入世界遗产名录，中国由此诞生了首个华侨文化的世界遗产项目。

5. 红砖古厝(cuò)

闽南话把房子叫作厝。闽南红砖古厝，红砖红瓦，艳丽恢宏，尽显建筑之张扬，而内在则质朴端庄。"红砖白石双坡曲，出砖入石燕尾脊。雕梁画栋皇宫起"，石雕木雕双合璧是对闽南红砖建筑特色的形象表述，如图1-5-37～图1-5-39所示。

图 1-5-37　闽南红砖古厝(一)

壮丽的闽南红砖古厝主要分布于福建厦、漳、泉等地。红砖汲取了中国传统文化、闽越文化和海洋文化的精华，成为闽南文化的重要体系之一。

图 1-5-38　闽南红砖古厝(二)　　　　　　图 1-5-39　闽南红砖古厝(三)

六、苏派建筑

苏派建筑是江浙一带的建筑风格，是南北方建筑风格的集大成者，园林式布局是其显著特征之一。脊角高翘的屋顶，江南风韵的走马楼、砖雕门楼、明瓦窗、过街楼、轻巧简洁、古朴典雅，体现出清、淡、雅、素的艺术特色，充满了江南水乡古朴沉静的意味。

园林式布局讲究结构，布置曲折幽深，直露中要有迂回，舒缓处要有起伏，中国传统园林布局讲求一个"藏"字(对比欧洲园林，大半为皇家园林，规模大，园林开门见山，一览无遗，一目了然)。而中国传统园林讲求借景，中国传统园林中分布的古代建筑为厅、堂、斋、馆、楼、台、亭、榭、门户、游廊、天井和巷道(图 1-5-40、图 1-5-41)。

图 1-5-40　拙政园中见山楼　　　　　　图 1-5-41　沧浪亭爬山长廊

苏派建筑的尊贵在于存在于数千年的苏州园林中，自春秋战国时期人们开始追求脊角高翘的屋顶，江南风韵的门楼，曲折蜿蜒，藏而不露，饲鸟养鱼、叠石迭景，堪称园林式布局的艺术典范。值得一提的是苏州的砖雕门楼字碑大都是名人题字，精美的书法和典雅的砖雕往往相得益彰，使苏州砖雕更添了几分浓厚书卷气。

江南地区雨水充沛，为降低雨水对建筑物的侵蚀，飞檐戗角被广泛应用于苏派建筑，成为苏派建筑的特色。飞檐戗角线条弧度颇为柔美，不仅完美契合江南特有的飘逸轻盈之美，还可增加屋檐之下的观景视野，扩大屋舍的采光面。

苏派园林的园主多是遭贬斥的官场失败者，内心充满愤懑、失落和哀怨。为了平定内心冲突，园主在建造苏派园林时，采用题名标榜、附会圣贤的主题布置，含蓄巧妙地将自身际遇与先贤联系在一起。

苏派园林蕴含着士大夫情调、文人品性和无奈忧伤的情感，逐渐积淀为苏派园林特有的艺术气质。苏派园林中那些穿透人生意义、发出无奈叹息的象征性布置，散发出独特的艺术气质，深深感染着游园者思考人生的意义(图1-5-42、图1-5-43)。

图1-5-42　苏州留园

图1-5-43　苏州网师园一景

七、川派建筑

川派建筑是流行于四川、云南、贵州、湖南等地区的一种建筑风格，为当地少数民族特有的建筑风格。川派建筑的尊贵在于它融合了多民族智慧的吊脚楼，作为巴楚文化的活化石，依山靠河就势而建，丝檐走栏自成一派，看似随意却十分考究，成为千年民族文化的传承。

在川派建筑中以傣族竹楼、侗族鼓楼、川西吊脚楼最具鲜明特色。

1. 傣族竹楼

傣族竹楼是傣族人民因地制宜创造的一种特殊形式的民居。傣族人住竹楼已有1 400多年的历史。竹楼，顾名思义，是以竹子为主要建筑材料。西双版纳是有名的竹乡，大龙竹、金竹、凤尾竹、毛竹多达数十种，都是筑楼的天然材料。传统竹楼全部用竹子和茅草筑成。

竹楼为干栏式建筑，以粗竹或木头为柱椿，分上下两层。下层四周无遮栏，专用于饲养牲畜家禽，堆放柴火和杂物。上层由竖柱支撑，与地面距离约5米。铺设竹板，极富弹性。滇南一带则完全是竹楼木架，上以住人，下栖牲畜，式样皆近似一顶大帐篷(图1-5-44～图1-5-46)。

图1-5-44　傣族竹楼(一)

图1-5-45　傣族竹楼(二)

图1-5-46　傣族竹楼(三)

苏东坡说："宁可食无肉，不可居无竹"。从这个意义上说，生活在云南西双版纳地区的傣族人算得上是最幸福的人，因为他们不仅居住在竹楼里，还吃着竹筒饭、喝着竹筒酒，真是比神仙还逍遥。来到西双版纳，最令人心动的就是那成片的竹林，以及掩映在竹林中的一座座美丽别致的竹楼。

2. 侗族鼓楼

侗族鼓楼是侗乡具有地域特点、风格独特的建筑物，流行于贵州、湖南、广西地区。鼓楼以防腐木木凿榫衔接，顶梁柱拔地凌空，排枋纵横交错，上下吻合，采用杠杆原理，层层支撑而上。座座鼓楼高耸于侗寨之中，巍然挺立，气概雄伟。飞阁垂檐层层而上呈宝塔形，瓦檐上彩绘或雕塑着山水、花卉、龙凤、飞鸟和古装人物，云腾雾绕，五彩缤纷，侗寨风光可谓十足。

侗族有三大国宝——鼓楼、花桥(也称风雨桥)和大歌。鼓楼的整个结构是由防腐木材制成的。它不需要一钉一铆。因为结构紧密而坚固，它可以持续数百年。在古代，侗族鼓楼也是一个集会场所，也是外国敌人入侵的警示，如图1-5-47、图1-5-48所示为侗族鼓楼建筑。

图1-5-47　侗族鼓楼　　　　　　　　　　图1-5-48　侗族风雨桥

3. 川西吊脚楼

吊脚楼也称吊楼，为苗族、布依族、侗族、土家族等民族传统民居，在渝东南及桂北、湘西、鄂西、黔东南地区的吊脚楼特别多。吊脚楼多依山靠河就势而建，讲究朝向，或坐西向东，或坐东向西。吊脚楼属于干栏式建筑，但与一般所指干栏有所不同。干栏应该全部都是悬空的，所以称吊脚楼为半干栏式建筑。

吊脚楼有很多好处，南方气候潮湿、昼夜温差大、地面蛇虫等比较多，所以当地人在居住过程中逐渐演化成独特的建筑风格——吊脚楼。吊脚楼以木桩或石为支撑，上架以楼板，四壁或用木板，或用竹排涂灰泥。屋顶铺瓦或茅草。吊脚楼窗子多向江，因此也称望江楼，吊脚楼是远古巢居的发展。高悬地面既通风干燥，又能防毒蛇、野兽，楼板下还可放杂物。吊脚楼还有鲜明的民族特色，优雅的丝檐和宽绰的走栏使吊脚楼自成一格，被称为巴楚文化的活化石，如图1-5-49~图1-5-52所示为几种川西吊脚楼。

图 1-5-49 吊脚楼(一)

图 1-5-50 吊脚楼(二)

图 1-5-51 湖南凤凰古城苗族吊脚楼

图 1-5-52 重庆武隆建筑

八、其他少数民族的民居建筑

1. 蒙古包

蒙古包是对蒙古族牧民传统住房的称呼。"包"是家、屋的意思。古称穹庐,又称毡帐、帐幕、毡包等。蒙古语称格儿,满语为蒙古包或蒙古博,是游牧民族为适应游牧生活而创造的,易于拆装,便于游牧。

蒙古包呈圆形,四周侧壁分成数块,几块连接,围成圆形,上盖伞骨状圆顶,与侧壁连接。帐顶及四壁覆盖或围以毛毡,用绳索固定。西南壁上留一木框,用以安装门板,帐顶留一圆形天窗,以便采光、通风,排放炊烟,夜间或风、雨、雪天覆以毡。蒙古包最小的直径为300多厘米,大的可容纳数百人。蒙古汗国时代可汗及诸王的帐幕可容纳2 000人。蒙古包可分为固定式和游动式两种。半农半牧区多建固定式,周围砌土壁,上用苇草搭盖;游牧区多为游动式,可拆卸,以牛车或马车拉运,如图1-5-53所示。

图 1-5-53　蒙古包

2. 西藏碉房

碉房是青藏高原及内蒙古部分地区常见的居住建筑形式。藏族碉房主要分布在西藏、青海、甘肃及四川西部一带，是一种用乱石垒砌或土筑的房屋，因外观很像碉堡，故称为碉房。

碉房一般为三层以上。底层养牲口和堆放饲料、杂物；二层布置卧室、厨房等；三层设有经堂。由于藏族信仰藏传佛教，诵经拜佛的经堂占有重要位置，神位上方不能住人或堆放杂物，所以都设置在房屋的顶层。为了扩大室内空间，二层常挑出墙外，轻巧的挑楼与厚重的石砌墙体形成鲜明的对比，建筑外形因此富于变化，如图 1-5-54 所示。

图 1-5-54　西藏民居

3. 新疆阿以旺

阿以旺是新疆维吾尔族住宅常见的一种建筑民居形式。"阿以旺"在维吾尔语中寓意"明亮的处所"，所谓"阿以旺"，即一种带有天窗的夏室（大厅），具有起居、会客等多种用途。后室称冬室，是卧室，通常不开窗。住宅的平面布局灵活，室内设多处壁龛，墙面大量使用石膏雕饰，具有十分鲜明的民族和地方特色。住宅一般分前后院，后院为饲养牲畜和积肥的场地，前院为生活起居的主要空间，院中引进渠水，栽植葡萄和杏等果木，葡萄架还可蔽日纳凉（图 1-5-55～图 1-5-57）。

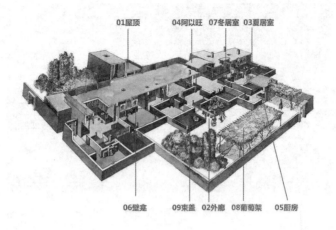

01屋顶　04阿以旺　07冬居室　03夏居室

06壁龛　09束盖　02外廊　08葡萄架　05厨房

图 1-5-55　新疆和田阿以旺民居示意

图 1-5-56　新疆阿以旺民居

图 1-5-57　新疆阿以旺前院示意

课后思考

1. 中国传统民居建筑根据各地风土人情和自然气候条件可分为哪七大派？
2. 简单说一说民居建筑各派系建筑各有哪些主要特点。

单元二　园林建筑

一、园林基本知识

(一)园林的含义

园林是在一定的地域运用工程技术和艺术手段，通过改造地形（或进一步筑山、叠石和理水），种植树木、花草，营造建筑和布置园路、园林小品等途径，创作而成优美的生态良好的自然环境和游憩境域。

世界三大园林体系包括中国园林体系，也称东方园林体系；欧洲园林体系，也称西方园林体系；西亚园林体系，也称伊斯兰园林体系。

中国园林建筑历史悠久，在世界园林史上享有盛名，在世界三大园林体系中占有重要的地位，是全人类宝贵的历史文化遗产，是东方园林的代表之一。

(二)中国园林的分类

1. 按占有者身份分

(1)皇家园林。皇家园林是专供皇帝及其家族休息享乐的园林，旧称"帝王苑囿"。皇帝能够利用其政治上的特权与经济上的雄厚财力，占据大片土地面积营造园林而供自己享用，故其规模之大，远非私家园林可比拟。山石、水体、建筑、植物和书画是构成园林的基本要素，叠山、理水、建筑营造、植物配置、书画楹联等也就成为造园的主要工作。古代帝王苑囿规模都很大：秦汉时期的上林苑，方圆达数百里，周长三百余里，"作长池，引渭水，筑土为蓬莱山"，规模之大，为中国历代皇家园林所不及。其特点是园区规模宏大，气势恢宏，真山真水较多，园中建筑装修富丽堂皇，建筑体型高大。御花园一般指皇宫的附属花园，相对独立的皇家园林也可称为御苑。著名皇家园林有北京的颐和园、圆明园、北海公园，河北承德的避暑山庄等。

(2)私家园林。私家园林是官僚商人、文人居住的园林，又称文士园。其特点是规模较小，所以常用假山假水，建筑小巧玲珑，色彩淡雅素净。但它别有韵味，能令人流连忘返，其关键是园景中融合了园主的文心和修养。

私家园林建筑：以江浙地区数量最多。著名的私家园林有江苏扬州的个园、寄啸山庄，苏州的拙政园、留园、网师园、耦园、恰园，无锡的寄畅园，浙江绍兴的沈园，上海的豫园，北京的恭王府等。

私家园林与皇家园林一样，是我国古典园林中的主要类别，它代表了民间住宅花园的精华，在园林史上做出了巨大的贡献。在历史上文人花园数量最多，有不少主人是历史上著名的文学家或书画家，影响很大。

(3)寺庙园林。寺庙园林建筑是指佛寺、道观、历史名人纪念性祠庙的园林，为中国园林的三种基本类型之一。寺庙园林狭者仅方丈之地，广者泛指整个宗教圣地，其实际范围包括寺观周围的自然环境，是寺庙建筑、宗教景物、人工山水和天然山水的综合体。一些著名的大型寺庙园林，往往历经成百上千年的持续开发，积淀着宗教史迹与名人历史故事，题刻下历代文化雅士的摩崖碑刻和楹联诗文，使寺庙园林蕴含着丰厚的历史和文化游赏价值。

"南朝四百八十寺，多少楼台烟雨中"。唐代诗人杜牧的这一名句不仅写出了南朝佛寺的繁盛，而且点出了寺院环境的优美。

2. 按园林所处地理位置分

(1)北方园林。北方园林主要是指皇家园林。其范围大，建筑富丽堂皇、风格粗犷，秀丽媚美则显不足。

(2)江南园林。江南园林主要是指私家园林。它以宅园为主，规模小，多奇石秀水，玲珑纤巧，轻盈秀丽，灰砖青瓦，韵味隽永，富有田园情趣，身入其中舒适恬淡。

(3)岭南园林。岭南园林主要是指广府园林，是广府文化的代表之一，也是中国传统造园艺术的三大流派之一。它在中国造园史上有非常重要的意义，特别是在现代园林的创新和发展上，更有举足轻重的作用。

二、中国古典皇家园林

中国三大古典皇家园林是圆明园、颐和园和承德避暑山庄。

（一）圆明园

圆明园建于康熙四十六年（1707 年），原是四皇子胤禛（雍正帝）的赐园，建在康熙皇帝所在的畅春园北侧。康熙六十一年（1722 年）雍正即位后，依照紫禁城的格局，大规模建设。到乾隆年间，清朝国力鼎盛，是圆明园建设的高潮，以倾国之力，空前规模扩建圆明园，以后又经嘉庆、道光、咸丰年间续建，5 个皇帝前后经过 150 年将其建成。役使无数能工巧匠，费银亿万两建造经营而成。圆明园曾以其宏大的地域规模、杰出的造园艺术、精美的建筑和丰富的文化收藏闻名于世。它是一座举世闻名的皇家园林。其盛名传至欧洲，被誉为"万园之园""一切造园艺术的典范""世界园林的典范"。

园中不仅有民族建筑，还有西洋景观。漫步园内，有如漫游在天南海北，饱览着中外风景名胜；流连其间，仿佛置身在幻想的境界里。

圆明园不但建筑宏伟，还收藏着最珍贵的历史文物：上自先秦时代的青铜礼器，下至唐、宋、元、明、清历代的名人书画和各种奇珍异宝。因此，它又是当时世界上最大的博物馆、艺术馆。

乾隆元年（1736 年）开始，皇帝传旨冷枚、唐岱、沈源等宫廷画家将圆明园中的所有景物画出来，于乾隆九年（1744 年）完成圆明园《四十景图》。圆明园四十景是指园内独成格局的 40 处景群。盛时的圆明园有长春园、绮春园等一百多处园林风景群，而每一景就是其中一座"园中园"或园林建筑群。《四十景图》的原本是绢本的，现在不在中国，英法联军火烧圆明园时被掠走，现存法国巴黎图书馆。

圆明园四十景即正大光明、勤政亲贤、九洲清晏、镂月开云、天然图画、碧桐书院、慈云普护、上下天光、杏花春馆、坦坦荡荡、茹古涵今、长春仙馆、万方安和、武陵春色、山高水长、月地云居、鸿慈永祜、汇芳书院、日天琳宇、澹泊宁静、映水兰香、水木明瑟、濂溪乐处、多稼如云、鱼跃鸢飞、北远山村、西峰秀色、四宜书屋、方壶胜境、澡身浴德、平湖秋月、蓬岛瑶台、接秀山房、别有洞天、夹镜鸣琴、涵虚朗鉴、廓然大公、坐石临流、曲院风荷、洞天深处（图 1-5-58～图 1-5-60，此处仅选取三处圆明园图景）。

视频：皇家园林

图 1-5-58　万方安和

图1-5-59　曲院风荷

图1-5-60　蓬岛瑶台

拓展小知识

圆明园的毁灭

　　1860年10月6日，英法联军侵入北京，闯进圆明园。他们把园内凡是能拿得动的东西，统统掠走；实在运不走的，就任意破坏、毁掉。为了销毁罪证，10月18日和19日，三千多名侵略者奉命在园内放火。大火连烧三天，烟云笼罩了整个北京城。我国这一园林艺术的瑰宝、建筑艺术的精华，就这样化为一片灰烬（图1-5-61、图1-5-62所示为大水法残照景象）。

图1-5-61　大水法残照景象

图1-5-62　大水法（1922年）[瑞典]喜仁龙 摄

　　中国古建筑的想象力：法国大文豪维克多·雨果（Victor Hugo）说："在世界的某个角落，有一个世界奇迹，这个奇迹叫圆明园······一个几乎是超人的民族的想象力所能产生的成就尽在于此。"

　　中国古人确实特别有想象力，冲破各种阶段的束缚不断发展。我们的建筑史上，就有许多超乎人类想象的东西。

　　英国建筑师钱伯斯说："没有任何国家在园林结构物的壮丽和数量曾经与中国相当。······王致诚神父告诉我们圆明园——本身就是一座城市——（其中有）四百座楼阁；全部建筑如此不同。"

　　圆明园的毁灭是中国文化史上不可估量的损失，也是世界文化史上不可估量的损失！

（二）颐和园

颐和园，中国清朝时期皇家园林，前身为清漪园，坐落在北京西郊，与圆明园毗邻。咸丰十年(1860年)，清漪园被英法联军焚毁。光绪十四年(1888年)重建，改称颐和园，作消夏游乐地。光绪二十六年(1900年)，颐和园又遭八国联军的破坏，珍宝被劫掠一空。清朝灭亡后，颐和园在军阀混战和国民党统治时期又遭破坏。

颐和园是以昆明湖、万寿山为基址，以杭州西湖为蓝本，汲取江南园林的设计手法而建成的一座大型山水园林，也是我国现存规模最大、保存最完整的皇家园林，被誉为"皇家园林博物馆"。

颐和园占地面积为2.97平方千米，其中水面占3/4。颐和园集传统造园艺术之大成，万寿山、昆明湖构成其基本框架，借景周围的山水环境，饱含中国皇家园林的恢宏富丽气势，又充满自然之趣，高度体现了"虽由人作，宛自天开"的造园准则。亭台、长廊、殿堂、庙宇和小桥等人工景观与自然山峦和开阔的湖面相互和谐、艺术地融为一体（图1-5-63～图1-5-65所示为颐和园部分景图）。

图1-5-63　颐和园局部图

图1-5-64　颐和园佛香阁

图1-5-65　十七孔桥

（三）承德避暑山庄

1. 承德避暑山庄的建造历史

承德避暑山庄，是世界文化遗产，也是中国四大名园之一。

承德避暑山庄又称"承德离宫"或"热河行宫"，位于河北省承德市区北部，武烈河西岸一带狭长的谷地上，是清代皇帝夏天避暑和处理政务的场所。

避暑山庄始建于1703年，历经清康熙、雍正、乾隆三朝，耗时89年建成。避暑山庄以朴素淡雅的山村野趣为格调，取自然山水之本色，吸收江南塞北之风光，成为中国现存占地最大的古代帝王宫苑。避暑山庄分为宫殿区、湖泊区、平原区、山峦区四大部分，整个山庄东南多水、西北多山，是中国自然地貌的缩影，是中国园林史上一个辉煌的里程碑，是中国古典园林艺术的杰作，是中国古典园林的最高范例。

2. 七十二景

避暑山庄是中国三大古建筑群之一。它的最大特色是山中有园，园中有山，大小建筑有120多组，其中康熙以四字组成36景，乾隆以三字组成36景，这就是避暑山庄著名的72景。康熙朝定名的36景是烟波致爽、芝径云堤、无暑清凉、延薰山馆、水芳岩秀、万壑松风、松鹤清樾、云山胜地、四面云山、北枕双峰、西岭晨霞、锤峰落照、南山积雪、梨花伴月、曲水荷香、风泉清听、濠濮间想、天宇咸畅、暖流暄波、泉源石壁、青枫绿屿、莺啭乔木、香远益清、金莲映日、远近泉声、云帆月舫、芳渚临流、云容水态、澄泉绕石、澄波叠翠、石矶观鱼、镜水云岑、双湖夹镜、长虹饮练、甫田丛樾、水流云在。

乾隆朝定名的36景是丽正门、勤政殿、松鹤斋、如意湖、青雀舫、绮望楼、驯鹿坡、水心榭、颐志堂、畅远台、静好堂、冷香亭、采菱渡、观莲所、清晖亭、般若相、沧浪屿、一片云、萍香泮、万树园、试马埭、嘉树轩、乐成阁、宿云檐、澄观斋、翠云岩、罨画窗、凌太虚、千尺雪、宁静斋、玉琴轩、临芳墅、知鱼矶、涌翠岩、素尚斋、永恬居。

3. 外八庙

避暑山庄周围依照西藏、新疆藏传佛教寺庙的形式修建寺庙群，供少数民族的上层及贵族朝觐皇帝时礼佛用。在避暑山庄的东面和北面，武烈河两岸和狮子沟北沿的山丘地带，共有11座寺院。因分属8座寺庙管辖，其中8座由清政府直接管理，故被称为承德外八庙。这些庙宇多利用向阳山坡层层修建，主要殿堂耸立突出、雄伟壮观，如图1-5-66所示。

图1-5-66　承德外八庙

清康熙五十二年(1713年)，诸蒙古王公为庆贺康熙帝60寿辰，上书"奏请"在承德避暑山庄外，围建一寺院作庆寿盛会之所。康熙帝欣然"恩准"，遂建造了溥仁、溥善二寺。溥善寺早已荒废，溥仁寺便成了康熙年间仅存的庙宇，更是珍贵。"溥"通"普"，有普遍、广大之意，有皇帝深仁厚爱普及天下之意。于是从康熙五十二年（1713年）至乾隆四十五年（1780年）的67年间，康熙、乾隆两帝在避暑山庄东部和北部外围陆续建造了11座大型寺庙，因其中8座有朝廷派驻的喇嘛，享有"俸银"，且在京师之外，故称外八庙。现存7座在避暑山庄正北相隔狮子沟，自东而西有须弥福寿之庙、普陀宗乘之庙、殊像寺。外八庙像一颗颗星星环避暑山庄而建，呈烘云托月之势，象征着边疆各族人民和清中央政权的关系，表现了中国多民族国家统一、巩固和发展的历史进程。

4. 普宁寺和普佑寺

普宁寺景区坐落于避暑山庄东北部武烈河畔，占地5.78万平方米。景区由皇家寺庙群中的普宁寺（图1-5-67）和普佑寺（图1-5-68）组成，两座寺庙先后修建于乾隆二十年（1755年）、乾隆二十五年（1760年）。取普天之下安宁、保佑天下众生之意。普宁寺内供奉有世界上最大的金漆木雕佛像——千手千眼观世音菩萨，这里僧侣云集，香火旺盛，是北方最大的佛教圣地。普佑寺是喇嘛研习佛教理论典籍的经学院。

图1-5-67 普宁寺

图1-5-68 普佑寺

5. 布达拉·行宫

布达拉·行宫景区坐落于避暑山庄正北狮子岭南麓，占地25.79万平方米。景区由皇家寺庙群中的普陀宗乘之庙和须弥福寿之庙组成，两座寺庙先后修建于乾隆三十二年（1767年）、乾隆四十五年（1780年）。因仿拉萨布达拉宫和日喀则扎什伦布寺而建，俗称小布达拉宫和班禅行宫，如图1-5-69、图1-5-70所示。

图1-5-69 布达拉·行宫之白宫

图1-5-70 布达拉·行宫之红宫

三、中国古典私家园林

苏州园林四大名园为建于宋代的沧浪亭、建于元代的狮子林、建于明代的拙政园、建于清代的留园。

苏州园林起始于春秋，发展于唐宋，全盛于明清，被誉为人与自然和谐统一的经典之作。"江南园林甲天下，苏州园林甲江南"。江苏苏州现存的古典园林大多建造于11至19世纪，其体现的中国园林写意山水气质及建筑之美闻名于世。

(一)沧浪亭

沧浪亭位于苏州市三元坊沧浪亭街3号，是一处始建于北宋的中国汉族古典园林建筑，是苏州现存诸园中历史最为悠久的古代园林。园内建筑有沧浪亭、印心石屋、明道堂、看山楼等建筑景观。

宋代诗人苏舜钦支持范仲淹庆历新政改革而遭罢职，以四万贯钱买下废园进行修筑，傍水造亭，因感于"沧浪之水清兮，可以濯吾缨；沧浪之水浊兮，可以濯吾足"，题名沧浪亭，自号沧浪翁，并作《沧浪亭记》。欧阳修应邀作《沧浪亭》长诗，诗中以"清风明月本无价，可惜只卖四万钱"题咏此事。

几百年之后，江苏巡抚梁章钜在修复沧浪亭时，倏忽记起苏舜钦《过苏州》中"绿杨白鹭俱自得，近水远山皆有情"的诗句，他将欧阳修和苏舜钦的诗各取一句，合成一副绝配对联："清风明月本无价，近水远山皆有情"。

沧浪亭位列苏州四大园林之一，虽数易其主，但损坏并修复的多为院内的建筑物，而园内的假山和园外的池水大多维持了旧貌，未经损毁。园内的景色多不加雕饰，以自然为美，山水相宜，表现得法，宛如自然风景。图1-5-71、图1-5-72所示为沧浪亭二影景观。

图1-5-71　沧浪亭一景

图1-5-72　沧浪亭爬山长廊

(二)狮子林

狮子林建于元朝。元末大画家倪瓒以园中景象作《狮子林图》，此园因画作得名。狮子林是中国古典私家园林建筑的代表之一，也是苏州四大名园之一。

狮子林是元代园林的代表，园内亭、台、楼、阁、厅、堂、轩、廊非常之多，造园手法让人惊叹，其中湖山奇石具有"假山王国"之称。狮子峰为诸峰之首。

两百多年前，乾隆皇帝从第二次南巡起，每次必游狮子林，共游历六次，他有感于山林清幽，假山奇幻，欣然题匾"真趣"二字，赋诗数十首，赞叹"城中佳处是狮林，细雨清风此首寻"。返京后，他分别在圆明园、避暑山庄仿建了两座狮子林，把江南造园艺术带到了北方，丰富了皇家园林的造园手法。

狮子林花园以假山、水池为中心，水池东南叠石为山，西岸垒土成丘，建筑多分布于东、北两面，以长廊贯通四周，为典型的建筑围绕山池的通式。图1-5-73～图1-5-75所示为狮子林三处景观。

图1-5-73　狮子林景(一)

图1-5-74　狮子林景(二)

(三)拙政园——中国园林之母

拙政园位于江苏省苏州市，是中国四大名园之一。拙政园是江南园林最出色的代表，也是苏州园林中面积最大的园林。拙政园占地78亩(约合5.2万平方米)，园林分为东、中、西和住宅四个部分，以其布局的山岛、竹坞、松岗、曲水之趣，被胜誉为天下园林之典范。中园是拙政园的主景区，以荷花为主要线索；

图1-5-75　狮子林景(三)

远香堂为中园主体建筑；另外，还有园中之园枇杷园。其中住宅已经被布置成园林博物馆展厅。

明正德初年(16世纪初)，因官场失意而还乡的巡查御史王献臣，建造拙政园。引水入园，浚治成池，环水置堂楼亭轩共三十一景，打造出一个以水为主、疏朗淡泊、自然恬淡的园林。王献臣死后，其子一夜豪赌将拙政园输给了徐家。徐氏占有拙政园百余年之后，终因子孙衰落而园林渐废。

明崇祯四年(1631年)，意在归隐的刑部侍郎王心一买下已经荒芜的拙政园东半部，建成"归田园居"。康熙元年(1662年)，拙政园没为官产，被圈封为宁海将军府，先后为王、严两镇将所有。康熙南巡时曾来此园，但因数十年数易其主，早没了昔时的幽美雅致。

明正德以降的四百多年中，拙政园几度分合，或为私人宅园，或供金屋藏娇用，留下了许多诱人探寻的遗迹和典故。图1-5-76～图1-5-78

图1-5-76　拙政园景区之一

所示为三处拙政园景观。

图 1-5-77　梧竹幽居亭

图 1-5-78　拙政园小飞虹廊桥

（四）留园

留园是苏州古典园林之一，始建于明代。清代时称寒碧山庄，俗称刘园，后改为留园。以园内建筑布置精巧、奇石众多而知名，是中国四大名园之一。

留园位于苏州阊（chāng）门之外，始建于明代万历二十一年（1593 年），已有四百多年历史，集住宅、祠堂、家庵、园林于一身，是中国现存规模较大的私家园林。

留园占地面积 30 余亩，园内以厅堂、走廊、花墙、洞门等划分空间，布局紧凑，同时巧妙地运用假山、水、石、花木等组成数十个大小不等的庭院景区。留园分东、中、西、北四个区域，东部以庭院建筑取胜，中部以山水见长，西部具山林野趣，北部呈田园风光，是浓缩的自然景观，有"不出城廓而获山林之怡，身居闹市而有林泉之趣"。

留园初为太仆寺少卿徐泰时的私家园林，时人称为东园。徐泰时去世后，东园渐废，清代乾隆五十九年（1794 年），园为吴县刘恕所得，在东园故址上改建，经修建于嘉庆三年（1798 年）始成，因多植白皮松、梧竹，竹色清寒，波光澄碧，因园内竹色清寒，故更名寒碧山庄，俗称刘园。刘恕喜好书法名画，他将自己撰写的文章和古人法帖勒石嵌砌在园中廊壁。后代园主多承袭此风，逐渐形成今日留园多"书条石"的特色。刘恕爱石，治园时，他搜寻了十二名峰移入园内，并撰文多篇，记寻石经过，抒仰石之情。

咸丰十年（1860 年），苏州阊门外均遭兵燹，街衢巷陌，毁圮殆尽，惟寒碧庄幸存下来。同治十二年（1873 年），园为常州盛康购得，缮修加筑，于光绪二年（1876 年）完工。比昔盛时更增雄丽，因前园主姓刘而俗称刘园，盛康乃仿随园之例，取其音而易其字，改名留园。盛康殁后，园归其子盛宣怀，在盛宣怀的经营下，留园声名大振，成为吴中著名园林，俞樾称其为吴下名园之冠。图 1-5-79～图 1-5-81 所示为三处留园景观。

图 1-5-79　留园闻木樨香轩

图 1-5-80　苏州留园一景(一)

图 1-5-81　苏州留园一景(二)

　　留园内的冠云峰乃太湖石中绝品，齐集太湖石"瘦、皱、漏、透"四奇于一身，相传这块奇石还是北宋末年花石纲中的遗物。北宋末年，宋徽宗在东京城内大兴土木，建造延福宫、万寿山。他下令在全国范围内征集奇花异石，夸口要搜罗天下珍品于宫廷之中。徽宗崇宁四年(1105 年)特地在苏州设立了苏杭应奉局，专门负责搜罗名花奇石。冠云峰就是未来得及运的花石纲的遗物(图 1-5-82)。

图 1-5-82　留园冠云峰

　　江南古典名园除上面介绍的苏州的沧浪亭、狮子林、拙政园、留园四大园林外，还有无锡的寄畅园，南京的瞻园，扬州的瘦西湖、个园、何园，上海的豫园等，都堪称江南古典园林的典范，也是中国古典园林的杰出代表。

　　江南古典园林是最能代表中国古典园林艺术成就的一个类型，它凝聚了中国知识分子和能工巧匠的勤劳和智慧，蕴含了儒释道等哲学、宗教思想及山水诗、画等传统艺术，自古以来就吸引着无数中外游人从中感受着中国传统园林建筑的魅力。

1. 故宫是如何体现它作为封建社会的最高权力象征的?

2. 秦始皇陵一直以来备受全世界关注,尽管地宫的内部已经通过科技手段描绘出来,但发掘事宜始终不进行,这是为什么呢?

3. 藏传佛教基本教义方面与汉传佛教有一定的差异,且在漫长的发展过程中佛寺中融入了浓厚的藏文化,因此佛寺的建筑风格也不尽相同。请简要说出汉传佛教与藏传佛教建筑之间的差异。

4. 江南园林有哪些主要特点?它与中国皇家园林有何异同?

5. 同为庭院类民居,北京四合院与徽州民居的建筑形制有何异同?

第二部分　文化之美

建筑是时代的象征，一个时代的社会状况，如政治、经济、军事、宗教、科学技术、文学艺术等都在建筑上反映出来。我们现在已经看不到了数千年的王朝历史，在书本上读来是抽象的，甚至是枯燥无味的。但当那些朝代的文物古建筑出现在我们面前时，那个时代的生活，那个时代曾经发生的故事，甚至那些只是出现在史书上的人物都仿佛出现在我们眼前。所谓"建筑是石头的史书"，其含义就在于此，它是一部实物构成的形象的、艺术化的史书。

中国传统建筑文化具有时代的风格，反映了时代的艺术。

殷商时代的文化和艺术可以归结为两个字——神秘。因为这是一个刚从蒙昧走进文明的时代，文化意识中还带着蒙昧时代的特征。鬼神迷信的盛行、尊神事鬼的风气，整个社会以祭祀鬼神为行为依据，于是这个时代的艺术品便充满着鬼神迷信的神秘性。现在出土的商朝青铜器上满布神秘性的艺术图案和符号，最典型的、出现最多的就是面目狰狞的食人怪兽——饕餮。其图案之精美、制作工艺之高超，让人们叹为观止，但是这些精美图案所透露出的是一种神秘的，甚至带有恐怖性的文化气息。因为商朝把一切寄托于鬼神，所以商朝贵族们无所事事，整天饮酒作乐，著名的商纣王"酒池肉林"就是典型代表。因此现在出土的商朝青铜器大多数是酒器和食器。商朝的建筑也同样带有这种神秘和恐怖的气息。虽然人们今天已经看不到商朝地面建筑的形象，但从河南安阳殷墟遗址商朝宫殿和陵墓遗址的考古发掘中可以看到残酷的活人殉葬的场面，由此可知那个半蒙昧时代的建筑文化氛围。

经过蒙昧向文明的过渡，进入理性的时代周朝，人们不再把全部的希望寄托于鬼神，人们注意到自身的命运主要还是靠自己的努力。于是制定礼仪制度，规范和约束人的行为。周武王起兵讨伐商纣王，昭告天下商王的暴虐无道，告诫人们敬天爱人；周公旦制礼作乐，从此天下有了共同遵守的行为准则。周朝的文化艺术以礼乐为核心，"礼"是规范人们道德行为的思想和制度，"乐"则是用来贯彻礼制思想的艺术手段。这里所说的"乐"，不是单指音乐，而是包括音乐、舞蹈、诗歌、绘画等所有艺术。礼乐文化的一个重要内容是祭祀，以祭祀先祖、祭祀天地来培养人们的感恩和敬畏之心。周文化的一个重要特征就是礼仪祭祀，因此，现在出土的周朝青铜器绝大多数都是祭祀用的祭器。

秦汉时期建筑和艺术的风格表现为威猛。从秦始皇陵兵马俑的威武气势、从汉代大将军霍去病墓石雕的粗犷可以看出当时的艺术风格(图2-1)。秦汉时期的地面建筑现在虽已不存于世，但是从汉代陵墓地宫中粗壮的石柱可以领略到秦汉建筑的雄大体量(图2-2)；从出土的汉代瓦当可想象当时建筑的辉煌气势，现在形容建筑之雄伟常以"秦砖汉瓦"来形容。

图 2-1　咸阳霍去病墓前石雕马踏匈奴

图 2-2　汉代陵墓地宫石柱示意

唐代政治的强盛、经济的繁荣和文化的发达，产生了不同于前代的审美。我们现在能够在一些保存下来的古代仕女画或墓葬壁画甚至唐三彩俑中看到唐朝的女性形象，一个个肥胖丰满、雍容华贵，这就是唐朝的审美。唐代是当时世界上最繁荣、最强盛的国家，这一时期人们生活富裕，丰满雍容的贵妇人形象是这个时代美的代表。与此相反，在春秋战国时代有"楚王好细腰，宫中多饿死"的说法，那时代以细小瘦弱为美。中国美术史上有"曹衣出水，吴带当风"一说，北齐画家曹仲达在画人物时喜欢把人物的衣饰纹理画成紧贴身体的样子，就像刚从水里出来的一样，所以叫"曹衣出水"，以体现人的瘦弱清癯的体态和形象。魏晋南北朝时期的佛教造像，如敦煌遗留下来的泥塑和壁画等，也都以消瘦清秀为特征，即所谓的"秀骨清像"（图2-3）。同样是佛教造像，唐代的就显得体态丰腴。唐代大画家吴道子画的人物形象丰满、宽衣博带、随风飞扬，以飘逸洒脱为特征，所以叫"吴带当风"，表现了唐朝雍容大度的审美风尚。史书记载吴道子常被邀请在寺庙墙壁上作画，当他作画时，城中百姓蜂拥前往观看，人们形容其作画风格是"满壁风动"。

图 2-3　佛背光飞天　西魏　莫高窟 285 窟西壁龛顶

宋代是一个特别的时代。在政治和军事上它很弱小，在北方其他民族的入侵进攻面前节节败退，靖康之变皇帝被俘，北宋灭亡。南宋偏安江南也只能取得片刻喘息，最终在北方民族的入侵后彻底灭亡。但是宋代在经济和文化上大有作为。在经济上，宋代时商品经济大发展，是中国有史以来商品经济发展的第一个高潮，其经济的繁荣程度不亚于唐朝。在文化上，宋朝的文学和艺术都是中国历史上的一个发展高峰。文学上，宋词与唐诗并称为中国文学史上的瑰宝，其文学水平之高可以说是空前绝后的。在艺术上，宋朝的美术也是中国美术史上的巅峰，大量流传下来的美术作品一直都是后人模仿学习的榜样。宋朝是一个文人当政的朝代，大多数皇帝都对文学艺术有很高的造诣。宋朝的这种社会状况决定了宋朝建筑的特点——没有宏伟的气魄，但十分精美。宋朝政治上弱小，因而皇宫也不气派，宋朝几乎没有一座能够在历史上留下赫赫威名的宫殿。秦有阿房宫、咸阳宫；汉有长乐宫、未央宫；唐有太极宫、大明宫等；宋却一座也没有。史书记载，南宋都城临安的皇宫中甚至用悬山式屋顶做皇宫主要建筑的屋顶。不仅皇宫，就连皇家陵墓也是如此。在中国古代各朝代的皇陵中，宋陵是规模最小的。但是宋代建筑的华丽又是历史上空前的。一是建筑造型新颖，具有艺术创造性；二是建筑装饰华丽，从史书记载和流传下来的古画中都可以看到宋代建筑装饰之华美。这就是宋代这个时代的特征，宫殿建筑规模小，说明政治上不强大；建筑造型新颖和装饰华丽，说明经济和文化艺术繁荣。

清朝的审美风格是华丽而琐碎，华丽精巧程度远超前代，但是气度远不如前代了。例如，宫殿建筑彩画装饰描绘之精细、瓷器造型和装饰之华丽，还有那些堆满各种宝石和珍珠玛瑙装饰起来的工艺品之精美，尤其是那些雕刻精致烦琐的家具，更是和造型简洁的明代家具形成鲜明对照。

》》模块一　诗词之美

诗词是人们所熟知的，有些诗的文字书写形式很容易使人想起某些中国建筑空间形象，如俗称所谓的"楼梯诗""宝塔诗"之类。这种诗的形式之所以被诗人们创造出来，在形式美上，是受到了某些建筑形象的启迪。同时，诗的内在结构，以及与其相联系的诗的思想情感逻辑、诗之艺术形象，其实是渗透着人的建筑般的审美空间意识的，因此，人们往往可以借助建筑的形象结构特点来分析、评价某些诗歌作品。

有些诗作具有逐渐递进所传达出来的建筑递进序列般的美。另一类诗的形象结构，犹如中国建筑之层叠式。其建筑空间序列主要不是在大地上纵向发展，而是垂直地向高空发展。它层层叠叠、冲天向上、摇摇欲坠，类似某种诗体。中国建筑的空间形象与某些诗体在形式与内容方面有一定的同构联系，又在一定程度上揭示了建筑与诗的比邻意蕴。许多中国古代建筑空间形象的序列具有中国古诗一般的格律节奏。

中国古代对称型的建筑，其空间组合之严整像诗之律句；不对称型的建筑，似散曲或长短句（词，也称诗余），虽然非对称，却具有均衡之美感。而中国高台、佛塔之类的建筑，又好比诗之排律，处理得好，有一种奔涌而起的磅礴气势。而园林别馆，凉亭小桥，小巧俊逸，节奏多变，生动活泼，又具有那种抒情散文般的诗情美了。

单元一　楼

楼是指两层以上的建筑，由"台"发展而来。《说文解字》中说："楼，重屋也。"楼可用来登高观赏园林及园外的景色，又可以休息。在园林布局中，楼有主景和配景两种形式出现，作为主景的楼多造型突出而鲜明，作为配景时多被掩映在林木之中。

一、岳阳楼

雄踞在洞庭湖畔的岳阳楼，巍峨壮丽，气势雄浑。它是一座三层纯木结构建筑，未用一铆一钉，斗拱、飞檐的结构，严谨精美，显示出中国传统建筑独特的民族风格。唐代很多著名的诗人，如李白、杜甫、孟浩然、白居易、韩愈、李商隐等，都曾登上过岳阳楼，并留下了许多为后人所传诵的诗篇。可以说，岳阳楼在唐代，才开始有了传

视频：诗词之美
——岳阳楼

诵至今的美名。也正是在唐代，诗圣杜甫和诗隐孟浩然，分别用他们不同命运中的浅吟低唱、人生理想抱负的呐喊高歌，为岳阳楼留下了不朽的传奇。

湖南岳阳楼始建于 220 年前后，其前身相传为三国时期东吴大将鲁肃的"阅军楼"，在中唐李白赋诗之后，始称"岳阳楼"。岳阳楼（图 2-1-1），位于湖南省岳阳市岳

阳楼区洞庭北路，地处岳阳古城西门城墙之上，紧靠洞庭湖畔，下瞰洞庭，前望君山；始建于东汉建安二十年（215年），历代屡加重修，现存建筑沿袭清光绪六年（1880年）重建时的形制与格局；因北宋滕宗谅重修岳阳楼，邀好友范仲淹作《岳阳楼记》，使岳阳楼著称于世。自古有"洞庭天下水，岳阳天下楼"之美誉，与湖北武汉黄鹤楼、江西南昌滕王阁并称"江南三大名楼"，是中国十大历史文化名楼、古代四大名楼之一，世称"天下第一楼"。

图2-1-1　岳阳市岳阳楼

岳阳楼建筑构制独特，风格奇异。其楼顶为层叠相衬的"如意斗拱"托举而成的盔顶式，这种拱而复翘的古代将军头盔式的顶式结构在我国古代建筑史上是独一无二的，体现了古代劳动人民的聪明智慧及能工巧匠的精巧设计技能。岳阳楼主楼为长方形体，主楼高19.42米，进深14.54米，宽17.42米，为三层、四柱、飞檐、盔顶、纯木结构，楼中四根楠木金柱直贯楼顶，周围绕以廊、枋、椽、檩互相榫合，结为整体；顶覆琉璃黄瓦，构型庄重大方。站在岳阳楼上，可俯瞰烟波浩渺的洞庭湖中充满神话色彩的君山。

四柱是指岳阳楼的基本构架，首先承重的主柱是四根巨大的楠木，这四根楠木被称为通天柱，从一楼直抵三楼。

君山古称洞庭山、湘山、有缘山，是八百里洞庭湖中的一个小岛，与千古名楼岳阳楼遥遥相对，总面积为0.96平方千米，由大小72座山峰组成，被"道书"列为天下第十一福地。君山名胜古迹比较多，其文化底蕴非常深厚，另外，君山岛有5井4台、36亭、48庙。

岳阳楼的柱子除四根通天柱外，其他柱子也都是四的倍数。其中廊柱有12根，主要对二楼起支撑作用，再用32根梓木檐柱，顶起飞檐。这些木柱彼此牵制，结为整体，既增加了楼的美感，又使整个建筑更加坚固。

岳阳楼的三层楼采用如意斗拱承担楼顶，全楼纯木质结构，榫卯契合，十分坚固耐久。岳阳楼的斗拱结构复杂，工艺精美，几非人力所能为，当地人传说是鲁班亲手制造的。斗拱承托的就是岳阳楼的飞檐，岳阳楼三层建筑均有飞檐，叠加的飞檐形成了一种张扬的气势，仿佛八百里洞庭尽在掌握之中。岳阳楼内一楼悬挂《岳阳楼记》雕屏及诗文、对联、雕刻等；二楼正中悬有紫檀木雕屏，上刻有清朝书法家张照书写的《岳阳楼记》；三楼悬有毛泽东手书杜甫的《登岳阳楼》诗词雕屏，檐柱上挂"长庚李白书"对联"水天一色，风月无边"。

国人深受古代太极阴阳哲学观念的影响，形成了根深蒂固的人生宇宙观和时空观。反映在岳阳楼雕饰上，即其造型的重要特征之一：崇尚完美。

岳阳楼雕饰中的人物、动物、花鸟等形象的造型讲究完整，避讳残缺的形象。人物一般刻出全身、四肢等部位，避免出现不周全的形象；叶片、花朵绝不出现因前后相遮挡而残缺的形状；鸟雀无论是飞在空中，栖息枝头，还是嬉戏于花丛中，其形象都追求完整。

岳阳楼雕饰也讲究构图的完整，有不少阴阳相对的格局和两两成双的造型。两只凤鸟、两条龙、一对蝴蝶、一对白鹤、一对喜鹊或两只蝙蝠，常常是一上一下、一左一右巧妙地互相对置在一个方形中或追逐嬉戏，或翩翩起舞，舒展自如，相辅相成，给人许多美好的联想。

对完整的追求还体现在偶数的使用上，花的朵数、鸟的只数等都是或二、或四、或六，绝不出现一、三、五这样的单数。

工匠出于质朴的思想感情和审美需求，在造型上追求完整的同时也追求美。如表现女性时，极尽婀娜秀美之态；描绘武将时，大胆夸张，突出表现男子的阳刚之美。

为了达到完美的造型，他们甚至可以把不同节气的花草，不同属性的题材内容，天上的、现实的、想象的东西，全都统一于一件作品中，构成和谐美好的画面，给人以无穷的回味和隽永的魅力。完整与美好的有机结合，达到了和谐与统一的美学境界。

另外，岳阳楼的雕饰形象地宣扬了儒家思想忠、孝、节、义，而且是以隐喻的表达方式表现出来的。

岳阳楼雕饰在空间分布上呈现出严整的秩序感，确立了尊卑、上下的顺序。这种严整的秩序一方面体现在不同的建筑物之间，如主楼和辅亭的尊卑区别；另一方面体现在同一建筑物内部。岳阳楼脊饰从上至下按尊卑秩序依次排列着，如象征神权的如意云纹、象征皇权的龙凤。再如木雕空间分布，楼西面木雕数量众多且刻工讲究，是重点装饰部分。

(一)李白

唐代"诗仙"李白，字太白，号青莲居士，他幼年随父迁居蜀地。李白天赋聪颖，12岁便能诗文，25岁时，怀抱"四方之志"出三峡，从此他漫游各地，南浮洞庭，东游吴越，北上太原，东到齐鲁。

唐玄宗时，李白被召为翰林供奉。不久，因受谗言诋毁，被迫离开长安。自此之后，他长期漂泊流浪，游踪所及大半中国，其间曾经 6 次到达岳阳，留下吟咏洞庭湖、岳阳楼、君山的优美诗篇 20 多首。

李白的诗是一种智慧之美，浪漫之美，与岳阳楼的胜景交相辉映，令历代的诗人、画家和官府仕人向往不已。

乾元二年(759 年)，李白做了永王李璘的幕僚，后来永王争夺帝位失败，李白也受到牵连，被流放夜郎，即今贵州桐梓一带，但他的爱国之心丝毫没有减弱。

后来正赶上朝廷大赦，李白喜出望外，往来于岳阳、金陵间，对岳阳楼、洞庭湖、君山等胜景(图 2-1-2)赞叹不已，写下了《与夏十二登岳阳楼》《巴陵赠贾舍人》《陪族叔刑部侍郎晔及中书贾舍人至游洞庭五首》《陪侍郎叔游洞庭醉后三首》《与贾至舍人于龙兴寺剪落梧桐枝望灉湖》等诗篇。

图 2-1-2　岳阳楼湖景

李白尽情痛饮，狂笔啸歌巴陵胜状，在《与夏十二登岳阳楼》一诗中写道：

> 楼观岳阳尽，川迥洞庭开。
> 雁引愁心去，山衔好月来。
> 云间连下榻，天上接行杯。
> 醉后凉风起，吹人舞袖回。

李白流放途中遇赦，回舟江陵，南游岳阳而作此诗。这里的"夏十二"是李白的朋友，排行十二。李白登楼赋诗，留下了这首脍炙人口的篇章，使岳阳楼更添一层迷人的色彩。

诗人一方面反映物象，另一方面借景抒情，将自己积极用世，关心民族，风流俊逸，飘飘欲仙的情感，跃然纸上，感情和景物互相衬托而融合为一。已有史料表明，这是"岳阳楼"名称第一次见于名人诗歌题咏中，后为世人所沿用。

李白陪同族叔辈李晔和中书舍人贾至泛舟洞庭，豪情满怀地吟道：

> 南湖秋水夜无烟，耐可乘流直上天。
> 且就洞庭赊月色，将船买酒白云边。

李白的这首诗气势非常壮阔，风光非常深远，与诗祖屈原大胆地幻想夸张是一脉相承，堪称八百里湖光山色的千古绝句。

据说李白游览岳阳，登岳阳楼曾亲笔书写一联："水天一色，风月无边"。在这一楹联中，作者生动描绘了洞庭湖水天相接，楼湖相映，碧水苍天，无边无际，气象万千的自然景色直接倾泻了诗人内心的激情，为文人学士所推崇。

同年农历八月，襄州守将康楚元、张喜延发动叛乱。当时正在岳阳的李白挥笔写了《荆州贼平临洞庭言怀作》一诗，愤怒地把叛贼痛斥为横行洞庭的"修蛇"，表达了诗人渴望迅速平定叛乱的心情。

他在另一首诗《秋登巴陵望洞庭》中写道："瞻光惜颓发，阅水悲徂年"。其报国之心依然未减。

李白一生政治抱负甚大，却屡屡失败，"济苍生"之志终难施展。上元二年（761年），李白听闻太尉李光弼率兵讨伐安史叛军，他不顾61岁高龄，前往请缨杀敌，因病返回，第二年病死于安徽当涂。

（二）杜甫

除李白外，诗圣杜甫是在岳阳留诗最多的一人。大历三年（768年）秋，杜甫离开夔州，出三峡，到江陵，迁居湖北公安。此年年底，沿江东下，漂泊到湖南岳阳。此时，杜甫已57岁，体弱多病，拖家带口，生活窘迫，但总是在关心着国家的安危和人民的疾苦。

杜甫登上岳阳楼，面对浩渺的洞庭湖，百感交集，写下了千古绝唱《登岳阳楼》：

> 昔闻洞庭水，今上岳阳楼。
> 吴楚东南坼，乾坤日夜浮。
> 亲朋无一字，老病有孤舟。
> 戎马关山北，凭轩涕泗流。

这首诗既写出了洞庭湖和岳阳楼的雄伟壮观，也道出了自己的悲惨遭遇和对国事的忧虑。杜甫通过诗歌所表露出来的忧国忧民之心，感人肺腑，撼人心魄。这首诗创造性地赋予律诗以重大的政治和社会内容，具有强烈的爱国精神，成为历代题咏岳阳楼的压卷之作。

　　杜甫在大历四年(769年)春离开岳阳,南行投靠亲友,临行前,再登岳阳楼,写了一首名为《陪裴使君登岳阳楼》的诗:

> 湖阔兼云雾,楼孤属晚晴。
> 礼加徐孺子,诗接谢宣城。
> 雪岸丛梅发,青泥百草生。
> 敢违渔父问,从此更南征。

　　这首诗表达了杜甫无论怎样困苦,也无论漂泊到什么地方,都不沉沦。

　　同年冬天,杜甫病中重返岳阳,在风雨飘摇的舟中,写下了他人生的绝笔《风疾舟中伏枕书怀三十六韵奉呈湖南亲友》:

> 水乡霾白屋,枫岸叠青岑。
> 郁郁冬炎瘴,濛濛雨滞淫。
> 鼓迎非祭鬼,弹落似鸮禽。
> 兴尽才无闷,愁来遽不禁。

　　这首诗说明诗人当时在舟中最后看到的正是岳阳洞庭湖边的冬雨景物。此后不久,杜甫就病死在这条破船上,终年58岁。

(三)孟浩然

　　在盛唐诗人中,孟浩然是唯一终身不仕的诗人。在他人眼里,孟浩然是一位地地道道的隐逸诗人,一位文才横溢而又飘然出尘的逸士。李白就曾说道:"吾爱孟夫子,风流天下闻。红颜弃轩冕,白首卧松云。"这是诗人李白心目中的孟浩然,也是一般唐人心目中的孟浩然。

　　其实,孟浩然并非无意仕途,年轻时候的他,虽然生活在家乡的山清水秀之中,但他的内心怀着积极的抱负。与盛唐其他诗人一样,孟浩然也怀有济时用世的强烈愿望,他在《望洞庭湖赠张丞相》一诗中写道:

> 八月湖水平,涵虚混太清。
> 气蒸云梦泽,波撼岳阳城。
> 欲济无舟楫,端居耻圣明。
> 坐观垂钓者,徒有羡鱼情。

　　这是一首具有高超艺术技巧的自荐诗。诗的前四句写景,泼墨如水,浓描洞庭,堪称写景佳句。孟浩然的高明之处就在于借景抒情,寓情于景,既烘托出作者经世致用的壮志雄心,又暗示张九龄海纳百川的胸襟气度。

　　可见,孟浩然和杜甫同写岳阳楼的诗都为经典之作,都写出了岳阳楼的美,且同中有异,各有千秋,给人很多的启发。

　　岳阳楼在这些知名文人学士赋诗留墨后更加声名远播,也使人文景观与自然风景结合,相得益彰,同样使岳阳楼的文化景象在唐代达到高峰。

　　这一时期的岳阳楼古朴简单而又不失庄重。唐代又是泱泱大国,是当时世界上最强大的国家。世界各国的使节都纷纷造访,其政治、经济、文化对世界都有一定的影响,在其他国家还可以看到一些相似于唐代楼阁的建筑。其"岳阳楼"三字牌匾由书法大师颜真卿书写。

（四）范仲淹

范仲淹（989—1052年），字希文，世称"范文正公"。北宋著名的政治家、思想家、军事家和文学家。他为政清廉，体恤民情，刚直不阿，力主改革，屡遭诬谤，数度被贬。谥文正，封楚国公、魏国公。有《范文正公全集》传世。

庆历四年（1044年），滕子京被贬为岳州知州，他惜岳阳山水之秀异，第二年便开始重修岳阳楼，修建好后请人画了一幅《洞庭晚秋》图，写信邀好友范仲淹为修葺一新的岳阳楼作记。范仲淹不负好友重托，虽然短文只有寥寥300多字，但其内容之博大，哲理之精深，气势之磅礴，语言之铿锵，可谓匠心独运，堪称绝笔。

范仲淹把对岳阳的吟诵推向了高潮，他写下的《岳阳楼记》成为千古奇文，"先天下之忧而忧，后天下之乐而乐"成了众多仁人志士忧国忧民的高尚情怀。自此之后，楼以文名、文以楼传，文楼并重于天下。以后历朝历代的诗人、作家都在此留下了大量优美的诗文。

另外，滕子京还派人把"四绝碑"雕刻了一份"四绝雕屏"，上面清楚地记载着范仲淹的《岳阳楼记》（图2-1-3）：

> 庆历四年春，滕子京谪守巴陵郡。越明年，政通人和，百废俱兴，乃重修岳阳楼，增其旧制，刻唐贤今人诗赋于其上。属予作文以记之。
>
> 予观夫巴陵胜状，在洞庭一湖。衔远山，吞长江，浩浩汤汤，横无际涯，朝晖夕阴，气象万千。此则岳阳楼之大观也，前人之述备矣。然则北通巫峡，南极潇湘，迁客骚人，多会于此，览物之情，得无异乎？
>
> 若夫霪雨霏霏，连月不开，阴风怒号，浊浪排空，日星隐曜，山岳潜形，商旅不行，樯倾楫摧，薄暮冥冥，虎啸猿啼。登斯楼也，则有去国怀乡，忧谗畏讥，满目萧然，感极而悲者矣。
>
> 至若春和景明，波澜不惊，上下天光，一碧万顷，沙鸥翔集，锦鳞游泳，岸芷汀兰，郁郁青青。而或长烟一空，皓月千里，浮光跃金，静影沉璧，渔歌互答，此乐何极！登斯楼也，则有心旷神怡，宠辱偕忘，把酒临风，其喜洋洋者矣。
>
> 嗟夫！予尝求古仁人之心，或异二者之为，何哉？不以物喜，不以己悲；居庙堂之高则忧其民；处江湖之远则忧其君。是进亦忧，退亦忧。然则何时而乐耶？其必曰"先天下之忧而忧，后天下之乐而乐"乎。噫！微斯人，吾谁与归？

其中"予观夫巴陵胜状……"一段，述尽天下楼、天下水之胜景，而"先天下之忧而忧，后天下之乐而乐"的名句，更成为中华民族久吟不朽的名句。正是因为这篇文情并茂的《岳阳楼记》，岳阳楼才声名远播中外，成为千古名楼。

范仲淹并没去过岳阳楼，他能够写出千古名篇靠的仅是滕子京送来的洞庭晚秋图和前代文人关于岳阳楼的诗文，他毕竟是当时的文学

图2-1-3　岳阳楼二层刻有《岳阳楼记》

大家，不直接写岳阳楼，而是借岳阳楼抒发感情和人生理想，没想到却成了传世美文，正是"无心插柳柳成荫"，剑走偏锋收到出其不意的效果。文中那些描写岳阳楼和洞庭湖景色的也都是范仲淹想象出来的，而阅读的人却好像能感觉到作者当时就站在岳阳楼上

欣赏洞庭湖的水天一色一般。

滕子京重修之后的岳阳楼规模宏大、结构复杂，有四面八角，二十四个屋檐。后来，滕子京又请当时的大书法家苏舜钦手书写范仲淹的《岳阳楼记》，并由邵竦篆刻。

人们把滕修楼、范作记、苏手书、邵篆刻，称为"天下四绝"，并树立了"四绝碑"以示纪念，此碑石一直保存完好。

岳阳独特的地理、人文环境及深厚的历史文化底蕴，使岳阳楼雕饰吸收了历代雕饰艺术的精华，成为宝贵的文化遗产。

拓展小知识

幕僚：在古代称将幕府中参谋、书记等，后泛指文武官署中佐助人员。由于设于帷幕中，所以又称幕府，而统帅左右的僚属，也因之被称为幕僚、幕职。幕僚种类繁多，有统帅司令部工作的长史；有参议军机，帮助指挥军事行动的参军等。

刑部侍郎：我国古代官员名称。刑部官职最早出现于隋，明、清两代沿袭此制。汉朝为郎官的一种，本为是官廷的近侍。东汉以后，作为尚书的属官，初任为郎中，满一年为尚书郎，满三年为侍郎。隋唐之时，于京城内设吏、户、礼、兵、刑、工六部，掌管国家政务。其中，每部一名之侍郎为辅佐尚书主官之事务实际执行者。

夔州：我国历史名城。夔州初为夔子国，是巴人的主要聚居地之一。战国时，属楚国管辖，秦汉时改为鱼复。222年，刘备兵伐东吴，遭到惨败，退守鱼复，将鱼复改为永安。649年改称奉节县，隶属夔州府，因奉节是夔州府治地，所以人们便称它为夔州或夔府。

太尉：我国秦汉时中央掌管军事的最高官员，秦朝以丞相、太尉、御史大夫并为三公。后逐渐成为虚衔或加官。自隋撤销府与僚佐，太尉便成为赏授功臣的赠官。宋代是辅佐皇帝的最高武官。为三公之一，正二品。而后以游牧征战为主的元朝，太尉更是不常置，明朝废除。

逸士：是指人品清高脱俗，不贪慕虚名利禄的人。在我国古代，有些德才而不愿做官的人喜欢隐居不出，讨厌官场的污浊，这是德行很高的人方能做得出的选择。逸士的意义，就是善于自处，不求闻达于当时的清高代号。这在唐代的习惯上，称为高士，再早，便称为隐士，都是同一含义的名称。

二、黄鹤楼

黄鹤楼（图2-1-4）位于湖北省武汉市长江南岸的武昌蛇山峰岭之上，与湖南的岳阳楼、江西的滕王阁并称为我国江南三大名楼，并以其独特的地理位置和深厚的人文背景雄踞于三大名楼之首，有"天下江山第一楼"的美誉。

这座建筑以三层八面为特征，主要建筑数据应合"八卦五行"之数，以求避凶趋吉。如平面四方代表"四象"，即东、西、南、北；外出八角寓意"八卦"，明为三层法"天、地、人"三才；暗设六层合卦辞"六"之数；每楼翼角十二含"十二个月""十二个时辰"等概念；檐柱 28 根表示"二十八星宿"；中柱 4 根代表"东、西、南、北"思维；层檐 360 个斗拱合周天 360 度；全楼共有 72 条屋脊，表示一年有 72 候（旧历法以五日为一候）。

楼内天花，一层绘八卦，二层绘太极，合日月经天，明阴阳之象；楼顶攒尖共 5 个蕴"五行"之意。楼顶紫铜葫芦 3 层，表示受到"三元"之托等。

可以说，这座楼阁是道教文化与我国建筑最完美的结合。为此，有人说："岳阳胜景，黄鹤胜制。"应该说，黄鹤楼奇特的建筑风格，在我国传统建筑中是独特的，也是我国古代劳动人民辛勤劳动与聪明才智的象征。

黄鹤楼始建于吴黄武（223 年），开始是三国时的吴国出于军事目的在此建军事瞭望台，在唐代《元和郡县图志》中有这样的记载："孙权始筑

图 2-1-4　武昌黄鹤楼

夏口故城，城西临大江，江南角因矶为楼，名黄鹤楼。"五十多年后，吴为晋所灭，黄鹤楼失去了作为军事建筑的作用，成为人们登高游憩的场所。随着江夏城地发展，这座楼阁逐步演变成为官商行旅"游必于是""宴必于是"的观赏楼。

历史上，黄鹤楼屡毁屡建，仅清代就遭到 3 次火灾，最后一次重建于清同治七年（1868 年）。

（一）唐代诗人留下的著名诗词

从唐代起，历代名人如崔颢、李白、白居易、贾岛、夏竦、陆游等都曾先后到这里吟诗、作赋。

唐代诗人崔颢登上黄鹤楼赏景时，便写下了一首千古流传的七律名作《黄鹤楼》：

> 昔人已乘黄鹤去，此地空余黄鹤楼。
> 黄鹤一去不复返，白云千载空悠悠。
> 晴川历历汉阳树，芳草萋萋鹦鹉洲。
> 日暮乡关何处是？烟波江上使人愁。

开元时期是唐玄宗李隆基统治时期。唐玄宗在位 44 年，前期，也就是开元年间政治清明，励精图治，任用贤能，经济迅速发展，提倡文教，使天下大治，唐朝进入全盛时期，史称"开元盛世"，时间是 713 年至 741 年，前后共 29 年。

崔颢是唐代开元时期的进士，他一生郁郁不得志，曾经有入道的念头。他早年诗多写闺情，后赴边塞，诗风转为慷慨豪迈，他这首诗从神话传说写到现实感受，文辞流畅，景色明丽，虽有乡愁却不颓唐，被后世公认为题咏黄鹤楼的第一名篇。

人们为了纪念这位诗人，在后来建成的黄鹤楼景区内的奇石馆内，还刻成了一块以崔颢题诗的浮雕石照壁，非常精美。

当然，唐代著名诗人非常多，与黄鹤楼有关的还有不少，除崔颢为黄鹤楼作诗外，唐代著名诗人李白也为此楼作了一些佳作。

传说在崔颢为黄鹤楼作诗后不久，一天，李白带着书童登上黄鹤楼后开怀畅饮，诗

兴大发。书童指着楼内迎门光的最大的一面粉墙对李白说："先生，我觉得，您的诗题在那上面最合适。"

李白兴冲冲地走过去，刚提笔，突然看到了此门上还留着崔颢写下的《黄鹤楼》。

李白读完崔颢的诗，顿时觉得这首诗写出了连他自己也无法表达的感情，只好自愧不如，怅然道："眼前有景道不得，崔颢题诗在上头。""崔颢题诗，李白搁笔"的故事后来被人们传为佳话，黄鹤楼也因此名气大盛。

图 2-1-5　黄鹤楼附近的搁笔亭

因为有了这则故事，虽然那座题写了这两首诗文的黄鹤楼在后来被毁，但人们又在黄鹤楼的旁边，修建了一座亭子，并为这座亭子取了一个有趣的名字，名为"搁笔亭"（图 2-1-5）。

在这座亭子入口正门上，挂着一块写有"搁笔亭"的匾额。在入口处的亭柱上，还写有一副对联：

楼未起时原有鹤；

笔从搁后更无诗。

后来，李白在黄鹤楼送好友孟浩然去广陵时，又作了一首《黄鹤楼送孟浩然之广陵》的诗：

故人西辞黄鹤楼，烟花三月下扬州。

孤帆远影碧空尽，唯见长江天际流。

这首诗中饱含了李白对好友的真挚情感，又写出了长江浩浩荡荡的气势，所以后来，人们认为，崔颢和李白在为黄鹤楼作诗的过程中，两人"打"了个平手，于是，这两首诗都成为我国唐诗中的著名诗篇。不仅如此，后来，李白还为这一著名建筑写下了《与史郎中钦听黄鹤楼上吹笛》：

一为迁客去长沙，西望长安不见家。

黄鹤楼中吹玉笛，江城五月落梅花。

这首诗不仅让黄鹤楼更加出名，更是为武汉"江城"的美誉奠定了基础。

在唐代，除崔颢和李白为黄鹤楼写过诗外，还有杜牧、白居易、王维和刘禹锡等人，也为这座著名的建筑写过诗。其中，杜牧在《送王侍御赴夏口座主幕》中写道：

君为珠履三千客，我是青衫七十徒。

礼数全优知隗始，讨论常见念回愚。

黄鹤楼前春水阔，一杯还忆故人无。

王维在《送康太守》中写道：

城下沧江水，江边黄鹤楼。

朱阑将粉蝶，江水映悠悠。

铙吹发夏口，使君居上头。

郭门隐枫岸，侯吏趋芦洲。

何异临川郡，还劳康乐侯。

这些诗歌分别被刻写在当时黄鹤楼的门柱、大厅和墙壁上。但是，后来这些古老的墨宝都在黄鹤楼被毁时一起被毁，但这些诗歌被人们记录在古籍中，一直流传。

同时，后人为了纪念这些古人为黄鹤楼留下的诗文，在以后建成的黄鹤楼内，还制作了一组陶版瓷画，名为《人文荟萃》（图2-1-6）。这是三幅连成的长卷绣像画，再现了历代文人墨客来黄鹤楼吟诗作赋的情景，上面分别画着唐宋时期13位著名诗人的形象和他们为黄鹤楼所作的诗句。

图 2-1-6　黄鹤楼内的《人文荟萃》局部

在白居易为黄鹤楼写诗的时候，正好是此楼被烧毁的时候，同时，也是白居易被贬到此时。在这两种心情下，这位著名的诗人便写下了一首颇为萧条的诗《卢侍御与崔评事为予于黄鹤楼置宴宴罢同望》：

> 江边黄鹤古时楼，劳置华筵待我游；
> 楚思渺茫去水冷，商声清脆管弦秋。
> 白花浪溅头陀寺，红叶林笼鹦鹉洲。
> 总是平生未行处，醉来堪赏醒堪愁。

唐代大文豪阎伯理在《黄鹤楼记》清楚地记载了唐代黄鹤楼的地理位置、命名的由来，黄鹤楼巍峨高大的景物描写，以及他登楼的所感。原文为：

> 州城西南隅，有黄鹤楼者。《图经》云："费祎登仙，尝驾黄鹤返憩于此，遂以名楼。"事列《神仙》之传，迹存《述异》之志。观其耸构巍峨，高标巃嵸，上倚河汉，下临江流；重檐翼馆，四闼霞敞；坐窥井邑，俯拍云烟：亦荆吴形胜之最也。何必瀬乡九柱、东阳八咏，乃可赏观时物、会集灵仙者哉。
>
> 刺史兼侍御史、淮西租庸使、荆岳沔等州都团练使，河南穆公名宁，下车而乱绳皆理，发号而庶政其凝。或逶迤退公，或登车送远，游必于是，宴必于是。极长川之浩浩，见众山之累累。王室载怀，思仲宣之能赋；仙踪可揖，嘉叔伟之芳尘。乃喟然曰："黄鹤来时，歌城郭之并是；浮云一去，惜人世之俱非。"有命抽毫，纪兹贞石。
>
> 时皇唐永泰元年，岁次大荒落，月孟夏，日庚寅也。

阎伯理的《黄鹤楼记》后来被人们刻写在重建黄鹤楼第二层大厅内正中央的墙壁上，这是唐代诗人中对黄鹤楼描写得最全面的一篇，它偏重于写实景，非常珍贵。

（二）宋代诗人留下的著名诗词

宋建隆元年（960年），赵匡胤建立了宋朝，宋朝的百姓过上了一段安定的生活，有利于发展生产。于是，这一时期，湖北武昌的百姓又在被战乱所毁的黄鹤楼原址上，重新修建了一座比唐代黄鹤楼更胜一筹的楼阁。

这样，黄鹤楼便引来了众多文人的游览，并作诗。在宋代，最早为这座楼阁作诗的是北宋官员张咏，他在《寄晁同年》中便提到了黄鹤楼的美景：

> 桃花江上雪霏霏，黄鹤楼中风力微。

后来，张咏还专门在登黄鹤楼的时候，作了一首《登黄鹤楼》的诗：

> 重重轩槛与云平，一度登临万想生。
> 黄鹤信稀烟树老，碧云魂乱晚风清。
> 何年紫陌红尘息，终日空江白浪声。

莫道安邦是高致，此身终约到蓬瀛。

遗憾的是，到南宋时，黄鹤楼又遭遇了火灾，其变得有些破旧，但这并不妨碍诗人们前来游览，为它吟诗、作赋。

相传，黄鹤楼被烧毁后，南宋诗人"南宋四大家"之一的范成大来到了这座古建筑前，观赏了这座著名的楼阁，并留下诗句：

谁将玉笛弄中秋？黄鹤归来识旧游。
汉树有情横北渚，蜀江无语抱南楼。
烛天灯火三更市，摇月旌旗万里舟。
却笑鲈乡垂钓手，武昌鱼好便淹留。

范成大的这首诗主要讲述的是黄鹤楼南面的景色，为此诗的名为《鄂州南楼》。

范成大（1126—1193年），字致能，号石湖居士，江苏苏州人。南宋诗人。他从江西派入手，后学习中、晚唐诗，继承了白居易、王建、张籍等诗人新乐府的现实主义精神，终于自成一家。风格平易浅显、清新妩媚。诗题材广泛，以反映农村社会生活内容的作品成就最高。他与杨万里、陆游、尤袤合称南宋"中兴四大诗人"。

那么，宋代的黄鹤楼建筑到底是怎样的呢？这座宋代阁楼主要由楼、台、轩、廊组合而成，是一个庭院式的建筑群体。它雄踞于城墙高台之上，与唐代的楼阁相比，已经完全从城墙的一角分离出来了，形成了一个独立的建筑景观，人们登上主楼，可以眺望长江波涛。

同时，宋代的黄鹤楼（图 2-1-7）一改唐代楼阁的样式，使它更加具有清新、雅致的风格，屋顶的瓦面由绿色改为黄色。宋代人这样做的目的，一方面说明了当时琉璃瓦的烧制技术的革新与提高，另一方面，黄色也是皇权至上的象征。

据我国史料记载，北宋末代皇帝宋钦宗曾御写崔颢的《黄鹤楼》以示风雅，这足以说明当时的封建帝王对黄鹤楼一改唐代风格的重视程度。

图 2-1-7 宋代 李公麟 黄鹤楼图

除此之外，这座精致的楼阁还多亏了当时那些能工巧匠的精心雕琢，才使整个楼群重檐飞翼、错落跌宕而又浑然一体，显得繁而不乱、布局严谨。

宋代的黄鹤楼是历代黄鹤楼中规模最大、最雄伟的一座。宋代著名的爱国诗人陆游在他的《入蜀记》中，曾赞叹此地为天下绝景。同时，他还专门作了一首名为《黄鹤楼》的诗：

手把仙人绿玉枝，吾行忽及早秋期。
苍龙阙角归何晚，黄鹤楼中醉不知。
江汉交流波渺渺，晋唐遗迹草离离。
平生最喜听长笛，裂石穿云何处吹？

岳飞作为南宋著名的抗金将领，他也为黄鹤楼作词《满江红——登黄鹤楼有感》：

遥望中原，荒烟外，许多城郭。想当年，花遮柳护，凤楼龙阁。万岁山前珠翠绕，蓬壶殿里笙歌作。到而今，铁骑满郊畿，风尘恶。

兵安在？膏锋锷。民安在？填沟壑。叹江山如故，千村寥落。何日请缨提锐旅，一鞭直渡清河洛。却归来，再续汉阳游，骑黄鹤。

岳飞这首词的最后一句"何日请缨提锐旅，一鞭直渡清河洛。却归来，再续汉阳游，骑黄鹤"的意思是自己何时才能收复失地，然后回来骑黄鹤，游汉阳呢？可惜，他的愿望未能实现，便被害而死。

(三)清代诗人留下的著名诗词

由于清代时的黄鹤楼非常壮观，令人向往，为此，也有许多诗人和学者为这座阁楼留下了著名诗篇。如清代诗人沈德潜在《黄鹤楼》中写道：

> 鹤去楼空事渺茫，楚云漠漠树苍苍。
> 月堤酒酌三杯晓，江水清流万古长。
> 不遇谪仙吹玉笛，曾闻狂客坐胡床。
> 登临此地怀京国，也似金台望故乡。

清代官员桑调元在《黄鹤楼》中写道：

> 黄鹤飘飘不可留，凌虚长啸此登楼。
> 祢衡文字真为累，陶侃功名亦是浮。
> 帆影带回湖口月，笛声催散汉阳秋。
> 扶筇独往平生愿，是处江山作胜游。

清代中叶著名诗人宋湘在《黄鹤楼题壁》中写道：

> 笛声吹裂大江流，天上星辰历历秋。
> 黄鹤白云今夜别，美人香草古时愁。
> 我行何止半天下，此去休论八督州。
> 多少烟云都过眼，酒杯还置五湖头。

自从清同治七年(1868年)建成的黄鹤楼在光绪十年(1884年)被毁以后，这座建筑在百年时间里都未曾重修，直至后来，黄鹤楼旧址被兴建武汉长江大桥武昌引桥时占用，于是，后来重建的黄鹤楼便建在距旧址约1 000米左右的蛇山峰岭之上。

这座新建的黄鹤楼是以清代黄鹤楼为蓝本，采取"外五内九"的形式，一改古楼为木质结构的建筑材料，用钢筋混凝土等现代材料建筑而成。

黄鹤楼为五层，高51.4米，楼为钢筋混凝土仿木结构，72根大柱拔地而起，60个翘角层层凌空，像黄鹤飞翔，每个翘角上的风铃在四面来风的吹拂下发出浑圆、深沉的音响。

黄鹤楼外观为五层建筑，里面实际上是九层。我国古代称单数为阳数，双数为阴数。"9"为阳数之首，与汉字"长久"的"久"同音，有天长地久的意思，所谓"九五至尊"，黄鹤楼这些数字特征，也表现出其影响不同凡响。

单元二 阁

阁在皇家园林中较为常见，是一种类似楼房的建筑物，一般供远眺、游憩、藏书或供佛用。阁通常底部架空、底层高悬，上下层之间除腰檐外，还设有平座，并在四周开窗。《园冶》中说："阁者，四阿开四牖。汉有麒麟阁，唐有凌烟阁等，皆是式。"因为阁与楼的建筑形制相似，不容易被区分开，所以人们常将楼阁并称，同一种建筑形制，有时称为楼，有时又称为阁。但是阁与楼又有所不同，例如，有些临水而建的一层建筑，也称为阁。临水修建的阁，称为水阁。相比而言，阁的造型比楼轻盈，平面常为四方形或对称多边形，高耸而独立，常常与园林相结合，是一种建筑风格和文化象征。

滕王阁（图2-1-8）素有"西江第一楼"之誉。雄踞江西南昌抚河北大道，坐落于赣江与抚河故道交汇处。

图2-1-8　南昌滕王阁

滕王阁建于唐永徽四年（653年），因唐太宗之弟滕王李元婴始建而得名，因初唐诗人王勃诗句"落霞与孤鹜齐飞，秋水共长天一色"而流芳后世。

滕王阁被古人誉为"水笔"，在世人心目中占据着神圣地位，历朝历代备受重视。滕王阁也是古代储藏经史典籍的地方，从某种意义上来说，它是我国古代的图书馆。

李元婴的建阁之举，竟然为后来的江西南昌留下了一笔宝贵的文化遗产，对南北文化交流及江南歌舞的发展和繁荣起到了重要的作用。

这座楼阁在后来的日子里，几经兴废，唐代初建时的样子已经再也看不见了，后来重建的楼阁主体建筑净高为57.5米，建筑面积为13 000平方米。其下部为象征古城墙的12米高台座，分为两级。

台座以上的主阁是根据"明三暗七"的形式而建造的，为此，人们在外面只看得到三层，而里面却有七层，三层明层，三层暗层，再加一层设备层。

楼阁的瓦件全部采用宜兴产碧色琉璃瓦，因唐宋时期多采用此色。正脊鸱吻为仿宋特制，高达3.5米。勾头、滴水均用特制瓦当，勾头为"滕阁秋风"四字，而滴水为"孤鹜"图案。

台座之下，有南北相通的两个人工湖，北湖之上建有九曲风雨桥。楼阁云影，倒映池中，益然成趣。

循南北两道石级登临一级高台。一级高台踏步为花岗石打凿而成，墙体外贴江西星子地区产的金星青石。一级高台的南北两翼，有碧瓦长廊。

长廊北端为四角重檐"挹翠"亭，长廊南端为四角重檐"压江"亭。

从正面看，南北两亭与主阁组成一个倚天耸立的"山"字；而从天上向下俯瞰，滕王阁有如一只平展两翅，意欲凌波西飞的巨大鲲鹏。

滕王李元婴初建此楼阁的目的是饮酒赋诗、歌舞作乐，为此，后人们在重建的滕王阁内，还分别绘有唐代歌舞伎《唐伎乐图》浮雕和唐三彩壁画《大唐舞乐》等。

图2-1-9　滕王阁"龙墙"上的《破阵乐舞》图

其中，唐三彩壁画在滕王阁的最高一层的大厅内南北东三面的墙上。

大厅南面为"龙墙"，以男性歌舞乐伎为主，画面以《破阵乐舞》（图2-1-9）为大框架。据《新唐书·礼乐志》记载：唐太宗李世民为秦王时，征伐四方，破叛将刘武周，军中遂有《秦王破阵乐舞》之曲流传，歌颂其功德。李世民即位后，亲制《破阵乐舞》，其舞形及音乐"发扬蹈厉，声韵慷慨"。在重建的滕王阁内，壁画中舞蹈者披甲执戟，作战武士打扮，具有浓厚的战斗气息和粗犷、雄伟的气势。

《破阵乐舞》队列中，有两组舞蹈的表演者。右边，两名胡人表演以跳跃动作为主的《胡腾舞》，这种舞蹈为唐代西北少数民族舞蹈，出自石国，唐属安西大都护府管辖，也就是后来的乌兹别克斯坦塔什干一带。舞蹈者头戴珠帽，穿长衫，腰系宽带，足蹬黑色软靴，李端在《胡腾儿》中写道：

图 2-1-10　滕王阁"凤墙"上的
《霓裳羽衣舞》图

　　扬眉动目踏花毡，红汗交流珠帽偏。

　　醉却东倾又西倒，双靴柔弱满灯前。

　　环行急蹴皆应节，反手叉腰如却月。

大厅北面为"凤墙"，以女性歌舞乐伎为主，画面以唐代著名宫廷乐舞《霓裳羽衣舞》（图2-1-10）为主体。

据说，唐代诗人白居易欣赏完滕王阁内的《霓裳羽衣舞》壁画后，在《霓裳羽衣舞歌》诗中描绘，其服饰：

　　舞时寒食春风天，玉钩栏下香案前。

　　案前舞者颜如玉，不著人间俗衣服。

　　虹裳霞帐步摇冠，细璎累累佩珊珊。

其舞姿：

　　飘然转旋回雪轻，嫣然纵送游龙惊。

　　小垂手后柳无力，斜曳裾时云欲生。

　　螾蛾敛略不胜态，风袖低昂如有情。

一、王勃为滕王阁作千古名序

唐上元二年（761年），王勃去交趾时，途经洪州（今江西南昌），正逢洪州都督阎伯屿重修滕王阁竣工，于重九日宴会，都督邀请包括王勃在内的才子出席宴会并撰文以记重修的滕王阁。一时高朋满座，胜友如云，雅士聚集，诗人毕至。王勃席上欣然提笔，对客挥毫，妙笔生花，笔不加点、连序带诗，一气呵成，独压群芳，王勃高光时刻到来，《滕王阁序》（又称《秋日登洪府滕王阁饯别序》）横空出世。

从这一天起，阎伯屿新修的滕王阁便因为王勃为楼阁作的序和诗而越来越出名了，而王勃本人的序和诗，也因为滕王阁而闻名。

到后来，因为王勃作的这篇《序》，滕王阁成为我国三大名楼中最早名扬天下的楼阁。滕王阁之所以能够闻名，这与王勃为它作的《滕王阁序》是分不开的。

不仅如此，人们为了纪念王勃所作的《滕王阁序》，还专门在后来建成的滕王阁第五层中厅的正中屏壁上，镶了一块面积近10平方米，用黄铜板制作的《滕王阁序》碑，上面的碑文乃是北宋书法家苏东坡亲自手书，后人经复印后放大，由工匠手工镌刻而成（图2-1-11）。

《滕王阁序》原文：

　　豫章故郡，洪都新府。星分翼轸，地接衡庐。襟三江而带五湖，控蛮荆而引瓯越。物华天宝，龙光射牛斗之墟；人杰地灵，徐孺下陈蕃之榻。雄州雾列，俊采星驰。台隍枕夷夏之交，宾主尽东南之美。都督阎公之雅望，棨戟遥临；宇文新州之懿范，襜帷暂驻。十旬休假，胜友如云；千里逢迎，高朋满座。腾蛟起凤，孟学士之词宗；紫电青霜，王将军之武库。家君作宰，路出名区；童子何知，躬逢胜饯。

时维九月，序属三秋。潦水尽而寒潭清，烟光凝而暮山紫。俨骖𬴂于上路，访风景于崇阿。临帝子之长洲，得天人之旧馆。层峦耸翠，上出重霄；飞阁流丹，下临无地。鹤汀凫渚，穷岛屿之萦回；桂殿兰宫，即冈峦之体势。

披绣闼，俯雕甍，山原旷其盈视，川泽纡其骇瞩。闾阎扑地，钟鸣鼎食之家；舸舰弥津，青雀黄龙之舳。云销雨霁，彩彻区明。落霞与孤鹜齐飞，秋水共长天一色。渔舟唱晚，响穷彭蠡之滨；雁阵惊寒，声断衡阳之浦。

遥襟甫畅，逸兴遄飞。爽籁发而清风生，纤歌凝而白云遏。睢园绿竹，气凌彭泽之樽；邺水朱华，光照临川之笔。四美具，二难并。穷睇眄于中天，极娱游于暇日。天高地迥，觉宇宙之无穷；兴尽悲来，识盈虚之有数。望长

图 2-1-11 滕王阁内黄铜板
制作的《滕王阁序》

安于日下，目吴会于云间。地势极而南溟深，天柱高而北辰远。关山难越，谁悲失路之人？萍水相逢，尽是他乡之客。怀帝阍而不见，奉宣室以何年？

嗟乎！时运不齐，命途多舛。冯唐易老，李广难封。屈贾谊于长沙，非无圣主；窜梁鸿于海曲，岂乏明时？所赖君子见机，达人知命。老当益壮，宁移白首之心？穷且益坚，不坠青云之志。酌贪泉而觉爽，处涸辙以犹欢。北海虽赊，扶摇可接；东隅已逝，桑榆非晚。孟尝高洁，空余报国之情；阮籍猖狂，岂效穷途之哭！

勃，三尺微命，一介书生。无路请缨，等终军之弱冠；有怀投笔，慕宗悫之长风。舍簪笏于百龄，奉晨昏于万里。非谢家之宝树，接孟氏之芳邻。他日趋庭，叨陪鲤对；今兹捧袂，喜托龙门。杨意不逢，抚凌云而自惜；钟期既遇，奏流水以何惭？

呜乎！胜地不常，盛筵难再；兰亭已矣，梓泽丘墟。临别赠言，幸承恩于伟饯；登高作赋，是所望于群公。敢竭鄙怀，恭疏短引；一言均赋，四韵俱成。请洒潘江，各倾陆海云尔：

滕王高阁临江渚，佩玉鸣鸾罢歌舞。
画栋朝飞南浦云，珠帘暮卷西山雨。
闲云潭影日悠悠，物换星移几度秋。
阁中帝子今何在？槛外长江空自流。

这篇长 800 多字的序文，字字珠玑，句句生辉，章章华彩。在《滕王阁序》中，最著名的两句是"落霞与孤鹜齐飞，秋水共长天一色"。这著名的句子后来被人们刻写在重建的滕王阁主阁正门两边，成为一副巨大的对联。

每当暮秋之后，鄱阳湖区就有成千上万只候鸟飞临，构成一幅活生生的"落霞与孤鹜齐飞，秋水共长天一色"图，成为滕王阁的一大胜景。

从《滕王阁序》看，文字凝练，词句优美；通篇用典，骈散结合（"骈文"，即对偶文

体。二马并驾齐驱也叫"骈"。人们说《滕王阁序》是"骈文史上的奇迹")。王勃的《滕王阁序》中有写景、抒情、寄怀、言志、用典、述史、说理、悟道……内容目不暇接，并高度融为一体。此文如同一座文学高山，巍峨高耸；又恰似一条文学江流，浩瀚奔涌。停笔之际，满座皆惊。

序中首先写滕王阁的地缘："豫章故郡，洪都新府。星分翼轸，地接衡庐。襟三江而带五湖，控蛮荆而引瓯越。物华天宝……人杰地灵……"（"豫章""洪都"，南昌古称豫章，唐叫洪州。"翼轸"南方星宿。"衡庐"衡山、庐山。"三江五湖"，泛指长江中下游。"瓯越"，泛指中国东南部）。滕王阁所处地缘阔大，几乎是南半部的中国。文字透露出作者胸怀广大、包容天地的气概。

文中绘景写境，其中名句可谓俯拾即是，如"潦水尽而寒潭清，烟光凝而暮山紫……层峦耸翠，上出重霄；飞阁流丹，下临无地。鹤汀凫渚，穷岛屿之萦回；桂殿兰宫，列冈峦之体势"。雨后积水流尽，寒潭清澈；烟光凝结，暮山泛紫。层峦耸翠，直上重霄，高阁飞丹，无地高迥；鹤汀凫渚，岛屿萦回；桂殿兰宫（"桂殿兰宫"形容美好的宫殿），布列冈峦……

"落霞与孤鹜齐飞，秋水共长天一色；渔舟唱晚，响穷彭蠡之滨；雁阵惊寒，声断衡阳之浦。"这一段都是写景名句，上句写得高远缥缈，下句写得辽阔悠长。

"落霞与孤鹜齐飞，秋水共长天一色"。此句化用北朝庾信《马射赋》的名句："落花与芝盖齐飞，杨柳共春旗一色"。王勃比庾信写得更有神韵，是千古绝唱。唐高宗看到"落霞与孤鹜齐飞，秋水共长天一色"一句后，不由得拍案叫绝，叹道："此乃千古绝唱，真天才也！"王勃继续写道："渔舟唱晚，响穷彭蠡之滨；雁阵惊寒，声断衡阳之浦"（"彭蠡"，鄱阳湖古称"彭蠡湖""彭蠡泽"）。渔唱互答，渔人的晚歌响彻彭蠡湖岸边；南飞的惊寒大雁凄厉叫声，终断在衡阳的水边（秋天大雁南飞，到衡阳的"回雁峰"为止）。此两句写得美好又略带凄婉，读之令人神往又有些神伤。

序中抒情言志、说理悟道的文辞也很多。

言志句如"北海虽赊，扶摇可接；东隅已逝，桑榆非晚"。（"东隅"，日出处。"桑榆"，日落时夕阳照射桑树和榆树之梢，喻晚景）"老当益壮，宁移白首之心；穷且益坚，不坠青云之志"。北海虽广，庄子笔下的大鹏扶摇能至。朝阳虽然已逝，但晚景还在，且夕阳无限好。人即使年老，也要老当益壮；人即使满头白发，也不能移动壮志雄心；人即使一贫如洗，也要意志坚定，不坠青云之志。

悟道句如"达人知命"，"天高地迥，觉宇宙之无穷；兴尽悲来，识盈虚之有数"。达人知命，高士悟道：天高地迥，宇宙无穷；虚实有数，兴尽悲来。此段说理悟道，审视人生，感叹命运等，后来都成了千古名句。

《滕王阁序》，观今天之景，抚往昔之情，时而如狂涛巨浪，时而如清水细流。当时就被人称为不朽的天才之作。

《滕王阁序》后附"滕王阁诗"，也就是序后面说的"一言均赋，四韵俱成"（"一言均赋"即一首诗赋出，"四韵俱成"，是指四韵八句诗写成）。这首含蓄凝练的诗篇概括了序的内容，和序连为一体。

首联点出滕王阁的位置和形势，滕王高阁耸立江渚，下临赣江，既可远观又可俯视。佩戴美玉、歌如鸾声的舞女歌停舞罢，高阁空寂。

颔联说阁上的画栋早晨飘飞赣江南浦之云，楼上的珠帘傍晚漫卷远处西山之雨；阁上各种画栋珠帘，只有南浦云、西山雨冷冷清清地陪伴。这一联对仗工整，写出了滕王阁的高迥缥缈，也写出了滕王阁的落寞寂寥。

颈联说：水潭中闲云日影，缥缈悠扬；江畔阁中已几度物换星移。此联写出了闲云潭影的飘逸空灵之美，也写出了悠长时空中的沧桑变化。

尾联诗人问：阁中的滕王而今不知何处去了？槛外的悠长江水依然日日空流。诗句寄慨遥深，感叹无限。

对于王勃的滕王阁诗，前人中有很多人包括帝王有很高的评价。如唐高宗看到王勃的滕王阁诗，连声说："好诗！好诗！真乃罕世之才！罕世之才！"并决定面见王勃。当听太监轻声说："已经落水而亡。"高宗长叹一声，后悔不已。明代李攀龙、袁宏道的《唐诗训解》说滕王阁诗："言此阁临江，乃滕王佩玉鸣鸾之地。今歌舞即罢，帘栋萧条，云雨往来，景物变改，而帝子终不可见，惟江水空流，令人兴慨耳。"明代胡应麟《诗薮》说王勃的滕王阁诗："自是初唐短歌，婉丽和平，极可师法。"明代许学夷《诗源辩体》说王勃的滕王阁诗："偶丽极工，语皆富丽。"明代郭濬《增订评注唐诗正声》评王勃此诗："流丽而静深，所以为佳作，是唐人短歌之绝。"清代周容《春酒堂诗话》云："王子安《滕王阁》诗，俯仰自在，笔力说到，五十六字中。有千万言之势。"

的确，王勃的滕王阁诗，酣畅抒怀，感情充沛；气势奔放，气象浑成；格调高华，意象美丽；意境悠远，意蕴深幽；辞采飞扬，文笔优美……诗与序二者珠联璧合，相得益彰，把滕王阁的美表现到了极致，同时，也使"序"与"诗"都成为千古佳作。

二、诗词中的滕王阁

《怀钟陵旧游四首·其二》

（唐）杜牧

滕阁中春绮席开，柘枝蛮鼓殷晴雷。
垂楼万幕青云合，破浪千帆阵马来。
未掘双龙牛斗气，高悬一榻栋梁材。
连巴控越知何事，珠翠沉檀处处堆。

杜牧（803—852年），字牧之，晚唐京兆万年（今西安市）人，太和二年（828）进士，任监察御史，后为黄州、池州、湖州等州刺史，官中书舍人。其诗多能反映现实，揭露时弊，诗风俊爽遒丽，与李商隐齐名，世称李杜；为与杜甫区别，又称小杜，有《杜樊川集》。

该诗是怀念往日游观之作。钟陵为南昌县境中曾置县名。诗中着重描绘滕王阁上珠歌翠舞情景。首联是说，仲春期间在滕王阁上摆设了丰盛的宴席，然后上演柘枝舞，以鼓吹伴奏，响如晴天之雷。柘枝舞既是西域文化融入中原的见证，也是热情洋溢的大唐盛况的代表。次联写楼阁内外情景，楼间垂挂的无数层锦幕，犹如青云遮合。楼外江面上千帆破浪，有如战阵之马奔驰。比喻生动，也可见当时水路运输的繁盛情景。后四句转入议论，言此时丰城监狱中的双剑并未掘出。在南昌，人们仍在盼望一方贤牧能高悬一榻，礼待人才。尾联言他不知此地如何"控蛮荆而引瓯越"，只见歌伎佩珠戴翠，在檀板节奏声的催促下翩翩起舞，末句仍呼应首联。

白居易在《钟陵饯送》中写道：

> 翠幕红筵高在云，歌声一曲万家闻。
>
> 路人指点滕王阁，看送忠州白使君。

李涉在《重登滕王阁》中写道：

> 滕王阁上唱伊州，二十年前向此游。
>
> 半是半非君莫问，西山长在水长流。

滕王阁于宋代进行重建，重建后的滕王阁共分三层，层支都用"如意"斗拱层叠相衬。一、二层有回廊，廊上有雕栏，下有台阶，可拾级而上。第三层为假楼。

阁下有基，阁依山傍河，河中扁舟一叶，对面西山一抹。主阁十字脊的歇山式顶下有檐，与下部的抱厦、腰檐、平坐、栏杆等相组合，从而组成富于变化的外观。

阁的飞檐的尖端还以龙凤雕饰，显得极为华美。在主阁的周围还配有一些较低的建筑，还有假山点缀其间，与葱茏的树木相映，从而形成一个游观群体。

从北宋至南宋共有 300 多年的历史，其间修建滕王阁的次数恐怕不止一次。

据陈宏绪《江城名迹记》记载，宋南渡后，因赣江江岸坍塌，宋阁曾移建于城上，但重建时间及规模却无文字记载，不可定论。但可以肯定的是，宋阁乃是滕王阁历史上的极盛时期。

如此壮观、华丽的楼阁，自然也就引来了宋代众多的文人雅士为它作诗，其中有北宋的王安石、王安国和苏辙，以及南宋的朱熹、辛弃疾和文天祥等，这些文人为大家留下了许多美文。

《滕王阁》

（宋）夏竦

> 面临漳水势凌霞，却倚重城十万家。
>
> 当槛晓云生鹤岭，拂阶残雨下龙沙。
>
> 辞人高宴文皆在，帝子欢游事未赊。
>
> 好是良宵金鼓动，阑干牛斗逼檐斜。

夏竦（985—1051 年），字子乔，江州德安县（今江西九江市德安县车桥镇）人。北宋大臣，古文字学家，初谥"文正"，后改谥"文庄"。夏竦以文学起家，曾为国史编修官，也曾任多地官员，宋真宗时为襄州知州，宋仁宗时为洪州知州，后任陕西经略、安抚、招讨使等职。

此诗描述滕王阁面临赣江，高迥凌霞。背倚重城，十万人家。槛外晓云生西山鹤岭，阶下残雨下南昌龙沙。辞人高宴，其文长在；帝子欢游，故事不远。良宵鼓动，星光逼檐。此诗将星宿、南昌、赣江、鹤岭、龙沙、滕阁、帝子、晓云、残雨、才子、人家……众多山川、地名、人物、意象组合成一个目不暇接、眼花缭乱的诗歌世界。读之令人神往（"漳水"即赣江。"鹤岭""龙沙"均是南昌地名。"牛斗"，星宿的牛宿和斗宿）。

《滕王阁感怀》

（宋）王安国

> 滕王平日好追游，高阁依然枕碧流。
>
> 胜地几经兴废事，夕阳偏照古今愁。
>
> 城中树密千家市，天际人归一叶舟。
>
> 极目烟波吟不尽，西山重迭乱云浮。

王安国(1028—1074 年)，字平甫，王安石大弟，熙宁进士，北宋临川(今江西省东乡区上池村)人，北宋著名诗人。世称王安礼、王安国、王雱为"临川三王"。王安国器识磊落，文思敏捷，曾巩谓其"于书无所不通，其明于是非得失之理为尤详，其文闳富典重，其诗博而深。"

诗人笔下：高阁依旧，碧流依旧，西山依旧、夕阳依旧，……可胜地几经兴废，人事已经不同。极目烟波，眺望山川，感怀历史，愁从中来。

《滕王阁》

(宋)艾性夫

木老江空雁阵秋，阑干倚尽思悠悠。

舞衫歌扇落春梦，山雨浦云牵暮愁。

半壁夕阳千古在，几朝王气一时休。

献陵无树供寒雀，信是劳生枉白头。

艾性夫，字天谓，江西东乡(今属江西抚州)人，元朝讲学家、诗人。与其叔艾可叔、艾可翁齐名，人称"临川三艾先生"。生卒年均不详，约元世祖至元中前后在世。

该诗借秋天滕王阁的山雨浦云、木老江空的景象，借阁上舞衫飘零、歌扇飘飞落情景，抒发了作者对时序变迁、繁华不在、世事如梦的悠悠情思和淡淡哀愁。含蓄蕴藉，意味深长。

《滕阁怀古》

(宋)邹登龙

凭高独展眺，风叶乱鸣秋。

銮舞自空阁，渔歌尚晚舟。

卷帘山历历，倚槛水悠悠。

月出江城暮，凄凉万古愁。

邹登龙(1172—1244 年)，原名应隆，字震父，临江(今江西樟树西南)人。隐居不仕，结屋于邑之西郊，种梅绕之，自号梅屋。与魏了翁、刘克庄等多唱和，有《梅屋吟》一卷传世。事见《两宋名贤小集》卷二七一《梅屋吟》小传。邹登龙诗以汲古阁影抄《南宋六十家小集》本为底本，校以《两宋名贤小集》本(简称《名贤集》)。

苏辙在《题滕王阁》中写道：

客从筠溪来，欹仄困一叶。

忽逢章贡余，浤荡天水接。

风霜出洲渚，草木见毫末。

势奔西山浮，声动古城堞。

楼观却相倚，山川互开阖。

心惊鱼龙会，目送凫雁灭。

遥瞻客帆久，更悟江流阔。

史君东鲁儒，府有徐孺榻。

高谈对宾旅，确论精到骨。

余思属湖山，登临寄遗堞。

骄王应笑滕，狂客亦怜勃。

万钱罄一饭，千金卖丰碣。

豪风相凌荡，俳语终仓猝。

事往空长江，人来逐飞楫。

短篇竟芜陋，绝景费弹压。

但当倒罍瓶，一醉付江月。

苏辙(1039—1112年)，字子由。1057年，与兄苏轼同登进士科。1072年，出任河南推官。1085年，被召回，任秘书省校书郎、右司谏，进为起居郎，迁中书舍人、户部侍郎等职，直至崇宁三年(1104年)。苏辙是唐宋八大家之一，与父苏洵、兄苏轼齐名，合称"三苏"。

这些诗人用精简的诗句把滕王阁上看到的风景完整地叙述出来，这不仅吸引更多的人了解这座壮丽的建筑，也为南昌古城平添不少文采风流。

单元三　亭

亭者停也，亭者景也，亭者情也，亭者蔽也，作为休息、观景、传情、遮蔽的亭子，从古至今都是人们休息、游乐、观景的重要地点。

亭是一种中国传统建筑，是我国古典建筑艺术中的瑰宝，是一种独特的华夏文明的缩影。从亭子所建造的位置不同，将亭子分为路亭、景亭、井亭、碑亭。

建在乡间道路一侧的亭子，专供来往行人休息之用，所以称为"路亭"。

在园林内，亭子不但供游人休息，而且也可以在里面观赏园内、园外的风景，所以也称为"景亭"，在中国可以说无园不建亭。

有的亭子具有专门的功能，例如，保护水井或石碑免受日晒、雨淋的井亭和碑亭。亭子由于有这些功能，在亭子里会经历许多事，关系到许多人，因此，它与宫殿、寺庙、楼阁等其他类型的建筑一样具有记忆的功能，一座亭子往往记载了一段历史的事迹。

有些亭经历过名人、名事因而成为名亭。中国历史悠久，发生与亭有关的名人名事不少，因此，所谓的"中国四大名亭"的版本也不止一种，如有称安徽滁县的醉翁亭、湖南长沙的爱晚亭、北京的陶然亭和浙江杭州西湖的湖心亭为四大名亭的，现以中国邮政2004年发行的《中国名亭》纪念邮票选定的浙江绍兴的兰亭、安徽滁县的醉翁亭、湖南长沙的爱晚亭和江西九江的琵琶亭为准。

一、兰亭

四大名亭中最负盛名的为兰亭(图2-1-12)，位于浙江省绍兴市西南郊的兰渚山下。此地远近环山，流水潺潺，修竹连片，风景甚佳，传说春秋时越王勾践曾在此处种植兰花，东汉时又在此设立驿亭，因此称为"兰亭"，所以兰亭并非一座亭子之名，而是这一风景名胜区之名，只是在这一名胜区内先后出现了多座亭子，便把它们统称为"兰亭"了。东晋永和九年(353年)上巳节(农历三月三日)，大书法家王羲之邀请亲朋好友40余人来兰亭风景区郊游，这批文人雅士围坐在一段弯曲的水沟旁，举行曲水流觞的盛会，即将盛有酒水的酒杯浮

图2-1-12　浙江绍兴兰亭碑亭

放于水面，随水而流动，当酒杯停在某人面前时则必须咏诗一首，如吟不出诗则罚酒三觞。当日即有20余人作诗30余首，合而成集，并由王羲之作序，此即著名的《兰亭集序》，序文共324字，为中国书法之典范。后人还传说王羲之当年写序用的是蚕茧纸，用鼠须做的毛笔，乘着酒兴一气呵成，更增添了这篇序文的神圣价值。

《兰亭集序》原文：

> 永和九年，岁在癸丑，暮春之初，会于会稽山阴之兰亭，修禊事也。群贤毕至，少长咸集。此地有崇山峻岭，茂林修竹，又有清流激湍，映带左右，引以为流觞曲水，列坐其次。虽无丝竹管弦之盛，一觞一咏，亦足以畅叙幽情。

> 是日也，天朗气清，惠风和畅。仰观宇宙之大，俯察品类之盛，所以游目骋怀，足以极视听之娱，信可乐也。

> 夫人之相与，俯仰一世。或取诸怀抱，悟言一室之内；或因寄所托，放浪形骸之外。虽趣舍万殊，静躁不同，当其欣于所遇，暂得于己，快然自足，不知老之将至；及其所之既倦，情随事迁，感慨系之矣。向之所欣，俯仰之间，已为陈迹，犹不能不以之兴怀，况修短随化，终期于尽！古人云："死生亦大矣。"岂不痛哉！

> 每览昔人兴感之由，若合一契，未尝不临文嗟悼，不能喻之于怀。固知一死生为虚诞，齐彭殇为妄作。后之视今，亦犹今之视昔，悲夫！故列叙时人，录其所述，虽世殊事异，所以兴怀，其致一也。后之览者，亦将有感于斯文。

《兰亭集序》又题为《临河序》《禊帖》《三月三日兰亭诗序》等。晋穆帝永和九年（353年）三月三日，时任会稽内史的王羲之与友人谢安、孙绰等四十一人会聚兰亭，赋诗饮酒。王羲之将诸人名爵及所赋诗作编成一集，并作序一篇，记述流觞曲水一事，并抒写由此而引发的内心感慨。这篇序文就是《兰亭集序》。此序受石崇的《金谷诗序》影响很大，而其成就又远在《金谷诗序》之上。

文章首先记述了集会的时间、地点及与会人物，言简意赅。接着描绘兰亭所处的自然环境和周围景物，语言简洁而层次井然。描写景物，从大处落笔，由远及近，转而由近及远，推向无限。先写崇山峻岭，渐写清流激湍，再顺流而下转写人物活动及其情态，动静结合。然后再补写自然物色，由晴朗的碧空和轻扬的春风，自然地推向寥廓的宇宙及大千世界中的万物。意境清丽淡雅，情调欢快畅达。兰亭宴集，真可谓"四美具，二难并"。

天下没有不散的筵席，有聚合必有别离，所谓"兴尽悲来"当是人们常有的心绪，尽管人们取舍不同，性情各异。刚刚对自己所向往且终于获致的东西感到无比欢欣时，但刹那之间，已为陈迹。人的生命也无例外，所谓"不知老之将至"（孔子语）、"老冉冉其将至兮"（屈原语）、"人生天地间，奄忽若飙尘"（《古诗十九首》），这不能不引起人的感慨。每当想到人的寿命不论长短，最终归于寂灭时，更加使人感到无比凄凉和悲哀。如果说前一段是叙事写景，那么这一段就是议论和抒情。作者在表现人生苦短、生命不居的感叹中，流露着一腔对生命的向往和执着的热情。

魏晋时期，玄学清谈盛行一时，士族文人多以庄子的"齐物论"为口实，故作放旷而不屑事功。王羲之也是一个颇具辩才的清谈文人，但在政治思想和人生理想上，王羲之与一般谈玄文人不同。他曾说过："虚谈废务，浮文妨要"（《世说新语·言语篇》）。在这篇序中，王羲之也明确地指斥"一死生""齐彭殇"是一种虚妄的人生观，这明确地肯定了生命的价值。

这篇文章具有清新朴实、不事雕饰的风格。语言流畅，清丽动人，与魏晋时期模山范水之作"俪采百字之偶，争价一句之奇"（《文心雕龙·明诗篇》）迥然不同。句式整齐而富于变化，以短句为主，在散句中参以偶句，韵律和谐，悦耳动听。

总之，这篇文章体现了王羲之积极入世的人生观，给后人以启迪、思考。

这篇《兰亭集序》真迹经历代相传，最后传至唐太宗之手，并据说将真迹作为殉葬品带入陵墓，至今还深藏于陕西唐乾陵之中。王羲之作为中国书圣，又在兰亭写下了《兰亭集序》，使兰亭成为中国传统书法的圣地，后人在曲水之旁建了一座流觞亭以作纪念。

当年"曲水流觞"也成了文人之雅事，在各地都有模仿，只是自然的曲水变成了石板地面上刻出的曲形水槽，在宋代朝廷颁行的《营造法式》中还刊有此种石刻曲水流觞的标准图样，在清代紫禁城宁寿花园内和承德避暑山庄里都建有专门的曲水流觞亭，亭内地面上有石刻和石筑的曲水槽沟，可见这一盛事对后人的影响。

二、醉翁亭

醉翁亭（图 2-1-13）位于安徽滁县郊外琅琊山麓，醉翁亭之名的由来及亭之远近闻名皆源自一篇《醉翁亭记》。北宋大文学家欧阳修任官于朝廷，因主张革除弊政而受排挤，被贬至滁县任太守，这位文学家太守在理政之余喜爱到县郊山水间游乐，常邀人来亭中饮酒，写下了一篇流传千古之散文《醉翁亭记》。

图 2-1-13　安徽滁县醉翁亭

《醉翁亭记》原文：

环滁皆山也。其西南诸峰，林壑尤美，望之蔚然而深秀者，琅琊也。山行六七里，渐闻水声潺潺，而泻出于两峰之间者，酿泉也。峰回路转，有亭翼然临于泉上者，醉翁亭也。作亭者谁？山之僧智仙也。名之者谁？太守自谓也。太守与客来饮于此，饮少辄醉，而年又最高，故自号曰醉翁也。醉翁之意不在酒，在乎山水之间也。山水之乐，得之心而寓之酒也。

若夫日出而林霏开，云归而岩穴暝，晦明变化者，山间之朝暮也。野芳发而幽香，佳木秀而繁阴，风霜高洁，水落而石出者，山间之四时也。朝而往，暮而归，四时之景不同，而乐亦无穷也。

至于负者歌于途，行者休于树，前者呼，后者应，伛偻提携，往来而不绝者，滁人游也。临溪而渔，溪深而鱼肥。酿泉为酒，泉香而酒洌；山肴野蔌，杂然而前陈者，太守宴也。宴酣之乐，非丝非竹，射者中，弈者胜，觥筹交错，起坐而喧哗者，众宾欢也。苍颜白发，颓然乎其间者，太守醉也。

已而夕阳在山，人影散乱，太守归而宾客从也。树林阴翳，鸣声上下，游人去而禽鸟乐也。然而禽鸟知山林之乐，而不知人之乐；人知从太守游而乐，而不知太守之乐其乐也。醉能同其乐，醒能述以文者，太守也。太守谓谁？庐陵欧阳修也。

欧阳修（1007—1072年），字永叔，号醉翁，晚号六一居士，江南西路吉州庐陵永丰（今江西省吉安市永丰县）人。北宋政治家、文学家、史学家。

文中清楚地说明了亭之由来，由谁建造，命名者为谁，作者虽说："醉翁之意不在酒，在乎山水之间也。"实际上也是借酒抒发和宣泄自己思想上之郁闷。一座普通小亭，因其人其文而留名于世，尽管现存之亭已非智仙和尚当年的原创，但仍记载了这段文人之情。

三、爱晚亭

爱晚亭（图2-1-14）位于湖南省长沙市，亭子坐落在岳麓山脚，这里枫树连片成林，初春叶发，一片嫩绿，深秋枫叶竞红，夕阳西照枫林如锦。著名的岳麓书院即设于此，吸引了各地学子来这里就读。清乾隆年间，时任书院山长罗典在离书院不远的清风峡口建了此亭，成为众学子赏景论学之地。亭坐西向东，三面环山，东向开阔，有平纵横十余丈，紫翠菁葱，流泉不断。

图 2-1-14　湖南长沙爱晚亭

亭前有池塘，桃柳成行。四周皆枫林，深秋时红叶满山。亭形为重檐八柱，琉璃碧瓦，亭角飞翘，自远处观之似凌空欲飞状。

内为丹漆圆柱，外檐四石柱为花岗石，亭中彩绘藻井，东西两面亭楣悬以红底鎏金"爱晚亭"额，是由当时的湖南大学校长李达专函请毛泽东所书手迹而制。

唐代诗人杜牧曾来一游，为一片秋景所感，随即咏诗《山行》："远上寒山石径斜，白云生处有人家。停车坐爱枫林晚，霜叶红于二月花。"亭因景而生，因诗而名，四方学子在亭中纵论天下人间，同时也受到传统文化的感染。

红色是爱晚亭的主色调，艳丽红枫与热烈爱情之外，还有百年历史中留下的红色足迹。爱晚亭同样也是革命活动胜地，1913—1918年，一直居住在长沙省立第一师范的毛泽东每逢星期天与节假日，都会与罗学瓒、张昆弟等人一起到岳麓书院，与蔡和森聚会于爱晚亭，纵谈时局，探求真理，还曾在这一带登山露宿，以锻炼身体和胆量。爱晚亭前，热血青年们纵谈家国时局的场景已淡入历史，但记忆从未走远，红色精神依然历久弥新，激励后人。

爱晚亭在抗日战争时期被毁，1952 年重建，1987 年大修。亭内立碑，上刻毛泽东手书《沁园春·长沙》诗句，笔走龙蛇，雄浑自如。毛泽东的这首《沁园春·长沙》与他的另一首《沁园春·雪》堪称双璧，其中豪迈之情和英雄主义气概一以贯之，是毛泽东诗词的巅峰之作，更使古亭流光溢彩。

四、琵琶亭

图 2-1-15　江西九江琵琶亭

琵琶亭（图 2-1-15）位于江西省九江市（九江长江大桥南岸东侧处），面临长江，背倚琵琶湖。

唐代著名诗人白居易步入仕途后曾先后任杭州刺史、苏州刺史、刑部尚书等，后因得罪朝廷而被贬至江州（今九江市）任司马（负责安置犯罪官员），心中抑郁，一日送客至浔阳江口，听到江中船上有弹琵琶声招至上岸见面，方知弹者为一歌女，自叙年幼在京都长安学弹琵琶，曾红极一时，至中年色衰嫁给商人为妻，后被抛弃，如今沦落他乡，诗人闻之凄然，联想到自己的仕途经历，如今又无端被贬至江州，遂作叙事长诗一首相赠，诗名《琵琶行》。在诗中详述了歌女一生遭遇，并道出诗人对人生之感悟，情悲意切，十分感人。

《琵琶行》原文：

浔阳江头夜送客，枫叶荻花秋瑟瑟。
主人下马客在船，举酒欲饮无管弦。
醉不成欢惨将别，别时茫茫江浸月。
忽闻水上琵琶声，主人忘归客不发。
寻声暗问弹者谁，琵琶声停欲语迟。
移船相近邀相见，添酒回灯重开宴。
千呼万唤始出来，犹抱琵琶半遮面。
转轴拨弦三两声，未成曲调先有情。
弦弦掩抑声声思，似诉平生不得志。
低眉信手续续弹，说尽心中无限事。
轻拢慢捻抹复挑，初为霓裳后六幺。
大弦嘈嘈如急雨，小弦切切如私语。
嘈嘈切切错杂弹，大珠小珠落玉盘。
间关莺语花底滑，幽咽泉流冰下难。
冰泉冷涩弦凝绝，凝绝不通声暂歇。
别有幽愁暗恨生，此时无声胜有声。
银瓶乍破水浆迸，铁骑突出刀枪鸣。

曲终收拨当心画，四弦一声如裂帛。

东船西舫悄无言，唯见江心秋月白。

沉吟放拨插弦中，整顿衣裳起敛容。

自言本是京城女，家在虾蟆陵下住。

十三学得琵琶成，名属教坊第一部。

曲罢曾教善才服，妆成每被秋娘妒。

五陵年少争缠头，一曲红绡不知数。

钿头银篦击节碎，血色罗裙翻酒污。

今年欢笑复明年，秋月春风等闲度。

弟走从军阿姨死，暮去朝来颜色故。

门前冷落鞍马稀，老大嫁作商人妇。

商人重利轻别离，前月浮梁买茶去。

去来江口守空船，绕船月明江水寒。

夜深忽梦少年事，梦啼妆泪红阑干。

我闻琵琶已叹息，又闻此语重唧唧。

同是天涯沦落人，相逢何必曾相识！

我从去年辞帝京，谪居卧病浔阳城。

浔阳地僻无音乐，终岁不闻丝竹声。

住近湓江地低湿，黄芦苦竹绕宅生。

其间旦暮闻何物？杜鹃啼血猿哀鸣。

春江花朝秋月夜，往往取酒还独倾。

岂无山歌与村笛？呕哑嘲哳难为听。

今夜闻君琵琶语，如听仙乐耳暂明。

莫辞更坐弹一曲，为君翻作琵琶行。

感我此言良久立，却坐促弦弦转急。

凄凄不似向前声，满座重闻皆掩泣。

座中泣下谁最多？江州司马青衫湿。

诗中多处词句如："千呼万唤始出来，犹抱琵琶半遮面""嘈嘈切切错杂弹，大珠小珠落玉盘""别有幽愁暗恨生，此时无声胜有声"等都成了古诗词中传诵至今的经典名句。《琵琶行》与另一首长诗《长恨歌》成为白居易的著名代表作。

千百年来，《琵琶行》情系历代名客，传唱千古；琵琶亭穿透千年尘埃，依旧繁盛。人们在古诗与古亭里找到了共鸣，隔着数百年的时光成为知音。

单元四 轩

轩即有窗的长廊或小屋。与亭相似，也是供游人休息、纳凉、避雨与观赏四周美景的地方。轩大多数都是居高临下，如果在低处仰望，能够感受到它飞檐翘角的动感之美。轩的作用更多的是装饰，而非实用，它不仅美化了风光，还装点了中国古典的诗文，成为一个非常典型而常见意象，加入经典的作品中。

轩的形式类型较多，有的做得奇，也有的平淡无奇，如同宽的廊。在园林建筑中，轩也像亭一样，是一种点缀性的建筑，造园者在布局时要考虑到何处设轩，它虽非主体，但要有一定的视觉感染力，可以看作"引景"之物。轩体量不大，多置于高敞或临水处，用作观景的小型单体建筑。

与谁同坐轩（图 2-1-16）为苏州园林拙政园中的经典建筑、重要景点之一，扇形的轩、扇形的窗，面对别有洞天的月洞门，背衬葱翠小山，前临碧波清池，环境十分幽美。其名字取意于苏轼《点绛唇·闲倚胡床》中的"与谁同坐？明月清风我"。

图 2-1-16　苏州拙政园与谁同坐轩

拓展小知识

拙政园

清末光绪年间，拙政园西部园林是盐商张履谦的补园，因为张氏先祖以制扇起家，所以其后代对扇子可谓情有独钟。张履谦将小轩置于原补园的视觉中心，从四周均能看到小轩，可谓用意至深。

拙政园是江南古典园林的代表作品，被誉为"中国园林之母"，与北京颐和园、承德避暑山庄、苏州留园一起被誉为中国四大名园。园南部的卅六鸳鸯馆为西园的主体建筑，是当时园林主人宴请宾客和听曲的场所。馆的平面呈方形，附有四耳室，以隔扇和挂落将馆一分为二。南厅有阳光照射，宜于冬春活动。院前植有山茶，故又名十八曼陀罗花馆；北厅临池，因曾养 36 对鸳鸯而得名。馆内顶棚采用拱形状，既能遮掩梁架，又可利用弧形屋顶反射声音，增强音响效果，余音袅袅，绕梁萦回。园东有水廊，曲折蜿蜒于池上，北接倒影楼，南达黄石假山下，折西达鸳鸯馆。此水廊既可作为观赏路线使用，又可遮挡背面围墙的单调，颇具匠心。

在中国的传统建筑中，轩是不可缺少的一种建筑类型，中国第一本园林艺术理论专著《园冶》写道："轩式类车，取轩轩欲举之意，宜置高敞，以助胜则称。"意思是说轩这样的一种艺术形式，像古时候的车，它空阔宽敞，处于高旷之外，用来观景效果最好。还有一种说法，殿堂前檐下的平台。举个例子，古代皇帝接见臣子时，如果不坐在正殿，而坐在殿前的平台上，这叫作"临轩"。

苏州拙政园听雨轩（图 2-1-17）是一个独立小院中的主体建筑。它是一座三开间的小轩，单檐卷棚歇山顶，两侧山墙连着游廊。

轩前院中有清冽池水，池中植荷数枝，池边栽芭蕉、翠竹，每逢雨天，雨点点滴滴落在荷叶、芭蕉、翠竹之上，声音或圆润、或清脆，正是静赏倾听的好时节，自然表现出了听雨的主题。

古诗文中的轩有哪些呢？

图 2-1-17　苏州拙政园听雨轩

《夏夜叹》(节选)

(唐)杜甫

昊天出华月，茂林延疏光。

仲夏苦夜短，开轩纳微凉。

《江城子·乙卯正月二十日夜记梦》

(宋)苏轼

十年生死两茫茫。不思量，自难忘。千里孤坟，无处话凄凉。纵使相逢应不识，尘满面，鬓如霜。夜来幽梦忽还乡。小轩窗，正梳妆。相顾无言，惟有泪千行。料得年年肠断处，明月夜，短松冈。

在古诗文中，轩承载了诗人无数真挚的情感，如魏晋时期的陶渊明在《饮酒》(其七)中写道："啸傲东轩下，聊复得此生"；杜甫的《登岳阳楼》有诗句"戎马关山北，凭轩涕泗流"，这都是传诵千年的名句。陶渊明的淡泊悠然，杜甫的悲壮苍凉，苏轼的凄切哀婉，都从"轩"中向我们奔涌而来。

单元五　榭

榭原指建在高台上用来观赏、娱乐用的敞屋，或在建筑物四面立落地门窗。榭作为一种建筑物名称有多义：一指建在高台上的开敞式房子；二指古代存置兵器和讲武的场所；三指收藏乐器的地方；四指内部空间不加分隔的开敞的厅堂。

榭平面多为长方形，形式较为自由，多与廊、亭等组合。明、清时期将园林中建在水边的敞屋称为水榭，所以明、清时期及以后，榭一般是指水榭。《园冶》中说："榭者，借也。借景而成者也，或水边、或花畔，制亦随态。"水榭是用来观赏水景的，一般按近水面，榭前有平台伸入水面，上层建筑形体低矮扁平，看起来就像凌空架在水上。临水一面宽敞，并设有坐槛或美人靠，供人休憩。

水边建筑，人们在此倚栏赏景，榭不但多设于水边，而且多设于水之南岸，视线向北而观景，所见之景是向阳的。榭在临水处多设低矮栏杆和坐凳，建筑开敞通透，体形扁平。

藕香榭(图 2-1-18)是《红楼梦》中贾惜春的居所。《红楼梦》中对藕香榭的描述为"原来这藕香榭盖在池中，四面有窗，左右有曲廊可通，亦是跨水接岸，后面又有曲折竹桥暗接。……(众人)一时进入榭中，只见栏杆外另放着两张竹案，一个上面设着杯箸酒具，一个上头设着茶筅茶盂各色茶具。……(贾母)一面说，一面又看见柱上挂的黑漆嵌蚌的对子，命人念。湘云念道：芙蓉影破归兰桨，菱藕香深写竹

图 2-1-18　苏州瑞园的藕香榭

桥。"(见于第三十八回"林潇湘魁夺菊花诗　薛蘅芜讽和螃蟹咏")由此可见，藕香榭是一个建筑群，而不是单一一个水榭，这个建筑群由水榭、小亭子、曲廊和曲折竹桥共同构成，四面荷花盛开，不远处岸上有两棵桂花树。另外，贾惜春的住所"暖香坞"离藕香榭

不远，大观园中的人去惜春处总要"穿藕香榭，过暖香坞来"。海棠诗社中惜春就以"藕榭"作为自己的雅号。

藕香榭的第一次聚会就是史湘云和宝钗一起办理的螃蟹宴，这一次选在藕香榭第一个目的是藕香榭的景色不错。因为三面临水，四面开敞设窗，所以这里的空间畅达，作为开设宴席的地方也未为不可。藕香榭除水清澈透外，还有两棵很香的桂花树，秋天吃着螃蟹、喝着合欢酒、品桂花，好不惬意。其次就是离蘅芜院比较近，宝钗和湘云办理宴会也很方便。

藕香榭的第二次聚会是贾母带着刘姥姥游览大观园，午间在缀锦阁喝酒，让贾府的小伶人们在藕香榭的水亭上表演节目，隔着水音听曲，这样的氛围也是至美的享受。水亭子的主要作用是夏天纳凉避暑，亭子利用雨天收集的雨水然后盛夏时节让它从屋檐流下来，这样便达到水亭子消暑的目的。

这个时候就凸显了藕香榭玩耍的功能。藕香榭是盖在水上，四面都有窗，左边和右边都有曲廊可以通行，跨水接岸，它的后边还有竹桥连接，那么藕香榭不仅能作为行走的通道，还兼具玩耍的作用。贾母带着刘姥姥游览大观园就是要感受大观园每处不同的风景和特色。

藕香榭是大观园的建筑中很特别的一个，它虽然很小，但是有很强的实用性，作为观赏建筑或作为摆宴请客的地方都很不错；最重要的一点是它和惜春有很强的联系，它是小小的屋子，却刚好合适惜春想要的温暖，它四季都有的阳光给暖香坞更添一丝暖意。正如惜春，或许它只是微不足道的，但是它的存在就很有意义。人世间没有那么多波澜壮阔，感受平凡简单的美好也未为不可。

单元六　廊

廊本是住宅中的附属建筑，后来成为园林中常见的建筑形式之一，可以供人歇息，又有划分空间、增加园林风景的作用。廊形式多样，常见的有直廊、曲廊、波形廊、复廊等，根据廊所处的位置，又可分为空廊、回廊、楼廊、爬山廊等。廊的布置并不是单一的，它可以随建筑、布局的需要而随意变化。

廊以其自身变幻多姿之美，在众多类型的园林建筑中争得了一席之地。廊是建筑物的前面增加的一个柱间，上有顶棚，以柱支撑，有的还设栏杆。廊之物质功能是抵挡风雨之侵，夏秋之交也可躲避阳光之炎热。从建筑艺术来说，则是增加了空间层次。

古代诗词对廊也多有描述，白居易《池畔二首》诗中，开篇即有"结构池西廊，疏理池东树"，在宋代张公庠所写的《宫词》中也有"人闲相约寻芳去，春困不禁千步廊"的诗句。

这些诗词描述展现了廊这种精妙的构筑形式在古代环境塑造中的独特地位。

一、直廊

直廊并不是单一的笔直的廊，有的直中有折，这样可以使廊道富于变化。较长的直廊又称"修廊"或"长廊"，一般多见于规模较大的园林(图 2-1-19)。

二、曲廊

曲廊是园林中较为常见的形式，可分为两种：一种是院落之内的曲廊(图 2-1-20)，多绕建筑物四周而建，转折处多为直角，在转角处廊墙之间能形成不同的小院落，小院落可根据需要布景；另一种是以短直廊为单位，在改变方向时以一定的角度曲折，通向院内不同的建筑物或景点。

图 2-1-19　颐和园前山七百米长廊

图 2-1-20　上海古藤园曲廊

宋代的诗人张镃在《曲廊》诗中写道："曲廊桐树绿阴阴，檐佩风来奏玉琴。但有疏帘知独立，更无尘事恼闲心。雪霜鬓畔谁能免，城府胸中枉自深。二六时辰真快乐，坐禅才罢即行吟。"

全诗以向人夸赞的口吻、新颖的笔姿、轻松的情调、清淡的语句，写隐逸高趣，和谐而又完美，表达了诗人的生活是那样闲适自在。因此在诗人眼中，一切景物便都带有悠然自得的特征。

三、复廊

复廊（图 2-1-21）又称里外廊，即双面空廊中隔着一道墙，形成两侧单面廊的形式。其作用是分隔景区和遮挡视线。复廊跨度较大，中间的墙上多开有漏窗，这样可以看到廊两侧的景观。

四、单面廊

单面廊又称半廊，是指一侧通透，另外一侧为墙或建筑（图 2-1-22）。通透的一面多面向园林内部，另外一面可完全封闭，也有的在墙上开有漏窗或花格。

图 2-1-21　苏州沧浪亭复廊

图 2-1-22　苏州陆氏半园单面廊

五、楼廊

楼廊又称双层廊、阁道，是江南私家园林常见的建筑形式，皇家园林中也经常使用。楼廊一般体量较大，且多与楼阁相连，或与假山相连，组成园林中的一景。楼廊体积更大，视野也更加开阔。

六、回廊

回廊也是园林中常见的建筑形态，是指围绕园林内建筑物和庭院修建的廊道，又称走马廊。

回廊多将园林中的建筑连接起来，沿着回廊可以到达园中的各个地方，便于人们观赏园林中的景色。语出杜甫《涪城县香积寺官阁》诗："小院回廊春寂寂，浴凫飞鹭晚悠悠。"

七、廊桥

廊桥也称虹桥、蜈蚣桥等，为有顶盖的桥，可保护桥梁，同时也可遮阳避雨、供人休憩、交流、聚会等作用。其主要有木拱廊桥、石拱廊桥、木平廊桥、风雨桥、亭桥等。

廊，是中国传统建筑中不可或缺的建筑形式，廊腰缦回，即形容廊的迂回之美。作为园林中连接两幢建筑物之间的通道，廊上有瓦棚可遮阳避雨，下有支柱承托，游走于廊之间，观景赏物，自在自哉。

闲看庭前花开花落，去留无意，望天空云卷云舒，这正是中国园林的魅力所在，是千年岁月中沉淀的精华。

廊在园林中形式多样，有曲有直，高低起伏，蜿蜒曲直，宛若天上绚丽的彩虹飘落人间，为园林建筑增辉添色，使古典园林成为驰名中外的艺术珍品。

单元七 舫

舫是仿照船的样式，在园林水面上建造起来的大型建筑物，似船而不能划动，也称"不系舟"。舫大多三面临水，一面与陆地相连。

舫为水边或水中的船形建筑，前后分作三段，前舱较高，中舱略低，后舱建二层楼房，供登高远眺。前端有平砥与岸相连，模仿登船之跳板。舫在水中，使人更接近于水，身临其中，使人有荡漾于水中之感，是园林中供人休息、游赏、饮宴的场所。

古舫有的全用石构，又称石舫，大多数是船体为砖石构筑，舫上部建筑用木或砖木混合结构。舫神似画舫，一般分为前、中、后三个部分。船头作敞棚和露台，用于观景、赏月。中舱外形略矮，是舫之主要休息、宴客场所，两侧通开长窗，以便坐观舫外景色。后部最高，屋舱多作两层，下实上虚，对比强烈。下层为交通过厅，上层四面开窗，类似楼阁，极利远眺。舫顶多作船篷形或两坡顶。

古舫装饰华丽，总体造型虚实得宜，错落有致，轻盈舒展，为园林中的重要观景、点景建筑。岭南人称舫为"船厅"，是岭南园林建筑中的景观中心，它常具有厅堂、楼阁的多种功能。一般船厅临水或靠水。偶有把船厅筑于山上者，"一棹人云深"，以云为水，含蓄抽象，富有诗意。

北方园林中的舫是从南方引来的，著名的如北京颐和园石舫——清宴舫（图 2-1-23）。它全长30 米，上部的舱楼原是木结构，1860 年被英法

图 2-1-23 北京颐和园清晏舫

联军烧毁后，重建时改成西洋楼建筑式样。1893 年重建时，仿翔凤火轮式样，改为西洋式楼阁，并配以彩色玻璃窗，船侧加了两个机轮，两层船舫各有大镜，细雨蒙蒙之时，慈禧坐在镜前，一面品茗，一面欣赏镜中雨景。它的位置选得很妙，从昆明湖上看过去，很像正从后湖开过来的一条大船，为后湖景区的展开起着启示作用。

舫在中国园林艺术的意境创造中具有特殊的意义，船是古代江南的主要交通工具，但自庄子说了"无能者无所求，饱食而遨游，泛若不系之舟"之后，舫就成了古代文人隐逸江湖的象征，表示园主隐逸江湖，再不问政治。因为古代有相当部分的士人仕途失意，对现实生活不满，常想遁世隐逸，耽乐于山水之间，而他们的逍遥伏游，多半是买舟而往，一日千里，泛舟山水之间，岂不乐哉。因此，舫常是园主人寄托情思的建筑，含隐居之意，但是舫在不同场合也有不同的含义。如苏州狮子林，本是佛寺的后花园，所以其园中之舫含有普度众生之意。颐和园之石舫，按唐魏征之说："怨不在大，可畏惟人。载舟覆舟，所宜深慎。"由于石舫永覆不了，因此含有江山永固之意。上海豫园内园假山上的舫宜作"这里是人间仙境"之解。

》》模块二　绘画之美

"如鸟斯革，如翚斯飞"，语出《诗经·小雅》，意思是周王朝的宫室屋顶，就像一只五彩锦鸡展翅欲飞。这不禁让现代人遥想，那是一座怎样壮丽华美的宫殿，才能得到这样的赞美！

比文学更直接、更强烈的是绘画。

单元一　界画中的中国传统建筑

中国历史上有一种以建筑为主题的绘画——界画。界画在东晋时被称为台榭，隋唐时期被称为台阁、屋木、宫观。直到北宋"界画"一词才始见于书画鉴赏家郭若虚的《图画见闻录》中。北宋著名建筑学家李诫编修的《营造法式》一书中，把建筑的设计画本称为"界画"。界画"尺寸层叠皆以准绳为则，殆犹修内司法式，分秒不得逾越"，这要求画家不仅要有深厚的绘画功底，而且要深谙建筑结构知识。

以画建筑物见长，并以工笔技法配合，讲究的是严谨工丽、端庄雍容、准确细致。因其是通过界笔、直尺来划分界线，进行创作的，故名为界画。在作画时使用界尺引线，特点是触物留情，各皆其妙。界笔是一片长度约为画笔三分之二的竹片，竹片一头削成半圆磨光，另一头需要按笔杆粗细刻出凹槽。作画时，竹片凹槽抵住笔管，手握画笔与竹片，按照所需的方向运笔，就能画出均匀笔直的线条。

中国的传统建筑多为木建筑，在历史的尘烟中，多数早已灰飞烟灭。而界画的存在，可以带我们穿越时空，直观地看见那个遥远时代的历史风貌，为人们研究古代历史和建筑提供了宝贵的资料。

一、唐代

李思训《唐宫图》(图 2-2-1)以界画作亭台楼阁，前写湖石、溪流、栏桥、红花绿树，后绘瑞云，复以青山为屏。其间画大小人物六十余，细小如蚁，姿态万千。全图用重彩钩金，显属大小李将军"金碧山水"一路。图中有明初赵岩另纸题诗："大小将军画绝稀，白云锦树憩斜辉；行人正在青天外，溪上桃花春未归。"此幅为吴大澂收藏，旁有吴湖帆长题："画中正间御书之宝一印，乃宋代御玺也。凡画上钤御书印，必原有御书对题。赵岩明初人，御书失群，更在其前，唐画真迹，在千载以下，应为稀世奇珍。今世所传者，王维雪溪图尺寸，韩干照夜白小横卷，与此李思训唐宫图，可称鼎足。曾为先祖秘笈，光绪中归南皮张（之洞）氏，姑母为嫁奁压箱之宝。乙酉夏湖帆借照录入集中因识。"

图 2-2-1　唐代 李思训《唐宫图》 绢本设色

李思训（653—718年），字建睍，成纪（今甘肃天水市）人。唐高宗（650—683年）时为江都令，武则天朝（684—704年）弃官潜匿，中宗朝（705—710年）出为宗正卿，玄宗开元初，官至左武卫大将军，李邕碑称"云麾将军"。工书法，擅画山水树石，笔格遒劲，能得湍濑潺湲、烟霞缥缈难写之状。鸟兽草木，皆穷其态。其画著色山水，用青绿为质，金碧为纹，继承和发展了六朝以来以色彩为主之山水画法，自成一家。《图绘宝鉴》谓："用金碧辉映，为一家法，后人所画著色山，往往多宗之。"明代董其昌推其为"北宗"之祖。

李昭道的《龙舟竞渡图》（图 2-2-2）是典型的青绿山水作品，画中运用的石青石绿历久弥新。通过画中所描绘的建筑判断，画中的情景当为宫廷中欢度端午的场面。华丽的宫廷楼阁位于画面的右下角，湖水以留白的方式体现出来，远景为青绿的山峦。画面中，人小如豆却清晰可辨，生动有趣。所绘龙舟也生动形象，灵动飘逸。

图 2-2-2　唐代 李昭道《龙舟竞渡图》 绢本设色 北京故宫博物院藏

李昭道（675—758年），字希俊，唐代画家。唐代宗室，彭国公李思训之子，长平王李叔良曾孙。甘肃天水人。曾为太原府仓曹、直集贤院，官至太子中舍人。擅长青绿山水，世称小李将军。兼善鸟兽、楼台、人物，并创海景。画风巧赡精致，虽"豆人寸马"，也画得须眉毕现。由于画面繁复，线条纤细，论者亦有"笔力不及思训"之评。曾作《秦王独猎图》。画作有《海岸图》《摘瓜图》等六件，著录于《宣和画谱》。传世作品有《春山行旅图》轴，图录于《故宫名画三百种》；《明皇幸蜀图》卷，现藏台北故宫博物院。

卫贤《高士图》（图 2-2-3）构图严密，勾线劲挺，屋舍以界画法刻画准确、精细，山石及树木的皴笔密集，近树精心勾画，远树则勾、点结合，重在以墨色由淡至深层烘染，显得质感凝重。尤其是石凹处的浓墨干点，则为前所未有的独创。水流的勾线柔和顺畅，绵密有序，恰如微波皱起。图中人物与山水似乎平分秋色，这与此前唐代的以人物为主、此后北宋的以山水为主相比较，清楚地体现出典型的五代时期绘画的承上启下特征。

卫贤，长安(今陕西西安)人，生卒年不详。仕南唐后主李煜朝(961—975年)，为内廷供奉。善画界画及人物，初师尹继昭，后刻苦不倦，执学吴道子。长于楼观殿宇、盘车水磨，能按比例"折算无差"，透视正确，构图严谨，刻画精细，无俗匠气，见胜于时，被称为唐五代第一能手。兼工山水、高崖巨石，浑厚凝重而皴法不老。尝作《春江钓叟图》，李煜为其题《渔父词》二首："浪花有意千里雪，桃花无言一队春。一壶酒，一竿身，快活如侬有几人。""一棹春风一叶舟，一纶茧缕一轻钩。花满渚，酒满瓯，万顷波中得自由。"《宣和画谱》著录御府所藏其作品有《闸口盘车图》《雪宫图》《渡水罗汉像图》《蜀道图》《神仙事迹图》等25件。传世作品有《高士图》轴，绢本，淡设色，纵135厘米，横52.5厘米，画东汉梁鸿、孟光夫妇"相敬如宾，举案齐眉"之故事，全图山石浑厚，树木茂密，干笔点苔，皴染精到，结构严谨，具有较高的艺术价值。前隔水有赵佶书"卫贤高士图"五字，幅上有清乾隆帝题记，现藏北京故宫博物院。

《闸口盘车图》(图2-2-4)画河旁闸口一座磨面作坊。画面左中部位是安置水磨的堂屋，堂屋两端各置望亭一座。台基前面是河道，河面上有两艘运粮引渡的篷船。对河是坡道，木桥横亘在画面下方。坡上有六辆独轮车、太平车，或载粮前行，或息置路旁。坡道左向傍山脚逶迤而隐，右首有酒楼一所，门上悬木牌，上标"新酒"两字。门前扎有彩楼，高逾丈。楼中悬一布旌，书有"酒"字。该画全面描绘了四十五个人物的活动，劳动着的"民夫"人数最多，有磨面、筛面、扛粮、扬簸、净淘、挑水、引渡、赶车等各种不同的分工作业。在左上角的望亭里，有戴硬脚幞头、着圆领袍衫装束的官吏和侍从五人，正在履行职守，再现了当时汴京的官营水磨作坊的情况。

图2-2-3 五代·南唐卫贤《高士图》 绢本淡设色 北京故宫博物院藏

图2-2-4 五代·南唐 卫贤《闸口盘车图》 绢本设色 上海博物院藏

二、宋代

《瑞鹤图》（图 2-2-5）中庄严耸立的是汴梁宣德门，门上方彩云缭绕，18 只形态各异的丹顶鹤翱翔盘旋在上空，另两只站立在殿脊的鸱吻之上，空中仿佛回荡着仙鹤齐鸣的声音。画面仅见宫门脊梁部分，突出群鹤翔集，庄严肃穆中透出神秘吉祥之气氛。《瑞鹤图》不仅具神性的光辉与君主的华贵，也有仙音袅袅、高雅灵动之感。一方面，皇宫殿宇端端正正置于画面下方，均衡对称，留出三分之二湛蓝天空，正大光远，大气天成，颇具皇家风范。围绕殿宇的祥云打破屋宇水平线，稳重端庄的画面于是气韵流转，一派天趣。另一方面，仙鹤有表明志向高洁、品德高尚之意。停留在屋顶上的两只仙鹤，袅袅婷婷，以静寓动，与空中缭绕的鹤群相呼应，款款生姿。整个画面又多了一分高洁隽雅、飘逸灵秀之气。《瑞鹤图》是最为经典的超现实的表现手法，这件作品蕴含中国传统文化正髓，同时，从画面的角度也是超现实方法运用最为典型的作品之一，比之西方超现实主义出现早了几百年。

图 2-2-5　宋代　赵佶《瑞鹤图》　绢本设色　辽宁省博物馆藏

宋徽宗赵佶（1082—1135 年），宋神宗第十一子、宋哲宗之弟，宋朝第八位皇帝。先后被封为遂宁王、端王。哲宗于元符三年（1100 年）正月病逝时无子，向太后于同月立他为帝。第二年改年号为"建中靖国"。宋徽宗即位之后启用新法，在位初期颇有明君之气，后经蔡京等大臣的诱导，政治情形一落千丈，后来金军兵临城下，受李纲之言，匆匆禅让给太子赵桓，在位 25 年（1100 年 2 月 23 日—1126 年 1 月 18 日），国亡被俘受折磨而死，终年 54 岁，葬于都城绍兴永佑陵（今浙江省绍兴市柯桥区东南 35 米处）。他自创一种书法字体被后人称为"瘦金体"，他热爱画花鸟画自成"院体"。是古代少有的艺术天才与全才。被后世评为"宋徽宗诸事皆能，独不能为君耳！"

在宋画中，真实记录了当时各类建筑，首推《清明上河图》（图 2-2-6）。此画主题是宋代汴梁的汴渠两岸生活场景，再现了宋汴梁城繁荣的都市生活，反映出市民生活及市街商业活动的多样性，描绘了数量众多的房屋建筑，为后世提供了一条宋代市井画廊。从画中看到，在商业十分发达的汴京城中，各种店铺应有尽有，在码头附近也有小店。这些店铺都是瓦房，结构较简单。居民住宅与店铺建筑差不多，长方形房屋，盖着悬山瓦顶，有些住宅，屋顶采用歇山式，屋脊用瓦饰，有的还使用斗拱、朱红大门、高墙围绕，彩绘梁柱，十分豪华。城门是画中出现的最雄伟的建筑物，是汴京城内外分界线，也是京师的象征。这是画中最高等级的建筑，是标准的官方式样。在这巨大的城楼建筑上，密布着一层层华丽的斗拱。画中还有数座桥梁，最有特色的是城外的虹桥，是一座单孔桥。我国早期木桥梁遗存的甚少，这座虹桥使人们看到了具有卓越艺术匠心的早期木桥的风采。虹桥内外是汴京城外的热闹地带，各种店铺鳞次栉比，建筑形式较多。

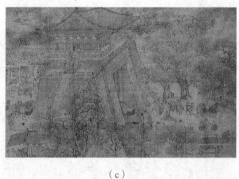

图 2-2-6　宋代　张择端《清明上河图》绢本设色　北京故宫博物院藏

（a）《清明上河图》；（b）《清明上河图》中的虹桥；（c）《清明上河图》中的城门

　　张择端（1085—1145 年），字正道，东武（今山东诸城）人。幼好读书，早年游学于京师（今河南开封），后习绘画，宋徽宗赵佶时为宫廷翰林图画院待诏。明代王孟端《书画传习录》谓其"性习绘事，工于界画，尤嗜于舟车、市桥、郭径，别成家数也"。传世作品有《清明上河图》卷，绢本设色，纵 24.8 厘米，横 528.7 厘米，是我国古代城市风俗画中具有重要历史价值和艺术价值之不朽杰作，在美术史上具有划时代的重要意义。该画所绘人物达 500 余人，贵贱劳逸，形形色色，显得生动传神；店铺作坊，茶房酒肆，行商摊贩，一派生意兴隆景象；长虹卧波，舟楫竞流，车骑争道，再现北宋盛景；寒食祭祖，携篮挑担，踏青插柳，把清明时节北宋都城汴梁社会各阶层之生活情景和繁华尽收画卷之中。全图规模宏大，场面壮观，结构严整谨密，笔法细致古雅，卷后有金代张著、张公药，元代杨准，明代吴宽、李东阳、冯保等 13 家题跋，曾经北宋内府、元代内府、明代朱文徵、清代内府鉴藏。1925 年溥仪将该画带出故宫，后流落于东北长春一带，现藏北京故宫博物院。

图 2-2-7　宋代　李嵩《水殿招凉图》　绢本设色　台北故宫博物院藏

　　李嵩的《水殿招凉图》（图 2-2-7）画出了重檐十字脊

歇山顶，屋顶脊饰、瓦陇、斗拱、椽檐、山花面，绘法极细腻。屋檐下方阑额上安补间铺作，当心间用两朵，次间各用一朵，完全符合宋代木匠建屋的技术规则。水殿下部自地面立永定柱，上施平坐，铺设地板，并置钩栏。建在池沼上廊桥，下用地袱，袱上立排叉柱，为研究宋代木桥、水闸的宝贵资料。

李嵩（1166—1243 年），宋钱塘（今杭州）人。出身贫寒，年少时曾以木工为业。好绘画，颇远绳墨。被宫廷画家李从训收为养子，承授画技，终成一代名家。宋光宗、宋宁宗、宋理宗三朝（1190—1264 年）画院待诏，时人尊之为"三朝老画师"。工画人物道释，得从训遗意，尤长于界画。人物画用笔细致，神采奕奕；花鸟画精丽严谨，不觉繁缛呆滞；山水画以意匠经营，情留象外，引人入胜；界画不用界尺，而宫苑楼阁规矩绳墨皆备，不同凡响。绘画题材丰富多彩，从宫廷到民间、从城市到农村、从生产到生活、从吃喝到娱乐、从仙山到龙宫、从历史到现实均在画中有所反映，以反映农村风土和农民生活的居多，所作有精工鲜丽之院体画，作品甚丰，仅著录者就达 50 多幅，如《明皇斗鸡图》《花篮图》；有白描淡色之风俗画，如《货郎图》；也有水墨渲染之山水画，如《西湖图》等。

三、元代

夏永的《岳阳楼》（图 2-2-8）采用虚实相对的对角线构图，高三层的岳阳楼被安排在画幅的左侧，而于右侧留下一片空白，巨壑空茫，远山一带，取孟浩然"气蒸云梦泽，波撼岳阳城"诗意，整幅笔法秀劲细密，巧妙地将直线、横线、斜线、弧线等各种线条有机结合，通过轮廓的轻重、线条的疏密，清楚地交代出楼阁远近纵深的层次感和"向背分明"的体积感，比例构造准确合度，飞檐、梁柱、斗拱、围栏等细节描写具体而精致，让观者有走进画中之感。舍弃设色而纯用白描的表现手法，使画面虽千繁万复却不显阻滞拥塞，盈尺之间，明洁素雅，美轮美奂。其精整工细的线描，

图 2-2-8　元代　夏永《岳阳楼》
绢本墨笔　台北故宫
博物院藏

正可谓"细若蚊睫，侔于鬼工"，这种纯以墨笔白描界画建筑的手法到元代以后已成为绝响，以至于清人李佐贤误以为此图是宋人所为："《岳阳楼图》，界画精巧，飞阁层檐，一丝不乱，楼中人物，纤悉具备，殆类鬼工……此等书画，乃宋人绝技，元明以后，已成《广陵散》矣。"此幅右上以蝇头小楷题写《岳阳楼记》全文，这些题字同样"小如蚁目""细若标针"，与其细密的画风相和谐，同时补充了画意，增强了作品的文学性和抒情效果，这也是夏永对中国古代界画发展的一大贡献。

夏永，字明远，钱塘（今浙江杭州）人，生卒年不详。擅长宫殿楼阁界画，师法王振鹏。所作《滕王阁图》《黄鹤楼图》《岳阳楼图》用细若发丝线描为之，刻画细腻，气势宏伟，把巍峨楼阁融于浩渺旷远之自然景观中。《花间笑语》云："细若蚊睫，侔于鬼工。"画上并以细微楷，写王勃的《滕王阁序》或范仲淹的《岳阳楼记》，用笔极为精细而不失矩度，堪称界画绝品。夏永擅画界画，喜绘滕王阁、岳阳楼、黄鹤楼，颇合营造规模，能迎合士大夫趣味，画风对后世影响很大。

王振鹏的《金明池龙舟图》（图 2-2-9）卷左主殿屋顶为十字脊重檐歇山式，正中有火燄宝珠装饰。殿顶鸱吻、瓦陇、脊兽完备，精巧富丽。画中主殿四周全用平坐，另有平坐立在水中作为水上平台和水上建筑的基座，可以绕圈行走。此图斗拱形式多样且绘法精

准，类型虽多却无杂乱之感。主殿在当心间用两至三朵补间铺作，次、梢间用一至两朵。元代补间斗拱与柱头斗拱较宋更突出，已无出跳位置不等的早期特点。殿之内外柱头上，皆施阑额和普拍枋至角出头，并加饰脚。元代的柱比宋代细长，柱高在建筑总高中所占比例增大。卷之中段歇山顶殿前凉亭原有两排柱子，殿内柱子大量减去，紧挨主殿装设两个月梁及一个垂莲柱，支撑轩的屋顶，室内空间显得宽敞，改善室内采光效果，叫作"减柱造"，在元代常用。

水上台基是此卷全部建筑物的基础，四角转角处有角石、角柱石，四周沿边上面平铺压阑石，中央是踏道，由花砖或整石雕成的斜面，刻满龙凤纹样的御路，富丽尊贵，只有皇宫才适用。王振鹏是根据宋孟元老《东京梦华录》所载，描绘宋太宗太平兴国七年（982年）于东京争标演习水军景象，对金明池中建筑物描写得淋漓尽致，宝津楼是皇帝观看争标赐宴的场所。

图 2-2-9　元代　王振鹏《金明池龙舟图》　绢本墨笔　大都会艺术博物馆藏

王振鹏（生卒年不详），元仁宗赐号"孤云处士"，官至漕运千户，元代著名宫廷画家。由于擅长界画，因此主要描绘楼阁亭榭等建筑物。其结构邃密，笔若悬丝，刻画精整。

四、明代

仇英的《汉宫春晓图》（图 2-2-10）中的梁柱、窗棂、栏杆、台阶等细节，直来直去，无论横线、竖线还是斜线，都像用计算机绘图软件绘制。林木、奇石穿插在宫殿中，铺陈出宛如仙境般的瑰丽景象。

图 2-2-10　明代　仇英《汉宫春晓图》局部　绢本设色　台北故宫博物院藏

《汉宫春晓图》以人物长卷画，生动地再现了汉代宫女的生活情景。其用笔清劲而赋色妍雅，山石花卉、奇石林木、宫殿楼阁华丽穿插掩映，宛如仙境般的瑰丽景象，极勾描渲敷之能事，体现了作者积极向上、热爱生活的人文思想，也表达了他对宫廷浮华美好生活的写实赞美。

仇英（约1498—1552年），字实父，号十洲，原籍江苏太仓，后移居苏州。尤其擅画人物，尤长仕女，既工设色，又善水墨、白描，能运用多种笔法表现不同对象，或圆转流美，或劲丽艳爽。偶作花鸟，亦明丽有致，与沈周、文徵明、唐寅并称"明四家"。

五、清代

袁江的《阿房宫》（图2-2-11）以秦始皇三十五年（前212年）兴建的阿房宫为题。画家凭借自己精深的古建知识和丰富的想象力使一组组已经逝去的带有神秘色彩的建筑得以再现。此图使用12条通景屏的表现手法，充分利用画面的宽度与广度，再现了阿房宫当年的恢宏气势，将华贵绮丽的画风发展到极致。

图2-2-11　清代　袁江《阿房宫》　绢本设色
北京故宫博物院藏

袁江是中国绘画史上有影响的画家，宫廷画家，专攻山水楼阁界画。雍正时，召入宫廷为祗候。在清代康熙、雍正、乾隆时期，楼阁工整山水当以袁江最有名。当时还有他的侄子袁耀同齐名。他们两人曾受扬州的山西盐商的聘请，到山西作画，作品在北方流传较多。他擅画山水、楼台，师法宋人。山水画主要学宋代闫次平，画石多鬼皴，楼阁主要学郭忠恕，工整严密。他的绘画素材多为古代宫苑，尤长于界画。界画是我国民族绘画中很有特色的一门画科，它在东晋时代已同人物、山水画并存了，发展到宋、元时期就已达到高峰，但一直受到文人画的排挤。画艺从师仇英，山探郭忠恕笔法及赵伯驹、刘松年等青绿山水一脉，同时传工界画，成为有清一代被推为第一的界画家。

单元二　壁画中的古建筑

古壁丹青，留存至今的壁画中的古建筑也是美轮美奂。

一、辽阳壁画

辽阳壁画墓群位于辽阳市北郊太子河两岸。这些墓室壁画的时代大概是东汉末年至魏晋时期。《凤凰楼阁百戏图》（图2-2-12）是辽阳汉魏墓壁画的代表作。楼阁重檐三层，在楼下广场上进行着一场精彩的乐舞杂技演出。演员共计19人，他们载歌载舞，各献绝技，节目惊险动人。在楼的二层斜格朱窗内，隐约坐着一位体态端庄的蓝衣者，好像是一名女性，其左侧有两位灰衣小吏。画面人物姿态生动，反

图2-2-12　辽宁辽阳北园1号
墓壁画《凤凰楼阁百戏图》

映了这一时期达官贵人的生活。壁画中的凤凰楼阁图，以鲜明的笔触描绘现实生活，刻画入微，精致传神。

《车列出行图》（图2-2-13）描绘辽东官员出行的场景，长十多米，画人173位，马

127 匹，车 10 辆。主人端坐最前面的车厢内；骑从排列车旁，前呼后拥；前导武士披盔戴甲，长驱直入；后随文吏执伞盖，提奁篋，托器物，鱼贯前行；武士披重甲紧随其后。整个车队阵容强大、气势威严。画中出现较多的是黄钺车、鼓车和金钺车。汉代的车马制度比先秦时更为繁缛、严格，从车的样式大小到马驾多少、车马装饰等，统统视职位高下而定，不得有任何僭越。由此，有考古专家认为，这幅画描绘的是汉代帝王和高级官员出行时的景象。

图 2-2-13 辽宁辽阳棒台子一号墓壁画《车列出行图》局部

二、敦煌壁画

在敦煌壁画中，建筑是最常见的题材中的一种，因建筑物最常用作变相和各种故事画的背景。在中唐以后最典型的净土变中，背景多由辉煌华丽的楼阁亭台组成。在较早的壁画，如魏隋诸窟狭长横幅的故事画，以及中唐以后净土变两旁的小方格里的故事画中，所画建筑较为简单，但大多是描画当时生活与建筑的关系，提供给人们另一方面可贵的资料。

图 2-2-14 正中是一座有障日板的堂。堂前有台阶，台阶上是直棂栏杆，檐下为连续的人字叉手，檐边是用来遮挡阳光的障日板。堂四周种植树木。

图 2-2-14 甘肃敦煌莫高窟
第 303 窟壁画/隋

图 2-2-15 所示描画了一段建于高台上的回廊。对于台基、地面、栏杆、柱枋、斗栱、屋面及瓦垄等构件，都有精美的描绘，如地板砖的装饰纹样、覆莲柱础等。

45 窟是莫高窟的代表窟，北壁东侧壁画内容是《未生怨》故事（图 2-2-16）。画中所描绘的庭院环境为当时社会的真实反映，是研究唐代社会生活的形象资料。

这些类型的建筑形象由敦煌壁画中可以清楚地看见。画的位置不局限于在墙壁上，简直是无处不可以画，题材也非常广泛。如门外两边、殿内、廊下、殿窗间、塔内、门扇上、叉手下、柱上、檐额，乃至障日板、钩栏，都可以画。题材则有佛、菩萨，各种的净土变、本行变、神鬼、山水、水族、孔雀、龙、凤等。由此得知，在古代建筑中，不唯普遍地饰以壁画，而且壁画的位置和题材都是没有限制的。

图 2-2-15　甘肃敦煌莫高窟第 148 窟中的回廊/唐

图 2-2-16　甘肃敦煌莫高窟
第 45 窟北壁东侧壁画/唐

》》模块三　音乐之美

建筑与音乐之间也有亲密关系，"建筑，凝固的音乐"。作为一种时空存在，中国传统建筑的庞大形体无声无息，而且是静止不动的，然而，一旦人们对建筑形象进行审美，作为令人获得一种愉悦的"节奏感"和"韵律美"。置身于美的建筑时空环境之中，仿佛"活"在了一支支风格迥异的"乐曲"里。这种体验让人全身心地沉浸其中，深刻领悟到生命的律动。

单元一　传统建筑的节奏与旋律

就中国一些佛塔的节奏、旋律来看，北京天宁寺塔为密檐十三层式，自第一层塔身以上层层密檐显得十分紧窄，故其形体节奏感显得很快捷，有一气呵成之势，其韵律也产生在形体结构的这种"紧迫"之中。河南登封富岳寺塔也是密檐式佛塔，共十五层，第一层塔身尤为高大，它以叠涩平座分为上下两段，其上一连十五层密檐，间距短促，节奏显得很快，由于塔的外形呈抛物线形，故其旋律不仅表现为巍峨挺拔，而且有圆和之相。相比之下，另外两个中国著名的塔就不同。山西应县木塔是中国楼阁式佛塔的代表作品。其外观为五层六重檐，由于塔檐之间间距甚大（除第一层塔檐与第二层塔檐间距较小之外），整座木塔的造型节奏就显得缓慢，那种冲天的韵律感就没有天宁寺塔或富岳寺塔那样强烈。上海松江方塔也是楼阁式佛塔的一个代表作，为九层砖身木塔，层檐之间的间距也较相同，所以它的节奏感就显得比较缓和，又由于该塔的塔檐层层激趣，所以在缓和的节奏之中还渗入着飞动、轻盈的韵律。

从中国建筑的立柱技艺看，一个大殿上立柱的多寡与疏密，必然影响殿内空间的节奏与旋律。同是大殿，故宫的太和殿、中和殿与保和殿的殿内空间节律就不相同。太和殿与明十三陵之长陵的祾恩殿相比也是不相同的。虽然都是皇家大殿，同是需要渲染庄严肃穆、金碧辉煌的气氛，同是王权之象征，但前者为理政之所，后者乃陵寝之制，在内部空间处理上就需要掌握不同的节奏和旋律，前者相对疏朗，而后者相对肃杀。长陵祾恩殿内空间长 66.75 米，进深 29.31 米，面积为 1 956.4 平方米，殿内有大型立柱 60 根，最粗的柱径为 1.17 米，由整段楠木制成，密密地排列在大殿之中，整齐而富有节奏。这种殿内空间的节奏与旋律是与渲染皇家陵寝的严肃、宏大氛围相吻合的。立柱的粗细与柱距的关系也对空间节奏与旋律造成影响。同样粗细的立柱，柱距大者，看上去就显得细弱一些，它所造成的空间旋律也必显得疏朗一些、放松一些；相反，同样柱距，立柱粗壮一些的，它所造成的空间旋律就显得紧凑。这是因为人对几何形体与空间的观照，在一定时空条件下，不可避免地存在着一定的生理性错觉的缘故。若柱距较近，柱子形象显得粗硕一些；相反，则显得细弱、苗条一些。

建筑形象的色彩处理也在一定程度上影响建筑形象的节奏与旋律。如果一幢建筑物色彩单一，节奏就显得平稳，如果各个立面的色彩变化过繁，过于跳跃，其节奏必然过分摇荡，甚至杂乱而失去节奏感与旋律感。建筑文化的色彩还有冷暖之区别，中国皇家之宫殿的色彩偏于暖色调，常以红、黄为基调，有时配以白色，即红柱、红墙、黄琉璃瓦与汉白玉台基，是一种比较热烈的建筑节奏与旋律。江南民居及与民居相和谐的江南文人园林建筑，其色彩偏于冷色调，白墙、灰瓦配以棕色的立柱、梁架，其节奏、旋律显得朴素、冷静与平和。建筑色彩上，赤橙黄绿青蓝紫，色彩由明到暗，由暖到冷，由硬到软，组成了一系列富于节律的色彩序列。从浓黑到深灰的色调，有点像音乐之低音区的音符序列：7654321；从浅灰到明亮的白色，相当于高音区 1234567 的音符序列。这种色阶的排列运用在中国建筑实物中是常见的。一般来说，中国传统建筑包括宫殿、坛庙、陵寝与民居等类型，非常跳跃的色彩节律是很少见的。

单元二　中国传统建筑的通感

从审美主体角度分析，中国传统建筑形象的音乐感是与人的审美相关的。人的视、听、触、味和嗅觉器官各司其职。分别接受来自外界具有不同特质、不同存在形态的信息刺激，产生各种不同的感觉，经过进一步加工，形成各自有别的知觉，引起一定的情感反应。

然而，在一定条件下，这五种感觉又可以彼此打通和交融。眼耳舌鼻和体各个器官的对象可以是一个，或者说，同一个外界刺激物，可以同时引起两种或两种以上感官的兴奋，这在生理心理学上被称为"通感"，即"联觉"或"感觉挪移"。

中国建筑形象的审美与此同理。在审美的生理心理上，它是审美主体的审美感受、情绪与意识，从空间性向时间性的"挪移"。例如，人们游览北京八达岭长城段时，长城的视觉特征首先引起视觉器官的兴奋；同时，也激起听觉器官的兴奋。条件是，长城这一宏伟的建筑形象作为审美对象的刺激必须是强烈的、有兴味的，能激起审美主体全人格震动的，而且审美主体必须具有一定的音乐修养，即具备一定的"音乐器官"，于是，这种听觉兴奋会伴随着深刻的视觉兴奋而来，渗入在视觉之中，共同完成对长城这一建筑形象整体性的审美感受与审美判断。不是所有游览长城的人都能对长城产生美感，更不是所有人都能激起通感，而通感的美感必然是更富于意境的。

课后思考

如下图，请问以下诗句中，哪一项写到了两只鹤立足的建筑构件？（　　）

A. "画栋朝飞南浦云"的"画栋"

B. "鸱吻大殿环修廊"的"鸱吻"

C. "四出飞檐鸟翼齐"的"飞檐"

第三部分　匠心之美

习近平总书记说过："在长期实践中，我们培育形成了爱岗敬业、争创一流、艰苦奋斗、勇于创新、淡泊名利、甘于奉献的劳模精神，崇尚劳动、热爱劳动、辛勤劳动、诚实劳动的劳动精神，执着专注、精益求精、一丝不苟、追求卓越的工匠精神。劳模精神、劳动精神、工匠精神是以爱国主义为核心的民族精神和以改革创新为核心的时代精神的生动体现，是鼓舞全党全国各族人民风雨无阻、勇敢前进的强大精神动力。"

国之重器，始于匠心，惟匠心以致远。伟大时代需要伟大工程，伟大工程需要伟大精神支撑和引领。

》》模块一　鲁班

鲁班之名在神州大地上家喻户晓，千百年来一直被人们传颂，历代工匠尊称他为鲁班仙师、公输先师、巧圣先师、鲁班爷、鲁班公、鲁班圣祖、鲁班祖师等。古代圣贤赞誉他为"机械之圣"。近现代史学家称赞他为"古代伟大的发明家"。鲁班没有专门的著作传世，关于他的文献记载又比较简略，后人对他的生平事迹并不十分清楚。随着历史的发展，人们把他演化为具有传奇色彩的能工巧匠、发明家和行业神。

鲁班（图 3-1-1），本姓公输，名般，又称公输子、公输盘、公输般。先秦古籍《礼记》《世本》《战国策》《吕氏春秋》等称鲁班为"公输般"，《墨子·公输》称为"公输盘、公输子"，《孟子·离娄》称为"公输子"。此后的《说文解字》《后汉书》等称为"公输班"。"般、盘、班"古代通用。"子"是先秦时期对名人的尊称，故公输般称为公输子。

公输般既然不姓鲁，为什么人们又将其称作鲁班呢？东汉经学家赵岐在《孟子》注中说："公输子，鲁班，鲁之巧人也；或以为鲁昭公之子。"东汉经学家高诱在《吕氏春秋》注中指出："公输，鲁班之号。"南朝学者薛综在《文选·西都赋》注中也充分肯定了这一点："鲁班，一云公输子。"明朝午荣等编的《新镌京板工师雕镂正式鲁班经匠家镜》（通称《鲁班经匠家镜》，以下简称《鲁班

图 3-1-1　鲁班

经》）卷一《鲁班仙师源流》记载："师讳班，姓公输，字依智。"据《鲁班书》记载："鲁班是鲁国人氏，姓公输子，法名班。"从以上史料可以这样理解：公输般是鲁国人，般与班同音，人们又称他为鲁班，后以鲁班名世。

鲁班出身工匠世家，家庭的影响和熏陶，使他从小就喜欢机械制造、手工工艺、土木建筑等古代工匠所从事的活动。小时候，他经常和家人一起参加土木建筑工程劳动。在劳动中，他虚心向家人和有经验的师傅请教，学习他们的先进技术和经验，并悉心观察他们在各项劳动中高超的操作技巧。长期的生产实践，加上个人的不懈努力，鲁班逐渐掌握了古代工匠所需要的各种技能，成为当时最杰出的能工巧匠。

人们为了纪念这位名师巨匠，把他尊为中国土木工匠的始祖。两千多年来，人们把古代劳动人民及有关的集体创造和发明都集中到鲁班身上。因此，有关鲁班的发明和创造的故事，实际上是中国古代劳动人民发明创造的故事。鲁班的名字实际上已经成为古代劳动人民智慧的象征。

单元一　鲁班的发明创造

鲁班一生的发明创造很多，亚圣孟子赞其为"巧人"，并说："公输子之巧，不以规矩，不能成方圆。"（《孟子·离娄上》）根据《物源》等古籍记载，鲁班的发明创造有很多，既有锯、刨、锛、锉、凿、钻、铲、曲尺（鲁班尺）、墨斗等工用器具，又有碾、磨、风箱等生活器具，还有木鹊飞鸢、鲁班锁、起吊器械、木人木马等仿生机械，以及云梯、钩强等军用器具。

千百年来，民间广泛流传着一个鲁班发明锯的故事。据说有一年，鲁班接受了一项建造一座巨大宫殿的任务。这座宫殿需要很多木料，所以鲁班就让徒弟们上山去砍伐树木，徒弟们用当时最先进的工具斧头来砍伐树木。虽然他们每天起早贪黑拼命地干，累得筋疲力尽，却砍不了多少树木，远远不能满足工程的需要，严重影响了工程进度。眼看着工期越来越近，这可急坏了鲁班，他决定亲自上山去察看树木的砍伐情况。上山的途中，他无意间抓了一把野草，却把手给划破了。鲁班感到很奇怪：一根小草为什么这样锋利呢？于是他摘下一片叶子细心观察，发现叶子两边长着许多小细齿，用手轻轻一摸，这些小细齿非常锋利，他的手就是被这些小细齿划破的。鲁班受到很大启发，他想：如果把砍伐木头的工具做成锯齿状，会不会有同样的效果？于是他就用大毛竹做成一条带有许多小锯齿的竹片，然后到小树上去做试验，几下就把树皮拉破了，再用力拉几下，小树干就被划出一道深痕，鲁班非常高兴。但由于竹片比较软，强度也比较差，不能长久使用，用不了多久，小锯齿有的就断了，有的变钝了，就需要更换竹片。这样不仅影响了砍伐树木的速度，而且耗费的竹片太多。应该寻找一种强度、硬度都比毛竹高的材料来代替它，鲁班想到了铁。于是他立即下山，请铁匠帮助锻造一个带有许多小锯齿的铁片，然后又来到山上。他和徒弟各自拉住铁片的一端，只见他俩一来一往，不一会儿就把树锯断了，又快又省力。锯就这样发明了。

鲁班的发明创造是中国古代劳动人民勤劳和智慧的结晶，也是他善于观察、思考、总结的硕果和不断提高、忘我劳动的丰厚回报。后人往往把古代劳动人民的集体创造和发明也集中到他的身上，因此，有关他的发明和创造，可以看作中国古代劳动人民集体智慧的结晶。

一、机械

鲁班发明机械一事，见于《礼记·檀弓》："季康子之母死，公输若方小。敛，般请以机封，将从之。公肩假曰：'不可！夫鲁有初，公室视丰碑，三家视桓楹。般！尔以人之母尝巧，则岂不得以！其母以尝巧者乎，则病者乎，噫！'弗果从。"依照传统习惯，季康子之母应当按照"三家视桓楹"的规格入殓，所谓视桓楹，就是在下葬时要用人力拉住系在椁四角的四根绳子，还要用人背着两个大如楹柱的木牌，击鼓为节，一齐动作，慢慢地将棺椁埋葬到坑里去。鲁班对于这种艰苦的劳动深有感受，因而建议实行机械下葬，"转动机关，空而下棺"（《礼记·檀弓》孔颖达疏），这是一种代替人力将棺椁放到坑中的工程起重机械。就是采用类似木把杆加木葫芦（滑轮）的吊装机具。

季家墓应属较复杂的墓葬工程，"敛"应系"下于棺椁"的技巧。郑玄、孔颖达对"机械"均有注疏，当时他所采用的"敛棺"方法，由于其时盛行厚葬，而未被采纳。

二、农业机具

先进农业机具的发明和采用是中国古代农业发达的重要条件之一。

据《世本》记载，石磨也是鲁班发明的。磨，最初叫硙，汉代才叫作磨，是把米、麦、豆等加工成面的机械。人类进入农业社会以来，去掉谷物壳皮、破碎豆麦就成为人们日常的烦琐劳作。早期采用的方法是用石头把谷物压碎或者碾碎，后来人们又把谷物放在石臼里面用杵来捣。这虽然是古代粮食加工工具的一大进步，但是仍然比较费时费力。接着，人们又发现与捣碎相比，研碎效果又好又省力。传说鲁班在劳动人民智慧的启示下，用两块比较坚硬的圆石，各凿成密布的浅槽，合在一起，用人力或畜力使它转动，就把米面磨成粉了。这就是 2 000 多年以来我国各地广泛使用的磨。磨的发明把杵臼的上下运动改变做旋转运动，使杵臼的间歇工作变成连续工作，大大减轻了劳动强度，提高了生产效率，是一个很大的进步。鲁班究竟怎样发明磨的真实情况已经无从查考，但是从考古发掘的情况来看，距今 6 000～6 500 年前后的仰韶文化时期，已经有石辗棒和石制研磨盘。龙山文化时期（距今 4 000 年左右）已经有了杵臼。因此，到鲁班的时代发明磨，是有可能的。《物原·器原》还说鲁班制作了砻、碾子，这些粮食加工机械在当时是很先进的。另外，《古史考》记载鲁班制作了铲。

三、木工工具

《孟子·离娄上》说："公输子之巧，不以规矩，不能成方圆。"足见当时已有"规"与"矩"。现在沿用的曲尺可能是鲁班在"矩"的基础上改进而来的，现代木工称它为"鲁班尺"。《续文献通考·空考·度量衡》说，鲁班尺"即今木匠所用曲尺，盖自鲁班传至于唐，……由唐至今用之"。曲尺构造简单，功能多，因而至今仍在应用。

关于鲁班尺最早的记述是在南宋时期。陈元靓著《事林广记·引集》卷六《鲁班尺法》。明代刻本《鲁班营造正式》卷六有曲尺直尺图，图名为鲁班直尺；在曲尺图中并注明：曲尺者有十寸，一寸乃十分。凡是营建房屋门的尺度，均用鲁班尺。

相传，鲁班还发明了木匠划线用的墨斗（图 3-1-2），那是他看到母亲裁衣服时，用一个粉末袋划线，受到启发的结果。墨斗刚做好时，鲁班每次弹线，都得请母亲帮忙，捏住墨线的一头。有时，母亲正在做衣服或煮饭，也不得不放下，赶来帮忙。有一天，鲁班母亲对他说："你做个小勾子，不就可以代替我捏着墨线了吗？"鲁班一听，对呀！他很快做成了一个。从此，一个人就可以弹墨线了。直到现在，木工师傅们还称这个小钩子为"班母"！

　　传说有一次，鲁班见农人用耙子把地耙得很平，他从中受到启发，回家便制了一把平刃平面的刀，上面盖了块铁片，这回鲁班不砍了，他用这把刀在木料上推。一推，从木料上推下来薄薄一层木片，推了十几下，木头的表面又平整又光滑，比过去用斧头砍可强多了，可这东西拿在手里推时既卡手又使不上劲，鲁班又做了一个木座，将刨刀装在里面，刨子就这样诞生了(图 3-1-3)。

图 3-1-2　墨斗　　　　　　　　　　　　　图 3-1-3　刨子

四、锁钥

　　在周穆王时已有简单的锁钥，形状如鱼。鲁班改进了锁钥。他制造的锁，外面不露痕迹，机关设在里面，必须借助配合好的钥匙才能打开。

五、兵器

　　钩和梯是春秋末期常用的兵器。

　　鲁班将钩改制成舟战用的"钩强"。钩强见于《墨子·鲁问》："昔者楚人与越人舟战于江，楚人顺流而进，迎流而退，见利而进，见不利则其退难。越人迎流而进，顺流而退，见利而进，见不利则其速退。越人因此若势，亟败楚人。公输子自鲁南游楚，焉始为舟战之器，作为钩强之备，退者钩之，进者强之，量其钩强之长，而制为之兵。楚之兵节，越之兵不节，楚人因此若势，亟败越人。"可见"钩强"在水战中有防御和进攻两用的特点。其构造据《通典·岳五·守拒法附》中说："钩竿如枪，两旁有曲刃，可以钩物。"这种兵器类似江南一带水运竹排时所用的工具。钩强这种能钩能拒、能攻能守的舟战新式兵器，在楚、越长江水战中大显威风，使楚国转败为胜。

　　云梯是攻城的兵器。《墨子·公输》记载："公输盘为楚造云梯之械，成，将以攻宋。"《战国策·公输般为楚设机章》写到墨子往见公输般时说："闻公为云梯"。这也证实了鲁班制造云梯的事迹。云梯构造，据《史记索隐》说："梯者，构木瞰高也。云者，言其升高入云，故曰云梯。"唐人杜佑撰的《通典·岳十三·攻城战具附》，将其构造叙述得更为详细："以大木为床，下置六轮，上立双牙，牙有检，梯节长丈二尺，有四桄，桄相去有三尺，势微曲，递互相检，飞于云间，以窥城中。"又说："有上城梯，首冠双辘轳，枕城而上，谓之飞云梯。"据此推测，云梯已有装配的"梯节"和多轮平板车的雏形，上部构造估计与现在消防所用攀登云梯相仿。

　　春秋战国时期，各国都城墙高池深，易守难攻，原有的攻城兵器如临冲、楼车等已显得落后，鲁班借鉴原有攻城兵器的长处，发明创造了攻城的云梯。鲁班创造的云梯既能瞭望城内的情况，又能乘梯登上城墙，这在当时是很先进的攻城兵器。

六、仿生机械

鲁班发明的木鹊是一种以竹木为材的飞行器械。后人称之为飞鸢、木鸢。《墨子·鲁问》说："公输子削竹木以为鹊，成而飞之，三日不下，公输子自以为至巧。"不仅鲁班认为这是一件杰作，后人也为之津津乐道，《论衡》《列子》《淮南子》《韩非子》《文选》《初学记》《太平御览》等都曾引述，可见其影响之大。这种用木料制成的飞行器是人类征服空间世界的最早试验之一。估计类似现代的"竹蜻蜓"或"飞机模型"。至于"飞之，三日不下"则为夸张之词。另据《鸿书》记载，他还曾制木鸢以窥宋城。

《论衡·儒增》记述了一种传言，说他制作出备有机关的木车马和木人御者，可载其母。木车马，《论衡·儒增》说："犹世传言曰：'鲁般巧，亡其母也。'言巧工为母作木马车，木人御者，机关备具，载母其上，一驱不还，遂失其母。"这个记载虽有失实之处，但在当时是了不起的发明创造。

七、雕刻

鲁班在雕刻方面有很深的造诣，传说鲁班刻制过精巧绝伦的石头凤凰。据《列子·新论·知人篇》记载，有鲁班雕刻凤凰的故事。故事说，有一次，鲁班雕刻一只凤凰，当他还没有雕成时，就有人看了讥笑道，你刻的凤凰一点都不像，脑袋不像脑袋，身体不像身体。鲁班听了非常生气，但并没有灰心丧气和停止工作，他决心用自己的实际行动回答他人的讽刺。因此，他更加努力学习、刻苦钻研，经过他的不懈努力，最后终于将凤凰刻成。他刻出的凤凰栩栩如生、非常逼真，赢得了众人的赞誉，那些曾经讥笑他的人也不得不佩服鲁班的高超技艺和刻苦精神。这充分表现了鲁班不怕讥讽、刻苦钻研的精神。《列子·新论·知人篇》中形容鲁班刻的凤凰："翠冠云耸，朱距电摇，锦身霞散，绮翮焱发。"

《述异记》记载，鲁班曾在石头上刻制出"九州图"，这大概是最早的石刻地图。

八、土木建筑

《事物纪原》和《物原·室原》都说鲁班创制铺首。铺首即安装门环的底座，多为铜制，作虎、螭、龟、蛇等形。《营造法式》卷二"门"引《风俗通义》记载，铺首系鲁班发明，并详细记述其形制。《物原·室原》说："鲁般又饰门窗以铺首。"《事物纪原》引百家书，也认为公输般见蠡而作铺首。铺首就是门窗上的构件，古代常做成蠡形、螺形、龟蛇形等，其衔环既是一种增加美观的装饰，又是便于启闭门窗的实用构件。把这两种功能巧妙地结合在一起，是鲁班的又一发明创造。

由此可见，鲁班不仅是能工巧匠，而且是伟大的发明家。

单元二　鲁班精神

鲁班精神的精髓：工作态度上的孜孜不倦、兢兢业业；技术要求上的精益求精，以及科技上的不断探求和创新。

鲁班精神的内核是勤于思考、立足实践、善于钻研、巧于创新、注重细节、锲而不舍、不怕困难、精益求精、决不半途而废。鲁班既是一个精益求精的能工巧匠，又是一个发明家。鲁班的精神在现在具有极强的现实意义。鲁班精神的核心内容总体来说就是传承规矩，创新工具；精美建筑，诚信服务。

鲁班是受到小草边缘细齿的锋利的启发发明了锯。大多数人只是认为这是一件生活中的小事情，不值得大惊小怪，而鲁班却有强烈的好奇心和正确的想法并且勇于把自己的想法变成现实。

《列子·新论·知人篇》中记载了鲁班雕刻凤凰的故事，从中可以学习到鲁班刻苦钻研、勇往直前的精神。

鲁班勤于动脑，大胆实践，终于发明创造出很多新颖的木工工具，既使木工们从原始、繁重的劳动中解放出来，又大大地提高了劳动效率和生产质量。鲁班的开拓创新精神，永远值得后人学习。

作为能工巧匠，鲁班的特点在于注重实践，注重言传身教。鲁班的弟子对鲁班技艺的继承也主要在实践层面，他的弟子跟他学习手艺，而不会像孔子弟子那样记录老师的言论，但是，鲁班的发明创造毕竟世代相传。他四处传艺，惠及四方，在中国科技史上作出了杰出贡献。鲁班被称为土建、工匠的"始祖"还远远不够，他还是中国古代科技文化的集大成者，是中国当之无愧的科技发明第一人。

《墨子·鲁问》中记载："公输子削竹木为鹊，成而飞之，三日不下。"这是人类征服空间世界最早的试验之一。学者们认为，鲁班是中华民族勤劳智慧、勇于创新的典范，对中华民族的精神品格具有深刻、恒久的影响，值得大力提倡、永久发扬。

时下，我国大国工匠的涌现和评选就是当今社会建设者对鲁班发明创造的提倡和继承。鲁班的务实精神也应该是我们值得效法、学习和发扬光大的。

大国工匠就是劳动者的楷模。他们都是在日常平凡的劳动中千锤百炼，而成为劳动者中的佼佼者的。劳动技能是在日复一日、年复一年的重复过程中逐渐摸索的，这昭示了一个道理：做人不要好高骛远，要通过刻苦扎实的努力换来事业的成功。蓝领如此，白领也是如此，大国工匠们更是如此。当前，中国的经济走向新常态，创新是必要的基础，没有创新，就要长期受制于他人。中国是一个消费大国，但还远不是一个制造业大国，依靠低廉的产品只能增加资源的消耗，是没有出路的。要想享受更好的生活，不能指望他人，只有不断提高自己，才能把握自己的命运。因此，热爱岗位，钻研技能，脚踏实地，才是普通劳动者的成功之路。在这样的时代背景下，学习鲁班的创新精神、创造精神是具有巨大的现实意义的。

鲁班精神不仅适用于建筑行业，对各行各业，对弘扬创新精神、助力创新型国家建设都具有现实意义。

单元三　鲁班奖——国内建筑行业工程质量最高奖

一、鲁班奖的意义

我国建筑行业工程质量的最高荣誉奖，被命名为鲁班奖，这是对鲁班创新精神、创造精神的褒奖和发扬。鲁班奖的全称为"建筑工程鲁班奖"，建筑工程鲁班奖是于1987年由中国建筑业联合会设立的。鲁班奖是行业性荣誉奖，属于民间性质。1996年7月，根据建设部"两奖合一"的决定，将1981年政府设立并组织实施的"国家优质工程奖"与"建筑工程鲁班奖"合并，奖名定为中国建筑工程鲁班奖。

中国建筑工程鲁班奖是国内建筑行业工程质量最高荣誉奖。鲁班奖每年颁奖一次

（自 2010—2011 年度开始，每年评审一次，两年颁奖一次），授予创建出一流工程的企业。

鲁班奖创立 30 多年来，通过授予争创一流工程的企业，有效地促进了我国工程建设质量水平的提高。鲁班奖这一建筑行业的最高荣誉奖，在行业和社会中的影响越来越大，赢得了广泛的知名度。

鲁班奖评选出了一大批高质量、高水平的工程。除一般工业与民用建筑外，获奖工程还有石油化工、煤炭矿井、海港码头、水力发电站、核电站、道路桥梁、民用机场和火箭发射场等。获奖工程使用功能好，体现了我国施工质量的最高水平。

鲁班奖的评选推动了企业加强质量管理。鲁班奖工程的高标准要求企业必须在开工前就按照鲁班奖评选条件制定质量目标，提出技术措施，强化质量控制，精心组织施工，严格检查验收，在工程上遇到新问题时还要组织技术攻关，并要做好整个工程技术档案材料的积累。严格的管理才有可能创出高质量的工程，因此，创建鲁班奖工程的全过程，也是加强管理的全过程。

鲁班奖的评选提升了获奖企业的社会信誉和知名度。对荣获鲁班奖工程的企业，住房和城乡建设部与中国建筑业协会要召开颁奖大会进行表彰和宣传，还要编辑出版获奖工程专辑，在国内外进行交流和宣传。这使获奖企业提高了知名度，不少建设单位主动找这些企业承建工程项目。

鲁班奖的评选推动了建筑行业的"创名牌"活动。1994 年中国质量战略高层研讨会提出了要搞好"创名牌"产品的问题，这关系到与国际接轨，关系到企业在市场上的竞争能力和经济效益。建筑业企业的名牌产品就是精心打造的高水平工程，鲁班奖工程实际上就是建筑业企业的名牌。

二、鲁班奖获奖作品

1. 辽宁广播电视塔

辽宁广播电视塔又称辽宁彩电塔，位于辽宁省沈阳市沈河区南运河畔，塔高 305.5 米，是集广播、电视发射与旅游观光、餐饮娱乐为一体的多功能现代化高塔，同时，也是东北地区最高的建筑(图 3-1-4)。沈阳最高的"空中乐园"设在塔楼的 193～205 米处，内有空中舞厅、旋转舞厅、露天观览平台等场所，可容纳上千人观光、餐饮、娱乐。1991 年荣获中国建筑业联合会颁发的鲁班奖，是沈阳城市的标志性建筑，被列为辽宁省五十佳和沈阳市十五佳旅游景点。

2. 丹东抗美援朝纪念馆改、扩建工程

抗美援朝纪念馆坐落在辽宁省丹东市英华山上，是全国唯一全面反映中国人民抗美援朝战争和抗美援朝运动历史的专题纪念馆，也是全国爱国主义教育示范基地(图 3-1-5)。园区总占地面积 18.2 万平方米，以纪念性园林红色教育为主线，由纪念馆、纪念塔(图 3-1-6)、全景画馆、国防教育园等组成。其中，

图 3-1-4 辽宁广播电视塔

纪念馆建筑面积为 2.38 万平方米，以"抗美援朝，保家卫国"为基本陈列主题，设置了序厅、抗美援朝战争厅、抗美援朝运动厅、中朝友谊厅、中国人民志愿军英烈厅、纪念厅等。

图 3-1-5　丹东抗美援朝纪念馆

1993 年，抗美援朝纪念馆新馆落成；2014 年，中央批复同意纪念馆再次改、扩建，2016 年正式开始施工，中国建筑旗下中建八局作为主力军，全面统筹工程建设；于 2018 年 10 月底竣工，一举斩获 2020 年度中国建设工程鲁班奖。

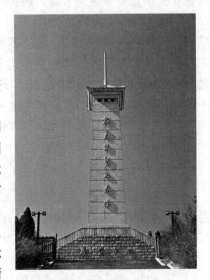

图 3-1-6　抗美援朝纪念塔

2020 年 9 月 19 日，在中国人民志愿军抗美援朝出国作战 70 周年之际，经过改、扩建后的抗美援朝纪念馆新馆正式开馆。改、扩建后的抗美援朝纪念馆新馆占地面积 18 万平方米、建筑面积近 3 万平方米，馆内展陈面积 7 879 平方米，是旧馆的近 5 倍。新馆以纪念性园林红色教育为主线，包含纪念大道、国防教育园、荷萍池、基石广场、纪念广场、纪念馆六大板块。承担改、扩建任务的中建八局调派精兵强将，克服工艺多、专业性强、交叉作业多、现场管理协调难度大等重重困难，全力投入新馆建设。

高耸于馆前广场上的纪念塔是整个工程的标志，塔高 53 米，旨在纪念 1953 年抗美援朝战争取得伟大胜利。正面镶嵌着由邓小平同志题写的"抗美援朝纪念塔"七个鎏金大字，周围矗立着 4 处志愿军将士的群雕，颂扬着中国人民志愿军的丰功伟绩，寄托着后人对先烈的无限缅怀。"原来这里有座塔，我们不仅要把原塔的厚重感表现出来，还要符合现代人的审美，"项目副总工李伟说，"我们克服了设计图纸深化、采购周期的影响，用 35 天的时间，完成了从深化设计、招标采购到升级改造的全部工作。"项目团队坚持把每一道工序做精，将纪念塔本身的震撼壮观完美呈现了出来。

抗美援朝纪念馆新馆自 1993 年落成以来，先后被命名为首批"全国百个爱国主义教育示范基地""国家国防教育示范基地""全国中小学爱国主义教育基地""全国文化工作先进集体""全国 4A 级旅游景区""全国百个红色旅游经典景区""全国红色旅游工作先进集体""全国廉政教育基地""全国人文社会科学普及基地"等国家级称号，是广大群众和社会各界了解抗美援朝历史、缅怀志愿军英雄、传承抗美援朝精神、培育社会主义核心价值观的重要阵地。

鸭绿江水，奔流不息。伫立在断桥上环顾，仿佛依然能听到炮火的轰鸣。江水滔滔，青山巍巍，精心雕琢的抗美援朝纪念馆再一次以崭新的面貌展现在世人面前，它用一张张图片、一段段文字、一件件物品传承着伟大的抗美援朝精神，激励中国人民和中华民族克服一切艰难险阻、战胜一切强大敌人。

》》 模块二　喻皓

喻皓出生于战乱的五代十国时期，他的一生绝大部分时间是在杭州一带度过的。

五代十国五十余年，全国处于四分五裂的状态。960年赵匡胤建立了宋王朝。但是，还有些割据势力，如南唐李氏、吴越钱氏等继续存在，喻皓就生活在吴越治下。吴越国君曾在杭州梵天寺建立木塔，建到两三层时，他登上去看，塔发生动摇。当时建塔的人员说："未布瓦，上轻，故如此"。但是"以瓦布之，而动如初"，没有办法，只好去请教喻皓。问喻皓"塔动之因"，喻皓笑着回答说："此易耳，但逐层布板讫，便实钉之，则不动矣。"建塔工人根据喻皓的意见进行施工，结果"塔遂定"而不动了。这是什么道理呢？是由于"六幕相持"，即"盖钉板上下弥束，六幕相联如胠箧，人履其板，六幕相持，自不能动。"这样，喻皓的高度技术水平便更加使人佩服，"人皆伏其精练"。喻皓成为全国闻名的建筑匠师，被誉为"国朝（宋朝）以来木工，一人而已"。

单元一　《木经》

喻皓晚年，总结长期建筑实践经验，写出了我国历史上第一部木工手册《木经》。《木经》一书共三卷，是一部很有价值的科学技术著作，宋初曾刊行于世。到11世纪末沈括说："近岁土木之工，益为严善，旧《木经》多不用，未有人重为之。亦良工之一业也。"

《木经》主要是讲"营舍之法"的，即房屋建筑方法与规格。《木经》把房屋的建筑分为"三分"，也就是三个阶层，"自梁以上为上分，地以上为中分，阶为下分。"每一"分"都有具体规格，如建厅堂法，梁与槫的"配极"规定："凡梁长几何，则配极几何，以为槫（圆椽）等，如梁长八尺，配极三尺五寸"，这是"上分"。"中分"的规格主要是楹（柱子）长与槫长的比例关系，"楹若干尺，则配堂基若干尺，以为槫等。若楹一丈一尺，则阶基四尺五寸之类。以至承拱、槫、桷（方椽）皆有定法。"对于厅堂之类建筑物的"下分"，只是台阶就有"峻、平、慢三等"之别。宫殿建筑的台阶还要考虑车辇的出入，《木经》中规定"凡自下而登，前竿垂尽臂，后竿展尽臂为峻道"，就是说台阶最陡；"前竿平肘，后竿平肩，为慢道"，就是说台阶的坡度最小，"前竿垂手，后竿平肩，为平道"，就是说台阶的坡度在"峻道"与"慢道"两者之间。这里所说的"前竿""后竿"是指抬辇的劳动者而言，据沈括注解知道，当时抬辇者共12人，分为六对，最前一对叫"前竿"，最末一对叫"后竿"。综上所介绍的内容只是《木经》当中的一部分。

单元二　开宝寺塔

开宝寺塔始建于北宋仁宗皇祐元年（1049年）。建造时，采用28种赭色琉璃砖镶砌。由于岁月的剥蚀，铁塔原来的颜色已模糊不清，"日月丽层屑，今但存白黑。"所以铁塔又有黑塔之称。因塔的外壁全部用深褐色琉璃面砖，庄重凝厚，元代以后人们俗称铁塔

（图 3-2-1）。铁塔平面呈等边八角形，高 55.88 米，塔身层层辟圭形门，从一层到六层，自北、南、西、北、东、南、后等方向以此类推。其实，塔高不止 55.88 米。清人常茂徕《铁塔寺记略》中描绘，当初铁塔的根基是"塔座下八棱方池，北面有小桥，过桥由北门洞入。"《如梦录》有记："向南一门匾书：'天下第一塔'。"现在铁塔的根基，塔座下既没有"八方棱池"，北面也没有"小桥"，更没有"天下第一塔"的门匾，仅仅是"由北门洞入"与现实吻合。这说明铁塔的根基掩埋在地下一部分。资料记载埋下部分为"丈余"。据已知龙亭一带明末水淹时淤积层的深度推知铁塔当时被淤埋的"丈余"，大概是 4 米左右，那么铁塔原高就有 59 米。究其原因：清道光二十一年（1851 年），黄河水围汴城，人们为了保护这座雄伟的古建筑物，主动将塔座下的八棱方池和北面的小桥（通过桥进一层北门）垫平，便留下现状的铁塔。距今九百多年的铁塔，历

图 3-2-1　开宝寺塔

经宋、金、元、明、清 5 个朝代，以及民国时期漫长岁月，遭受地震 43 次，冰雹 10 次，河患 6 次，风灾 19 次。民国二十七年（1938 年）农历端午节第二天，惨遭日本侵略军炮轰，致使塔身遍体鳞伤。铁塔虽屡遭天灾和人祸，但它宛如钢铸桅杆巍然屹立在开封城东北隅。

在我国数以千计的古塔中，开封铁塔的建筑艺术堪称琉璃塔中的一绝。它是一座仿木结构仿楼阁式佛塔，而不是一座真正的楼阁式塔。在建筑上模仿了原木塔〔其前身灵感木塔，是宋代名匠喻皓创建，建成后仅存世 50 多年，于宋仁宗庆历四年（1044 年）遭雷击被烧毁〕的平面、高层和可登临性，变木为琉璃面砖瓦，坚固的琉璃面砖瓦克服了木塔易燃的最大危险。装饰艺术上，铁塔是一座完美的巨型艺术品。远观，浑然如铸，气势惊人；近看，自下而上，遍身浮雕。由表及里，大至塔顶飞檐斗拱，小到勾头、滴水，无处不见艺术；美轮美奂，精雕细刻，集北宋琉璃工艺之大成。砖雕有佛教人物像，有佛教花卉，有动物图案，也有璎珞等装饰图案。铁塔花砖达 50 多种，各类造型砖达 80 多种，塔顶葫芦式大宝珠高达 2.65 米。铁塔，作为中国名塔之一，在河南宋代砖塔中，它是最杰出、最有影响的代表。因它挺拔有力、气宇轩昂的艺术风格，加上塔高达 55.88 米，堪称全国琉璃塔之最。

向西眺望是 1986 年建成的接引殿。接引殿为重檐歇山式建筑，殿前石狮雄踞，殿周 24 根大柱，大殿台基青石栏杆拦护，上有妙趣横生的 96 只小石狮环绕排开。殿内是宋代铜铸接引佛，高达 5.4 米，重 120 吨，遍体光华，金粉饰身。佛左手捧心，右手下垂，低眉睁目，面部慈悲。

"擎天一柱碍云低，破暗功同日月齐。半夜火龙翻地轴，八方星象下天梯。光摇潋滟沉珠蚌，影落沧溟照水犀。文焰逼人高万丈，倒提铁笔向空题。"元朝冯子振笔下的铁塔给人以美的享受，难怪后人"你方看罢我登塔"，皆为铁塔消得人憔悴。

开宝寺塔，在京师诸塔中最高，而制度勘精，都料匠喻皓所造也。塔初成，望之不正而势倾西北。人怪而问之，皓曰："京师地平无山，而多西北风，吹之不百年，当正也。"其用心之精盖如此。国朝以来木工，一人而已。至今木工皆以喻都料为法。有《木经》三卷，今行于世者是也。

译文：开宝寺塔，在京师所有塔中是最高的，结构也是最精良的，是都料匠喻皓所造。塔刚建成的时候，望塔不端正而向西北倾斜，大家都奇怪，问喻皓，喻皓说："京城地势平坦无山，而多刮西北风，风吹塔不用一百年，塔自然就正过来了。"喻皓用心之精细大抵如此。宋朝开国以来，（像样的、著名的、专家级的）木工就这一人而已，至今木工皆以喻都料（姓＋官职）为榜样（标准）。

▷▷ 模块三　蒯祥

蒯祥（1398—1481 年），字廷瑞，中国明代建筑工匠，香山帮匠人的鼻祖，吴县香山（今江苏苏州胥口）人。

蒯祥的祖父蒯思明、父亲蒯福都是技艺精湛、闻名遐迩的木匠。其父蒯福曾于明初主持过金陵皇宫的木作工程，在建筑界颇有声望。在祖父和父亲的熏陶下，蒯祥也是造诣很深，年轻时就有"巧木匠"之称。

明朝永乐帝朱棣决定迁都北京，调集能工巧匠建造皇宫。蒯祥随其父应征，随后升任"营缮所丞"，设计并直接指挥明宫城的营建。据记载，蒯祥曾参与和主持了众多的皇室工程，如北京宫殿和长陵、献陵、景陵、裕陵四座皇陵，还有皇宫前三殿（奉天、华盖、谨身）、二宫（乾清宫、坤宁宫）的重建，北京衙署、北京隆福寺、南内，以及北京西苑（今北海、中海、南海）殿宇的建造，包括设计建造承天门（今天安门）。

蒯祥精于建筑构造，《吴县志》中有"略用尺准度，造成以置原所，不差毫厘"的记载。他擅长宫殿装銮，把具有苏南特色的苏式彩绘和陆墓御窑金砖运用到皇宫建设中，他自己"能双手握笔画龙，合之为一"，他还善于创新，因发明了宫殿、厅堂建设中的"金刚腿"（俗称"活门槛"）而被授职"营缮所丞"。蒯祥技艺超群，不久便擢升为工部左侍郎，食从一品俸禄。京城中文武诸司的营建，也大多数出于他手。他奠定了明清两代宫殿建筑的基础，所以明代故宫的鸟瞰图上，把蒯祥的像画在上面。康熙时《苏州府志》也有"永乐间，召建大内，凡殿阁楼榭，以至回廊曲宇，样随手图之，无不称上意"的佳话，遂被世人称为"蒯鲁班"。

蒯祥晚年，还经手建造十三陵中的裕陵。到宪宗成化年间，他已 80 多岁，仍执技供奉，保持着"蒯鲁班"的称号。他是一个时代建筑工艺水平的代表，堪称香山帮建筑工匠中的泰斗。

拓展小知识

香山帮
苏州香山位于太湖之滨，自古出建筑工匠，擅长复杂精细的中国传统建筑技术，人称香山帮匠人，史书曾有"江南木工巧匠皆出于香山"的记载。明蒯祥因其建筑技艺高超而被尊为"香山帮"鼻祖。从匠心独运的苏州古典园林到气势恢宏的北京皇家宫殿，数百年来，苏州香山帮匠人的精湛技艺代代相传，香山帮匠人的杰作苏州园林和明代帝陵被列为世界文化遗产。

皇家建筑是香山帮能发展巨大的催化剂，从蒯祥身上显现出来的无量前程，使香山人看到了建筑匠人自身的价值。从此，香山人的心理天平发生倾斜，求业看好建筑行当，于是从者如云。相传工匠人数达 5 000 余人。据 1958 年统计，光胥口香山一方，尚有建筑工匠 2 200 多人。正因为香山一地从事建筑行业的人多且成群，便称为香山帮。蒯祥因其高超的建筑技艺和高就的政治地位，便被尊为香山帮的鼻祖。

香山帮建筑工匠群体不但工种齐全，而且分工细密，能适应高难度建筑工艺的需求。例如木匠分为大木和小木。大木从事房屋梁架建造，上梁、架檩、铺椽、做斗拱、飞檐、翘角等。小木进行门板、挂落、窗格、地罩、栏杆、隔扇等建筑装修。小木中有专门从事雕花工艺(清以后木工中产生了专门的雕花匠)。木雕的工艺流程有整体规划、设计放样、打轮廓线、分层打坯、细部雕刻、修光打磨、揩油上漆。除了分工细密，香山帮工具也是很先进的。例如，木匠用的凿子分为手凿、圆凿、翘头凿、蝴蝶凿、三角凿五种，而每种又有若干不同尺寸或角度的凿子。

香山帮建筑具有色调和谐、结构紧凑、制造精巧和布局机变的特点，可谓技术精湛，名享天下，代代相传。

>>> 模块四　样式雷

"样式雷"，是对清朝二百多年间主持皇家建筑设计的雷姓世家的誉称。由于其拥有特殊的画样、烫样等技术，又在清朝二百六十余年内让清廷皇室的建筑师职位样式房掌案成为世袭(样式房相当于清代皇家建筑样式设计机构，掌案即总设计师)，于是雷家又被称为样式雷。中国清朝宫廷建筑匠师家族成员有雷发达、雷金玉、雷家玺、雷家玮、雷家瑞、雷思起、雷廷昌、雷献彩等。

"样式雷"建筑世家凭借八代人的智慧和汗水，留下了众多伟大的古建筑作品，也为中国乃至世界留下了一笔宝贵的财富。

"样式雷"的作品非常多，包括故宫、北海、中海、南海、圆明园、万春园、畅春园、颐和园、景山、天坛、清东陵、清西陵等。其中有宫殿、园林、坛庙、陵寝，也有京城大量的衙署、王府、私宅及御道、河堤，还有彩画、瓷砖、珐琅、景泰蓝等。另外，还有承德避暑山庄、杭州的行宫等著名皇家建筑。总之，中国很多被列入《世界遗产名录》的建筑设计，都出自雷家人之手。

另外，在战乱年间，雷家人还从事了大量皇家建筑的修复工作。八国联军入侵时，北京城和城内外各类皇家建筑再度遭到破坏，雷廷昌及雷献彩主持了大规模修复、重建工程，如北京正阳门及箭楼等城楼、大高玄殿、中南海等。雷家为中国古代建筑的发展作出了巨大贡献。宏伟壮丽的北京故宫、古朴典雅的颐和园、中西合璧的圆明园……这些中国乃至全世界古建筑中的瑰宝凝聚着这个建筑世家的心血与智慧。

单元一　样式雷家族

第一代"样式雷"——雷发达（1619—1693年），字明所，江西建昌（今永修县）人。清初与堂弟雷发宣以建筑工艺应募赴京，康熙中叶参与重建紫禁城三大殿（太和殿、中和殿、保和殿）。著有《工部工程做法则例》《工程营造录》等。

第二代"样式雷"——雷金玉（1659—1729年），字良生，雷发达长子，继承父业任营造所长班。康熙时营建畅春园，雷金玉承领楠木作（工种之别，古代称"作"，五行八作，都是百工之人）工程。雍正时应召担任圆明园样式房掌案，带领工匠设计制作殿台楼阁和园庭的画样、烫样，指导施工，对圆明园的设计和建造工程贡献很大。朱启钤《样式雷考》云："样式房一业，终清之世最有声于匠家亦自金玉始也。"

第三代"样式雷"——雷声澂（1729—1792年），字藻亭，雷金玉第五子。出生三月，父亲去世。雷金玉子侄们无一能担起样式房的工作，皆举家南归。唯寡母张氏抚育幼子雷声澂留居北京，继承父业。

第四代"样式雷"——雷家玮（1758—1845年），字席珍，雷声澂长子；雷家玺（1764—1825年），字国宝，雷声澂次子；雷家瑞（1770—1830年），字徵祥，雷声澂幼子。雷家玺于乾隆五十七年（1792年）主持承建万寿山、玉泉山、香山园庭工程及承德避暑山庄。中间因办昌陵（嘉庆陵寝）工程出外，以弟家瑞领圆明园掌案。兄弟先后供事于乾嘉两朝工役繁兴之世，又承办宫中年例灯彩及焰火等工程。

第五代"样式雷"——雷景修（1803—1866年），字先文，号白璧，雷家玺第三子。16岁便随父亲在圆明园样式房学习建筑工艺。咸丰二年（1852年）出任样式房掌案。雷景修最突出的贡献是收集了祖上所传和自己在工作中留下来的设计图样、烫样模型，使这些珍贵的建筑资料得以保留至今，世称"样式雷图档"。

第六代"样式雷"——雷思起（1826—1876年），字永荣，号禹门，雷景修第三子。少随父参与建造定陵（咸丰陵寝），同治四年（1865年）因建陵有功，以监生赏盐大使衔。

第七代"样式雷"——雷廷昌（1845—1907年），字辅臣，又字恩绶，雷思起长子。随父参加定陵、重修圆明园等工程，后参与或主持设计营造同治惠陵等大型陵寝工程及颐和园、西苑部分景点等工程。同治十二年（1873年）被赏布政司职衔。与此同时，普祥、普陀两大工程方起，其后的"三海"、万寿山庆典工程接踵而至，"样式雷"声誉益彰。

第八代"样式雷"——雷献彩（1877—？），字霞峰，雷廷昌长子。参与圆明园、摄政王府、北京正阳门等工程。

"样式雷"建设的每栋建筑事先都有精确的设计图纸，表现平面布局或建筑的立面情况及装修细部，再通过纸、秸秆、木料等最简单的材料按照一定的比例把平面设计图演化成立体微缩模型小样，称作"烫样"（图3-4-1～图3-4-3）。烫样示其形象轮廓和区域的群体配置，上面标注建筑的主要尺寸与做法。"样式雷"烫样有两种类型，一种是单座建筑烫样；另一种是组群建筑烫样，打开烫样的屋顶，可以看到建筑物内部的情况，如

图 3-4-1　"样式雷"烫样

梁架结构、内檐彩画式样等。烫样与图纸、做法说明一起组成古建筑设计，充分展现了中国古代高超的建筑设计水平，也填补了中国古代建筑史研究的空白。

图 3-4-2　西苑勤政殿烫样

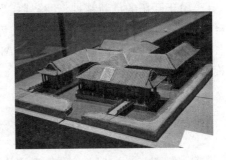

图 3-4-3　万方安和烫样

清朝中后期，不少西方科技传入中国。"样式雷"主持设计建造的圆明园中远瀛观、大水法等建筑，已经吸纳了诸多优秀的西洋元素，可谓中西合璧、东西方文化智慧的结晶。这充分说明"样式雷"是与时俱进、不断创新的家族，毫不墨守成规，具有生生不息的活力。

单元二　样式雷的匠人精神

"样式雷"家族世代秉承"诚信做人、勤奋做工"的祖训，形成"不贪不吝，诚信做人""做建筑有规矩，做人也有规矩"等家风家规。

"样式雷"家族首先是一个"子承父业"的工匠家族，勤奋做工是他们的立家之本。用"鞠躬尽瘁，死而后已"比喻他们的勤奋，一点也不为过。作为建筑世家，雷发达长期劳累，因病逝世；雷金玉前往热河建造行宫，勘测时受伤，仍带伤坚持；雷声澂以花甲之躯替儿子雷家玺前往云贵边境采伐珍贵木材，结果身染恶疾，病逝于押运木料途中；雷家玺为了勘测准确，落入洪水，险些丢了性命；雷思起忍住脚疾伤痛，不畏艰辛，走遍"三海"勘测，完成修葺"三海"的数字编制工作……

"样式雷"世家具备的可贵的人文精神，概括起来，有以下五种。

(1)世代相继的传承精神。雷氏八代人执掌竞争激烈的样式房，为确保每一代子孙都能沿袭先辈的建筑理念，雷家保存了较完整的历代工程设计文案，以及建筑画样、烫样等，至今仍是研究中国古建筑的珍贵资料。

(2)当仁不让的进取精神。"样式雷"八代担任样式房掌案之职，其中有两次险些中断。第二代传人雷金玉去世时，第三代传人雷声澂才出生三个月，在母亲张氏含辛茹苦的培养下，雷声澂立志奋发，终成大器。第四代传人雷家玺逝世后，其子雷景修勤奋努力了二十余年，才重新当上了掌案。正是这种当仁不让的进取精神，让"样式雷"传续了两百余年。

(3)精益求精的匠人精神。"样式雷"对于建筑、园林等技术非常重视，做到精雕细刻、精益求精。正因为他们有这种精益求精的匠人精神，才得以在中国乃至世界古建筑史上创造了宏伟的业绩，登上了艺术的高峰。

(4)通力合作的团结精神。雷家玮、雷家玺、雷家瑞三兄弟打破排行顺序，二弟的能力强，水平高就由二弟唱主角，大哥、三弟甘当配角。雷发达与雷金玉、雷思起与雷廷昌这两对父子，以及家族其他人员，都有过共事的经历，他们都能在建筑事业上通力合作。

（5）勇于开拓的创新精神。"样式雷"用简单的工具和材料设计制作出精美的画样和烫样，用高超的技艺创造出了一件件气势宏伟的作品。"样式雷"图样中的"平格网"，同当代建筑外部空间设计理论和方法、CAD建模方法及DEM数字高程，特别是正方形网建模方法有着相似之处。

▶▶ 模块五　詹天佑

詹天佑（1861—1919年），字眷诚，号达朝（图3-5-1）。祖籍徽州婺源，生于广东省广州府南海县，12岁留学美国，1878年考入耶鲁大学土木工程系，主修铁路工程专业。他是中国近代铁路工程专家，中国首位铁路总工程师。其负责修建了京张铁路等工程，有"中国铁路之父""中国近代工程之父"之称。

1905—1909年主持修建中国自主设计并建造的第一条铁路——京张铁路；创设"竖井开凿法"和人字形线路，震惊中外；在筹划修建沪嘉、洛潼、津芦、锦州、萍醴、新易、潮汕、粤汉等铁路的过程中，成绩斐然。著有《铁路名词表》《京张铁路工程纪略》等。

图3-5-1　詹天佑

单元一　京张铁路

京张铁路（图3-5-2）为詹天佑主持修建的中国第一条铁路，它南起北京丰台区，经八达岭、居庸关、沙城、宣化等地至河北张家口，全长约为200千米，1905年9月开工修建，于1909年建成，虽然工程艰巨，但工期不满四年。这是中国首条不使用外国资金及人员，由中国人自行设计，并投入运营的铁路。这条铁路现被称为京包铁路，即以前的京张段是北京至包头铁路线的首段。京张铁路是清政府排除英国、俄国等殖民主义者的阻挠，委派詹天佑为京张铁路局总工程师（后兼任京张铁路局总办）修建的中国第一条铁路，从此拉开了中国独立建造铁路的序幕。

视频：匠心之美
——詹天佑

当时的清朝铁路资金十分有限，注定了不可能大操大办，再加上清朝末年也没有几个人懂得修建铁路，就连铁路工人都很少，因此，修建京张铁路并不是喊喊口号和下定决心就能够修建成功的，在很多时候，詹天佑既是铁路路线规划设计的总设计师，又是铁路工地上最为勤奋的工人，这些老一辈的科学家心中装着祖国，所以什么事情都能干成。

本来准备承包京张铁路，狠狠敲诈清政府一笔银子的英国和俄国都是准备看中国人修建铁路失败的笑话的，但詹天佑用自己的智慧解决了技术上面的不足，他利用地形和技术的结合，发明出来了独属于中国人铁路修建历史的人字形铁路。

詹天佑设计的人字形铁路(图 3-5-3)据说是受到了中国剪刀的启发，修建铁路的詹天佑发现铁路沿线的山脉高大但绵延不长，所以，他专门让铁路工人打通山体铺设铁轨，山岭很长，所以詹天佑让工人从两边同时打洞，同时在两边碰头的中间垂直向下打洞，然后从中间再向两边同时打洞。

图 3-5-2　1909 年，京张铁路修成时，詹天佑　　　图 3-5-3　人字形铁路
　(车前右第三人)和主要人员一起验收铁道

这样极大地节约了铁路修建的时间，本来按照清朝交通部门设计方案预计用时 6 年的铁路仅仅用时 4 年就修建完工。詹天佑的这种三个方向同时施工的方法也成为世界铁路修建历史之中的一个经典方案。世界铁路人为了纪念詹天佑，特意将这种施工方法命名为詹天佑方案。

为了保障行驶的安全，詹天佑亲自赶赴实地考察，最后选定了青龙桥作为人字形铁路的岔路口，为此他徒步行走数百米。

到 1909 年，京张铁路正式竣工开始运营，这是中国历史上第一条由中国人自己设计、施工独立运营的铁路，对于整个中国铁路建设都有重要的意义。到现在，詹天佑主持修建的京张铁路依旧能够发挥作用。

单元二　詹天佑奖

1999 年设立的詹天佑奖全称为"中国土木工程詹天佑奖"，是中国土木工程设立的最高奖项。该奖由中国土木工程学会、詹天佑土木工程科技发展基金会联合设立，其主要目的是推动土木工程建设领域的科技创新活动，促进土木工程建设的科技进步，进一步激励土木工程界的科技与创新意识。因此，詹天佑奖又被称为建筑业的"科技创新工程奖"。詹天佑奖已经成为我国土木工程建设领域科技创新的最高奖项，为促进我国土木工程科学技术的繁荣发展发挥了积极的作用。

中国土木工程詹天佑奖不同于其他质量奖，重点突出工程的科技创新性。中国土木工程詹天佑奖是一项跨铁路、交通、水利、大型公用与民用建筑等领域非常重要的奖项。获奖工程反映了中国当前土木工程在规划、设计、施工、管理等方面的最高水平和最新科技创新与应用。

一、中国天眼——第十八届詹天佑奖获奖作品

被誉为"中国天眼"的 FAST 望远镜(图 3-5-4)，以全新的设计思路，加之得天独厚

的选址优势，使其突破了望远镜的百米工程极限，开创了建造巨型射电望远镜的新模式。

图3-5-4　500米口径球面射电望远镜(FAST望远镜)

国家天文台500米口径球面射电望远镜(FAST)位于贵州省黔南布依族苗族自治州，射电望远镜主动反射面基准面是一个口径500米、半径300米的球面，由主体支承结构、促动器、反射面单元组成。其中，反射面单元由背架单元(铝合金空间结构)、面板子单元和调整装置组成。FAST项目具有中国独立自主的知识产权，是世界上口径最大、最具威力的单天线射电望远镜。未来，FAST将在日地环境研究、搜寻地外文明等国家重大需求方面发挥不可替代的重要作用。

FAST索网是世界上跨度最大、精度最高的索网结构，也是世界上第一个采用变位工作方式的索网体系。其技术难度不言而喻，关键技术问题主要包括超大跨度索网安装方案设计、超高疲劳性能钢索结构研制、超高精度索结构制造工艺等。随着索网诸多技术难题被不断攻克，形成了12项自主创新性的专利成果，其中发明专利7项，这些成果对我国索网结构工程水平起到了巨大的提升作用。

二、水立方——第八届詹天佑奖获奖作品

国家游泳中心(图3-5-5)又被称为"水立方"(Water Cube)，位于北京奥林匹克公园内，是北京为2008年夏季奥运会修建的主游泳馆，也是2008年北京奥运会标志性建筑物之一，与国家体育场(俗称"鸟巢")分列于北京城市中轴线北端的两侧。虽都是钢结构，但水立方和鸟巢大不相同。水立方的钢结构最大的特点就是不规则，纵横交错中透着一股自然的纯美。然而，正是这种自然的不规则形态给焊接带来了极大的困难。水立方的墙面和屋顶都分内外三层，设计人员利用三维坐标设计了3万多个钢质构件，这3万多个钢质构件在位置上没有一个是相同的。这些技术都是我国自主创新的科技成果，它们填补了世界建筑史的空白。水立方的地下及基础部分是钢筋混凝土结构，地上部分是钢网架，钢结构与钢筋混凝土结构中的钢筋通过焊接连接，使地上部分与地下部分共同形成了一个立方体的笼子。屋面上，镶嵌、固定一块块充气枕的是槽形的钢构件，钢构件又宽又厚，与水立方四壁的钢网架焊接为一体，支撑着整个屋顶。雷雨天气里，这些钢构件的作用更是非同小可，它们既可作为天沟，收集、排除屋面的雨水，又可充当接闪器，及时将雷电流引到"笼式避雷网"，保护整个建筑物的安全。这是一个非常理想的"笼式避雷网"，完全依靠建筑物自身结构中的材料，无须单独架设避雷针、做引下线或接地体，屋面没有凸出的避雷针或避雷带，既经济美观又安全可靠。水立方的墙壁和顶棚由1.2万个承重节点连接起来的网状钢管组成，这些节点均匀地分担着建筑物的质量，使其坚固得足以经受住北京最强的地震。水立方的地下部分是钢筋混凝土结构，在浇筑混凝土时，在每根钢柱的位置都设置了预埋件（上部为钢块），钢结构的钢柱与这些预埋件牢固地焊接在一起，就这样，地上部分的钢结构与地下部分的钢筋混凝土结构形成了一个牢固的整体。正是靠着优越的结构形式和良好的整体性，水立方才拥有了"过硬的身体"，达到了抗震8级烈度的标准。在水立方内部，雄奇的钢结构和膜结构错综复杂，给人们带来极大的视觉冲击。

图3-5-5　国家游泳中心（水立方）

模块六　梁思成

　　梁思成（1901—1972年）（图3-6-1），祖籍广东新会，生于日本东京，著名建筑历史学家、建筑教育家，被誉为"中国近代建筑之父"。1924年，梁思成和林徽因赴美国费城宾夕法尼亚大学建筑系学习，1927年获得硕士学位；后又去哈佛大学学习建筑史，研究中国古代建筑。1931年回国，进入中国营造学社工作。从1937年起，他先后踏遍中国15省200多个县，测绘和拍摄两千多件古建筑遗物。1949年后，他在母校清华大学创办建筑系，主张保护北京古建筑和城墙。梁思成曾任中央研究院院士、中国科学院哲学社会科学学部委员。

图3-6-1　梁思成

　　梁思成是享誉世界的建筑历史学家、建筑教育家和建筑师。他毕生从事中国古代建筑的研究和建筑教育事业，系统地调查、整理、研究了中国古代建筑的历史和理论，是该学科的开拓者和奠基者。他曾参加人民英雄纪念碑等设计，是新中国首都城市规划工作的推动者，几项重大设计方案的主持者，也是中国国旗、国徽评选委员会的顾问。

　　梁思成热爱中国传统文化，认为可以将中国的传统建筑形式，用类似语言翻译的方法转化到西方建筑的结构体系上，形成带有中国特色的新建筑。他和夫人林徽因一起实地测绘调研中国古代建筑，并对宋《营造法式》和清《工部工程做法》进行了深入研究，为中国建筑史学奠定了基础。梁思成在建筑创作理论上提倡古为今用、洋为中用，强调新建筑要对传统形式有所继承。梁思成的主要作品有吉林大学礼堂和教学楼、仁立公司门面、北京大学女生宿舍、人民英雄纪念碑、鉴真和尚纪念堂等，曾参加天安门人民英雄纪念碑的设计和中华人民共和国国徽设计。他的主要著作有《中国建筑史》《中国雕塑史》《梁思成全集》。

中国传统建筑文化历史悠久，光辉灿烂，而梁思成这样的工匠精神乃是精髓。缅怀和纪念巨匠又透过巨匠呈现中国传统建筑文化历史的深度、厚度和内涵；既致敬巨匠坚定的家国情怀，又弘扬和传承其扎实做学问的精神。

拓展小知识

梁思成

《中国建筑史》为我国著名建筑学家、建筑史学家、建筑教育家梁思成先生于抗日战争烽火连天的环境中写成，汇集了营造学社同人在社会动荡、物质资料匮乏、交通极其不便的条件下的测绘与研究之成果，是中国古代建筑研究的扛鼎之作。

梁思成的著作《中国建筑史》原名为《中国艺术史建筑篇》，1955年以油印本印出时改为现名。此书与梁思成所著的《图像中国建筑史》均成书于抗日战争末期，是梁思成学术生涯中国古代建筑调查研究学术历程的总结之作。此书完成之后，梁思成倾力于战后重建事业，创办清华大学建筑系以培养建设人才，投身中华人民共和国首都的规划建设，1950年与陈占祥提出《关于中央人民政府行政中心区位置的建议》，史称"梁陈方案"，致力于文化遗产保护，倡导"中而新"建筑创作，完成《营造法式》注释。

身处乱世，为了与在中国考察另有企图的日本学者抢研究速度，发出中国人关于中国建筑的声音，梁思成因时制宜，先对北京城内的清代建筑进行研究，完成了自己第一部学术著作《清式营造则例》；随即他赶往蓟县，抢先对独乐寺做全面细致的测绘，并对照先前完全读不懂的古著作《营造法式》进行深入研究，竟无师自通，参透了古建筑严谨、科学之堂奥，推出了《中国营造学社汇刊》独乐寺专号。

营造学社本就收入微薄，受战事影响，一度断了经费资助，营造学社本就不多的成员为了生存也只好时聚时散。尽管如此，梁思成夫妇还是在营造学社前后开展工作15年，收集丰富的资料，足迹遍布全国多座城市。1932—1937年，两人和营造社成员就考察了137个县市，调查古建筑1 823座。

其中，收获最大的莫过于1937年6月在五台山佛光寺的考察。在破败荒芜的佛光寺，梁思成一行人在第二天就完成了对佛光寺大殿的全面测量记录，根据梁架、斗拱、藻井等结构基本判断出是晚唐建筑，但缺乏证据。到了第三天傍晚，在霞光的映照下，林徽因在一根梁下辨识出一行隐约的字迹，也正是这行字中"唐大中十一年"寥寥几个字，为他们带来了巨大惊喜。梁思成终于用事实证明了中国不仅留有 1 000 年以上的建筑，而且是唐朝的木结构建筑，一举推翻了日本学者认为中国没有唐朝木结构建筑的论断。

为了支撑创造学社的发展，梁思成夫妇在昆明、宜宾等多地之间辗转。在宜宾李庄，梁思成夫妇度过了一段难忘岁月。在这里，梁思成完成了影响深远的中文版《中国建筑史》和英文版《图像中国建筑史》，并对《营造法式》进行注释，向全世界展示延续千年、积淀深厚的中国建筑文化，为后世留下了宝贵财富。

梁思成是在中华民族伟大复兴的前夜，点燃了中华建筑文化复兴的火炬，照亮了亟待中国建筑学人从传统走向未来的发展之路。

课后思考

1. 你认为什么是工匠精神？
2. 你想成为什么样的建筑人？

第四部分　家乡之美

　　中国幅员辽阔，拥有悠久的文明史，自古以来就是统一的多民族国家。从中国传统地域文化的特征来看，各地之间自然地理和社会文化条件的差异造就了地域建筑极大的丰富性，且南北东西风韵独具。北京四合院犹如中规中矩的士子，温文尔雅；山西晋商大院，敦厚拘谨；江南水乡宛如处子，清新秀丽；天井式民居白墙青瓦，明朗而素雅；聚族而居的客家土楼，亲切祥和。多元一体的文化造就了和而不同的建筑，如繁星点点，共同组成了中国传统建筑的灿烂银河，使中国传统建筑以独特的风姿独立于世界之林。

　　地理要素是影响中国传统民居建筑形制的第一要素。首先，气候的差异是建筑地域性最本质的来源之一。例如，解决大规模建筑群体的采光和通风问题是中国传统建筑中合院式的群体组织形态特别是天井类型的合院形成的主要原因之一，因此，不同的日照条件和通风要求会显著地影响建筑群体的形态。一般来说，在冬季气温较低，对建筑获得自然光线有较高要求的地方，建筑的排列会较为疏朗，院落的平面尺度较大，剖面高宽比较小。反之，在阴雨天气较多，直射阳光对室内环境改善意义有限的地区，院落趋向于狭小高窄，在潮湿气候中的通风意义大于采光意义，建筑群体通常表现为多个狭小的天井式院落的组合。其次，地形地貌对建造活动有较为简单且直接的影响。中国地形复杂多样，总体上看，山地多、平地少，高原、山地、丘陵约占国土面积的2/3。在特殊的平原(草原)上，可以建造北方游牧民族以便于迁徙的轻木骨架覆以毛毡的毡包式房屋；但自明清以来，由于人口的增多，大量开发山地，有坡度的地形对民居布局影响更大，工匠们创造了不少顺应地形的设计手法。如一般在缓坡地带，多用挖、填方法平整出一块建筑用地建造房屋，但土石方工程量加大，为减少土石方工程量，降低工程造价，最好采用半挖半填方式建造半边楼(如苗族建筑)。在南方可采用干栏式建筑，架空居住面，柱脚高低随地形而设计，可不必改动原生地面坡度，在陡峭的山岩建造房屋多采用吊脚楼，长长的柱脚支撑着楼房，或者用斜撑建造附崖建筑。某些居住在高山的民族，多建造短进深联排的房屋，以减少挖、填，降低房屋造价，门前通道用栈道形式架设，不用整修地面，如粤北的排山瑶族房屋。河湖边沿建造房屋要选定合宜的地坪标高，以免洪水期淹没住屋。江南地区水位稳定，水巷纵横，桥梁众多，有条件临水建房，甚至可以引水入院，形成以水环境为主的特定风景线。

视频：中国传统
建筑的南北差异

　　除气候和地形的影响外，水文、植被与矿产也会影响建筑的地域特征。如地势平坦、临近河湖的地区，更容易成为建筑形制和建造技术发达的地区。在传统时期，实际上几乎所有城市、聚落的选址和营建都需要考虑到水的影响。发达的水系能够为农业生产提供稳定的灌溉水源；同时，在传统社会的交通技术和基础设施水平下，水运是大宗货物最为便捷和低廉的运输方式，对于营建活动来说，水上运输为木材、石材、砖瓦等建筑材料的跨地域、低成本快速转运创造了条件，同时，砖瓦等建筑材料的烧造也需要消耗大量的水。无论在南北方还是东西部，河湖水系都会直接地影响城市、聚落和建筑的选址与营建。

植被、矿产等资源条件对我国传统建筑地域性的影响主要体现在建筑材料及对应的建造技术系统的选择方面。一方面，在森林资源丰富的地区，易获取、成本低且便于加工的木材或者竹材很容易占据优势，从而使穿斗式板屋、竹楼甚至井干式木屋成为压倒性的地域建造技术体系。再则，在石材易于开采加工、天然性状适用于建造的地区，石砌建筑也存在着成为具有优势的建造技术体系的潜力。另一方面，传统时期砖瓦烧造所需的燃料，一般来自开采的浅层煤矿和植物。

综上所述，可以看出自然地理因素对中国传统建筑的设计和营建等活动的影响颇大。本部分主要对我国南北方的传统建筑的结构、技术、历史、人文特征等内容进行介绍，使学生对中国传统建筑文化的了解更上一层楼。

》》 模块一　北方传统建筑

北方地区作为中国四大地理区划之一，包括关中地区、关东地区、华北地区和东北地区。北方地区的地形以平原为主，兼有高原和山地，代表地形有东北平原、华北平原和黄土高原。因地制宜是中国传统建筑营建所遵循的首要规律，因此，北方地区的地理环境对该地区建筑有至关重要的影响。其中，华北地区地形较为多元，包括东部的辽东山东低山丘陵，中部的黄淮海平原、辽河下游平原，西部的黄土高原和北部的冀北山地四个自然地理单元；关中地区地形以平原为主，地势平坦，整体"披山带河"；东北地区的东北平原作为中国最大的平原，由松嫩平原、三江平原和辽北平原三部分组成，被誉为"山环水绕，沃野千里"。通过分析北方地区地形图可发现大部分建筑选址都位于地势较为平坦的位置。北方传统建筑群落的布局都是以一个点为中心向四周展开，且形制大都中规中矩。例如，在山地丘陵地带的建筑形式通常为窑洞式建筑，盆地地形上的建筑形式多为四合院式建筑。

我国广大的北方地域自然资源丰富，土地肥沃，江河纵横，生物种类众多，从东到西大小兴安岭、贺兰山、六盘山、祁连山、天山众多深山峻岭盛产木材，还有极为丰厚的松花江、黑龙江、嫩江、辽河、黄河、镜泊湖、青海湖等水资源，从生态区域的角度分析，这里既有原始森林生态区、低山丘陵次生植被生态区、平原和草原湿地生态区，也有半干旱草原针叶生态区，如此丰富的生态资源，温良的土地、良好的木材基地和强大的环境承载能力为人民生产生活和民居建筑提供了极为有利的条件。

单元一　赫图阿拉城

赫图阿拉城位于辽宁省新宾满族自治县永陵镇，是清王朝建国之初关外三京的第一座"京城"，是清朝兴起之地（图 4-1-1）。

视频：赫图阿拉城

图 4-1-1　赫图阿拉城

一、赫图阿拉城的历史沿革

赫图阿拉城为满语，汉译为"横岗"，最初为努尔哈赤六世祖猛哥帖木儿的居住地，其后，为努尔哈赤的曾祖福满所营建。明万历三十一年（1603 年），努尔哈赤因其势力不断扩大，相形之下，简陋的佛阿拉山城已不适应其军事、政治及经济的需要，于是努尔哈赤修筑了第一座都城赫图阿拉城。内城始建于 1601 年，外城建于 1605 年，内城坐落在羊鼻子山半山腰向北延伸的一块合地上，城墙沿台地突出的近缘而筑；外城南依羊鼻子山，北临苏子河，东到白碴山，西对索尔科河，可谓背山面水，形成了人工与自然为一体的军事屏障。明万历四十四年（1616 年），努尔哈赤在赫图阿拉城称汗，建立后金政权，建元天命，并在城内举行隆重的登基典礼。从此赫图阿拉城作为后金的第一个都城，成为其政治、经济、文化军事中心。1621 年努尔哈赤攻陷辽阳后，迁都辽阳，赫图阿拉城被封为"光基帝业钦龙兴之地"，以后清朝设官守护。

二、赫图阿拉城的主要建筑

赫图阿拉城是努尔哈赤出于军事目的而兴建的，已经历了四百多年的历史，但整个城还基本保持原城的规模，而且清前期是赫图阿拉城最兴盛的时期。据史料记载，当时内城东西长约 510 米，南北宽 460 米，城周长约 2 000 米，东、北、南三面设门。外城周长约 9 里，南、北设三门，东设二门，西设一门。内城原建有八旗旗署衙门、关帝庙、城隍庙、文庙，还有努尔哈赤举行登基的汗官大衙门、昭忠祠、商业街等；外城建有地藏寺、显佑宫、驸马府、铠甲和弓箭、储粮的仓廒区等。内城原有居民 2 万户，外城驻精悍卒伍。

随着时代的变化，这里逐渐变成了一个村，不同时期、不同风格的建筑，使人们很难认识到这里曾是满族的兴起地。但历史的遗迹并没有完全毁灭，在城内还保存着一些当时的历史建筑，其中有赫图阿拉城的北门、南门、部分城墙、白旗衙门、关帝庙、汗王井、黄旗衙门及部分民居，这些具有时代特征和满族建筑特点的历史建筑虽然残破，但还尚存。除地上的历史建筑外，地下建筑遗址也十分丰富，如汗王殿、昭忠祠、地藏寺、显佑宫、驸马府等。这些丰富的地上、地下历史建筑及遗迹具有时代性、民族性、地方性的特点，是清朝入关前这一时期的政治、经济、文化的反映。

清代在赫图阿拉城还建有协领衙门、理事通判衙门等。该城曾居住人口十万余众，辟有十里商贾闹市，车水马龙，呈现一派繁华景象。清军入关之后，赫图阿拉城被称作兴京，设专职人员守护。在1904年的日俄战争中，沙俄军队将古城破坏殆尽，原有风貌荡然无存，现已部分修复。城中的土道被青石道代替，保存下来的古榆树和新铺的草坪使整座城池显得既有历史遗韵又有现代气息。汗宫大衙门已经在原址上重建起来。而那口传说"千军万马饮不干"的"汗（罕）王井"则经历了400年的风风雨雨。

（一）汗宫大衙门

汗宫大衙门包括汗宫大衙门（尊号台）、汗王寝宫、昭忠祠三个部分（图4-1-2～图4-1-6）。

图4-1-2　汗宫大衙门（尊号台）

图4-1-3　昭忠祠

图4-1-4　汗王寝宫

图4-1-5　汗王宝座

图4-1-6　万字炕

汗宫大衙门外形呈八角形，重檐攒尖式建筑，是当年努尔哈赤登基称汗、治国理政、研究军机、接纳使臣的地方，始建于1603年。1616年正月初一，努尔哈赤在这里登基称汗，定国号为"大金"，年号天命。

汗王寝宫位于汗宫大衙门东侧，四间建筑，东一间是汗王和大妃的寝室，西三间是汗王举行祭祀活动的场所。据史料记载，汗王和大妃冬天睡在南炕，夏天睡在北炕，对面炕摆有炕桌、火盆等是汗王吸烟品茶的地方，西间有南北西三面相连的万字炕，满语称为突瓦，一方面可以解决坐卧起居问题，另一方面又可以通过炕面散热来取暖。

(二)正白旗衙门

正白旗衙门地处汗宫大衙门东侧高台之上，是一处青砖青瓦硬山式四合院建筑。正白旗是八旗中的上三旗之一，正白旗衙门是正白旗旗主皇太极处理旗内军政事务的办公场所。正白旗衙门内现存正房五间，是赫图阿拉城保存较好的原始建筑(图4-1-7、图4-1-8)。

图4-1-7　正白旗衙门正房

图4-1-8　办公场景

(三)汗王井

汗王井位于赫图阿拉城内中部正白旗衙门下方，是城内唯一一口饮水井。井深丈余，井水充盈，俯身可取，清澈见底，清爽甘甜，严冬不封，酷暑清凉。这口井曾养育了八旗士兵，被称为"千军万马饮不干"的汗王井(图4-1-9、图4-1-10)。

图4-1-9　汗王井旧照

图4-1-10　四百余年的汗王井

(四)寺庙

1. 显佑宫

显佑宫位于地藏寺西侧，原称为玉皇阁，是清代辽东地区著名的道教宫观，建有龙虎殿、三宫殿、敕建碑、香亭等建筑。

当年努尔哈赤每遇战事或重大活动之前，都要率贝勒大臣等人入宫进香，祈求神灵保佑。整个建筑以道教独特的龙、虎图案为饰，外形古朴典雅，气势辉煌。顺治十五年（1658年），顺治帝敕建碑坐落于三宫殿东侧，宫内植有树株，今已400余年，仍生机盎然，郁郁葱葱。现在，这两处建筑群与赫城湖有机地融为一体，成为满族风情园中最独特的人文景观。满族风情园内湖光山色，游鱼戏水，浮桥荡漾，依山傍水的活动区晨钟暮鼓，悠远绵长。

2. 地藏寺

地藏寺堪称清朝第一佛寺，是清代辽东地区著名的佛教圣地。清末毁于日俄战争之兵火，1998年恢复原貌。

地藏寺是清朝最早修建的寺院，红火近三百年。每年春天，地藏寺上空成群的喜鹊叽叽喳喳，欢快地唱着歌，很多慕名游览赫图阿拉城的游客都要先前往地藏寺去祈福，以求好运。至今，寺内香火仍长年萦绕，钟鼓之声不绝于耳，是辽东佛教名胜之地（图4-1-11~图4-1-14）。

图 4-1-11　地藏寺

图 4-1-12　地藏寺内景

图 4-1-13　钟楼

图 4-1-14　鼓楼

3. 文庙

文庙又称孔庙，赫图阿拉城内的文庙建于明万历四十三年（1615年），其建筑既保留了传统文庙的风格，又具有女真族的建筑特色（图4-1-15～图4-1-17）。

图 4-1-15　文庙全景

图 4-1-16　文庙

图 4-1-17　大成殿

4. 关帝庙

关帝庙位于赫图阿拉城内，始建于明万历四十三年（1615年），是后金国初七大庙之一，是清代第一座关帝庙，是赫图阿拉城现存的主要古建筑群之一。它反映了清代的宗教信仰与建筑艺术、绘画艺术、雕塑艺术的特征与文化内涵，有较高的历史、科学、艺术价值，是辽东佛教活动的重要场所之一。每年四月十八庙会，香火云蒸霞蔚，香客人山人海，络绎不绝（图4-1-18）。

三、风土风俗、道德礼制对满族民居建筑的影响

"口袋房、万字炕、烟囱戳在地面上。"这一民谣是典型的满族民居的写照（图4-1-19）。所谓口袋房，是指满族传统住宅三间、五间多以南檐墙偏东端（东第一间）开门的基本样式，整体房屋看起来像一个大口袋。万字炕是正房东西尽间三个方向（东间在南、东、

北方向，西间在南、西、北方向）合围而成的"Ⅱ"字形的大砖土炕，因其形类似汉字的"万字"，也称为"弯炕""蔓枝炕"。满族人把南北对称的炕称为"南北大炕"或"对面炕"，长度与该屋宽度相等，而连接南北大炕的西炕或东炕，炕面较窄，供摆放物品之用。满族民居在南北对面大炕下均设有烟道，同外屋（入口空间）的大灶台相通，所以到了冬季，被南北大炕占了大面积的居室内仍可保持比较高的温度。"万字炕"是满族先人在同大自然的艰苦斗争中积累下来的宝贵民居建筑习惯，至今仍被部分现代人沿用，并影响到其他民族。

图 4-1-18　关帝庙山门

图 4-1-19　满族民居

满族民居的烟囱在满语中被称为"呼兰"，即"跨海烟筒""落地烟筒"。"跨海"和"落地"形象地描述出这类烟囱的特征——不是建在屋顶，也不是含在山墙中凸出于屋顶，而是像一座小塔一样立在房山两侧或南窗前靠东西两侧。这种样式来源于古老满族先民的风俗习惯。白山黑水之间的广袤大地林木资源丰富，满族先民的"马架子""地窨子""桦皮房"样式的民居多就地取材，以林木、草、树皮为建筑材料。如果将烟囱附在山墙上或放在房顶上，很容易引起火灾，所以就把烟囱戳在距山墙一米左右的地面上，再通过一道矮墙内的烟道同室内炕洞相连，终端是外屋（厨房）的炉灶，达到外屋—居室—室外排烟的效果。更有趣的是，满族先民的烟囱材料既不是土坯更不是砖石，而是用森林中被虫子蛀空的树干埋在房侧，并用藤条自上而下紧紧捆缚，再抹以泥巴来防止裂缝漏烟，同时增长了烟囱的使用寿命。烟囱同山墙之间这段三四尺的中空矮墙，满族人称之为"烟囱脖子"或"烟囱桥子"。其间烟道的粗细直接影响到排烟效果。满族人还在烟道地平线以下挖出一个浅坑，防止冷气反灌室内。为了防止雨雪从顶部灌入烟道，在烟囱顶端有套上笿筐的习惯，远远望去，套上笿筐的落地烟囱就像一个身材魁梧的壮汉戴了一顶滑稽的帽子。这是一道韵味十足的满族民居特色景观。进入冬季，满族居民在烟囱桥子上搭设鸡窝，小鸡也可以在热乎乎的"火炕"上过冬、产蛋，真是一举两得的好习惯。"呼兰"的形制是满族先民在同大自然长期的生产生活中积累下来的就地取材、废物利用的宝贵经验，是满族人特有的建筑习惯，在世界民居建筑史上独树一帜。

满族民居三合院、四合院的正房南北都有窗户，北窗稍小，一屋一扇，原因是东北进入冬季以偏北风居多，为了减少冷空气入室，北窗同南窗比较起来要小得多。另外，样式同南窗也不同。北窗冬季不开，甚至在夏季为了避免有南北灌堂风刮走财运也不开，所以北窗采光的意义更大些。南窗则不同，宽且高，有的上下对开，有的下部固定，上部做成"支摘窗"格制。一般关内和广大南方各地区的民居窗纸是糊在窗棂内侧的，从外往里看可以看到方块、菱形、梅花等各种花色的窗格图形。满族居民把窗户纸糊在外侧，远看似一块平整的白色方块，这一方面是为了适应北方的气候，另一方面是受满族人民的风俗习惯影响所致。到了天寒地冻的冬季，满族民居内便以火炕、火墙、火炉等取暖，室内外强大的温差，促使聪明的满族人民想出了把窗户纸糊在外面的巧妙做法：一层薄薄的窗纸分隔室内外的冷热空间，如果将纸糊在里边，窗棂上凝聚的冰雪遇到室内暖空气而融化，流到窗棂同纸的粘合处，窗纸遇水易破，而窗棂组件长期在积水浸蚀下也会腐烂，减短其使用寿命。"窗户纸糊在外"解决了这个问题，并增大了窗纸的受光面积，起到了很好的采光作用，增强了室内的亮度，也可避免冷空气从窗纸同窗棂之间的缝隙窜入室内。带有檐廊的正房，在阳光下洒下深深的投影，同处在暗处的大块白色窗纸和灰色墙体形成黑、白、灰的和谐反差，再衬有"落地烟囱""硬山坡顶"，勾勒出典型的满族民居风景线。

在原始萨满文化的影响下，"孝悌廉耻"这些纲常礼数也在满汉文化的交流融合中逐步扩大了对满族民居的影响。满族在汲取汉族文化的同时，又利用其固有的民族文化影响其他民族。这种影响体现在封建礼制方面，并直接服务于统治者的建筑而有所反映，从而呈现出满族建筑的文化特征。这些纲常礼数大部分是围绕满族民居的南北大炕而体现的，进入冬季天寒地冻，火炕是族人抵抗严寒的最好的创造发明。

另外，利用外屋后半部（靠北部）的地方隔成小空间，满语曰"倒闸"。"倒闸"内设有暖炕，烧得比较暖和，为老人暖衣暖鞋而用，以避免冬日出门穿衣的时候感觉寒凉，将衣服暖了再穿，出门好久都不会感觉冷。据魏毓贤《旧城旧闻》随谈："厅堂多设炊具，富者隔以暖阁俗曰倒闸"。"倒闸"空间布局的出现是满族人"孝悌"传统观念在生活点滴之间的最好体现。

拓展小知识

东北地区的满族文化背景

中国是一个拥有 56 个民族的国家，各民族都有自己的发展历史、风俗习惯、文化艺术，这些特点在居住文化上也得到了充分反映，形成了各民族特有的居住文化。东北是一个以汉族为主体的多民族地区，在长期的交往和融合中，各民族的民俗文化有趋同的倾向，但还保持着各自的民族特色。

早在旧石器时代，东北地区就有人类活动，它是一个以汉族为主体的多民族地区，汉、满、朝鲜、蒙古等民族早就在此劳动生息。东北是满族（古肃慎后裔女真人）的发祥地，满族是东北人口最多的少数民族，人口约 750 万，占全国满族人口的 85%，以农业生产为主。蒙古族主要聚居于本区的西部地区，主要从事牧业；朝鲜族主要聚居东部地区，主要从事水稻种植。其他少数民族还有达斡尔、锡伯、邪伦春、鄂温克、赫哲族等。

清代以前的东北北部地区农垦较少。东北南部地区早已开垦，以农业经济为主。清初，东北被视为帝王肇兴之地，实行"封禁政策"，禁止汉人移入垦荒或采参。鸦片战争后，英、俄、日等列强相继侵入东北，开放港口，修筑铁路，掠夺农、林、牧、矿资源。东北需要大量劳动力，清政府也实行"移民实边"政策，吸引了华北破产农民涌入东北，使人口剧增。

满族在中国少数民族中，人口仅次于壮族，居于第二位，主要分布在辽宁、吉林、黑龙江、河北及北京、天津、上海、西安、山东、宁夏、内蒙古和新疆等省、市、自治区，与汉族杂居。在我国行政建制上，辽宁省有新宾、岫岩、清原、本溪、桓仁、宽甸、北镇满族自治县7个，占满族总人口的50%以上；河北省有青龙、丰宁、宽城和围场满族蒙古族自治县4个，吉林省有伊通满族自治县。总计全国共有12个满族自治县，其分布特点是大分散之中有小聚居。

满族及其先民生息繁衍在白山黑水之间。其先民可追溯到先秦的肃慎、汉和三国时期的挹娄、南北朝时期的勿吉、隋唐两代的靺鞨、辽宋元明时期的女真。

满族最早的先民是肃慎。其是中国东北最古老的居民之一，在公元前11世纪就生活在长白山北和黑龙江、乌苏里江流域的广大白山黑水之间。其中心在牡丹江中游一带。他们以氏族或部落为单位过着渔猎生活，随着时间的推移，开始从事原始形态的农业和饲养业，创造了原始的文化生活。

汉朝以后，肃慎的后裔称挹娄，活动范围略有扩大。挹娄人活动的地区与肃慎人大致相同，包括今辽宁省东北部、吉林省、黑龙江省东半部和黑龙江以北、乌苏里江以东的辽阔地带。他们的原始农业、饲养业和手工业有所发展，种植五谷，善于养猪，出产麻布，会造小船。然而，狩猎仍占有重要地位。

南北朝时，满族先世挹娄人又称勿吉人。勿吉为女真语"窝集"之音转，乃是"森林"之意。这个时期勿吉人居住的地区与以前没有什么差异，其中一部分南下到松花江中流地区的夫余故地。

隋唐时期，满族先世勿吉人又称靺鞨，靺鞨之音近似勿吉，是勿吉的音转。随着勿吉经济的发展，人口急速增加，扩大了活动范围，并形成粟末、伯咄、安车骨、拂涅、号室、白山、黑水七大部落联盟。嗣后，载籍中又把勿吉改写成靺鞨。各部虽日益强大，但尚不能与高句丽王朝相抗衡，在靠近高句丽的粟末、白山等部，受其役使。唐灭高句丽后，大祚荣以粟末靺鞨为基础，在牡丹江上游建立"震国"。这个"海东盛国"被辽朝灭亡之后，"渤海遗黎"不是被迁走，就是自行逃亡，渤海故地出现人烟稀少的局面。

辽灭渤海后，黑龙江下游的黑水靺鞨逐步强盛起来，向南延伸，取代渤海而兴。他们又受辽朝的管辖，并改称女真。辽朝对女真十分重视，将女真分成两部分，开原(今辽宁省开原)以南称"熟女真"，以北称"生女真"。生女真完颜部首领阿骨打统一女真一些部落后，举兵反辽，1115年建立大金，定都上京(今黑龙江省阿城)。随着金军的节节胜利，先后灭辽与北宋，形成与南宋对峙的局面。女真的发展也是不平衡的，离开故地的女真人由奴隶制迅速封建化。然而，留居在松花江下游和黑龙江地区的女真人，处于原始社会的落后状态，仍以渔猎为生，他们就是满族的直系先世。

元朝兴起后，对松花江下游和黑龙江的女真人，采取"随俗而治"的政策，设五万户管辖。元朝政府为了筹粮，便在当地推行屯田，倡导农业生产，促进当地女真社会的进步。至元末，女真原始社会解体，奴隶制逐步地确立起来。16世纪末至17世纪初，原本处于"各部蜂起、互争雄长"分裂衰落状态的女真人，在努尔哈赤的领导下，逐渐走向统一，在明朝辽东地区重新崛起。当时的女真人分作建州、海西、"野人"三大部分，都置于明朝政府的管辖之下。其中的建州女真、海西女真分别居住在今辽宁省东北部和吉林省东南部山区，除传统的渔猎、采集外，由于受临近的汉人和朝鲜人先进文化影响，农耕经济也相当发达；而生活在黑龙江、乌苏里江流域广大地区的"兀狄哈"，被称为"野人女真"，则仍处于比较原始的社会状态。

努尔哈赤举兵统一女真各部，建立了牛录—军政民三位一体的八旗制度，并于万历四十四年（1616年）建立金国，史称后金。后金天聪九年（1635年），皇太极命改诸申（女真旧称），定族名为满洲，第二年即帝位，定国号为大清。顺治元年（1644年），清军入关，康熙二十二年（1683年）统一全国，辛亥革命以后简称满族。

单元二　北京四合院

"天棚、鱼缸、石榴树，先生、肥狗、胖丫头"是清代就有的一句俗语，大都是旧时京城贵族阶层人家生活的生动写照。对于普通百姓的四合院，便有了"凉席板凳大槐树，奶奶孙子小姑姑"的描述，虽缺少了不少内容，生活也不够殷实，倒也其乐融融。而今的四合院尽管没有了往日宁静，但也多了生活安宁（图4-1-20）。

图4-1-20　梅兰芳故居

一、北京四合院的历史轨迹

四合院在中国有悠久的历史，据现有的文物资料分析，早在3 000多年前就有四合院形式的建筑出现。陕西岐山凤雏村周原遗址出土的两进院落建筑遗迹是中国已知最早、最严整的四合院实例。汉代四合院建筑有了更新的发展，四合院从选址到布局，有了一整套阴阳五行的说法。唐代四合院上承两汉，下启宋元，其格局是前窄后方。然而，古代盛行的四合院是廊院式院落，即院子中轴线为主体建筑，周围为回廊连接，或左右有屋，而非四面建房。晚唐出现具有廊庑的四合院，逐渐取代了廊院，宋朝以后，廊院逐渐减少。

从北京城历史看，元世祖忽必烈"诏旧城居民之过京城老，以赀高（有钱人）及居职（在朝廷供职）者为先，乃定制以地八亩为一分"，分给前往大都的富商、官员建造住宅，由此开始了北京传统四合院住宅大规模形成时期。从20世纪70年代初北京后英房胡同出土的元代四合院遗址可见，北京四合院在元朝已经形成雏形。到明代建都北京后，开始大规模规划建设都城，四合院与北京的宫殿、衙署、街区、坊巷和胡同就成为北京城特色的城市文化建筑标志了。清朝定都北京后，大量吸收汉文化，承袭了明代北京城的建筑风格，对北京的居住建筑四合院也予以了全部继承。清王朝早期在北京实行了旗民分城居住制度，令城内的汉人全部迁到外城，内城只留旗人居住。清代最有代表性的居住建筑是宫室式宅第，这就是官僚、富商们居住的大中型四合院。清代是北京四合院发展的巅峰时期。自清代后期起，中国逐渐沦为半封建半殖民地社会，北京四合院的发展也逐步开始衰落。清末至民国初年，在外敌入侵和西方文化渗入的影响下，北京传统住宅建筑也受到一定影响。这个时期建造的四合院，受"西学东渐"之风影响较深的人为标榜自己为"新派"代表，也有一些在宅内兴建"洋楼"的例子。

总而言之，这时北京的传统民居基本保持了明清形制。到了抗战时期，民不聊生，北京很多独门独院的居民没有能力养更多房子，只好将多余的房子出租。独门独户的四合院开始变成多户杂居的大杂院，四合院的居住性质发生了变化。进入现代后，北京传统四合院在使用上出现了根本性变化。由于所有制的变更，很多遗留下来的王府、宅院由私产变为公产，成为国家机关、学校、医院、工厂、幼儿园、俱乐部等公用住房，四合院固有的文化建筑被人改造。一些仍作为住宅用的院落，变为多户居住的"大杂院"。这些用途变化，使四合院再难保持昔日的深邃、安谧、幽雅和温馨，四合院被分割、改造、瓜分成了普遍现象。进入新时代后，为贯彻习近平总书记视察北京一系列重要讲话精神，落实北京市第十二次党代会精神和《北京城市总体规划（2016—2035年）》所确定的建设全国文化中心，将重点抓好"一核一城三带两区"。在"一城"建设中，明确了推进老城保护措施，使北京四合院的腾退保护修缮工作进入了具体的实施阶段，也为四合院的修缮迎来了春天。

二、北京四合院的概念

合院式民居建筑是中国传统民居建筑中最常见的形式。一般来说，按照围合的建筑多少有三合院、四合院之分。不同地域有不同的合院式民居，有北京四合院、晋中民居、晋东南民居、陕西关中民居、甘肃临夏回族民居、吉林满族民居、白族民居、丽江民居等。这部分主要是对合院式民居中的典型代表——北京四合院做介绍。

北京四合院经明清几百年的首都发展历史所陶冶与定性，已成为目前中国传统民居的主要代表类型。所谓四合院就是正房（北房）、倒座（南座）东厢房和西厢房四座房屋在四面围合，形成一个口字形，里面是一个中心庭院。

四合院的建筑样式、规模、装饰都有严格的等级限制。四合院按照规模大小，大致可分为大四合院、中四合院、小四合院三种。小四合院一般是北房三间，一明两暗或者两明一暗，东西厢房各两间，南房三间。卧砖到顶，起脊瓦房。可居一家三辈，祖辈居正房，晚辈居厢房，南房用作书房或客厅。院内铺砖墁甬道，连接各处房门，各屋前均有台阶。大门两扇，黑漆油饰，门上有黄铜门钹一对，两侧贴有对联。中四合院比小四合院宽敞，一般北房五间，三正二耳，东西厢房各三间，房前有廊以避风雨。另以院墙隔为前院(外院)、后院(内院)，院与月亮门相连。前院进深浅显，以一二间房屋作为门房，后院为居住房，建筑讲究，层内方砖墁地，青石作阶。大四合院习惯上称作"大宅门"，房屋设置可为五南五北、七南七北，甚至还有九间或者十一间大正房，一般是复式四合院，即由多个四合院向纵深相连而成。院落极多，有前院、后院、东院、偏院、跨院、书房院、围房院、马号、一进、二进、三进等。院内均有抄手游廊连接各处，占地面积极大。中四合院和小四合院一般是普通居民的住所，大四合院则是府邸、官衙用房。这样的平面布局与空间组合，非常适合封建家庭尊卑次序、内外有别的礼法要求(图 4-1-21)。

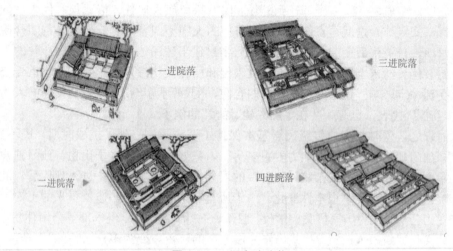

一进院落

二进院落

三进院落

四进院落

图 4-1-21　四合院院落

三、北京四合院的建筑布局及特征

(一)北京四合院的建筑布局

北京四合院是由大门、影壁、倒座房、垂花门、正房、耳房、厢房、后罩房、廊子、围墙等单体建筑，依照一定原则组成的(图 4-1-22)。它的组成原则是依一条主轴线(多数是南北走向)，把正房放在主轴线的适当位置，在正房前留出院子的宽度，左右对称地布局互相面对的东西厢房。四合院强调中轴线，采用对称的布局。四合院的主要建筑都位于中轴线上，如倒座、二门、北屋等。这些建筑严格对称且沿南北纵深发展，东西厢房和前后院落也采用对称的手法，给人的感觉就是统一和严谨。大户人家的院落往往由若干四合院组成，先是在纵深方向增加院落，再横向发展，增加平行于中轴的跨院。四合院的这种布局适应了中国传统家庭起居习惯，也体现了中国家庭的伦理道德。

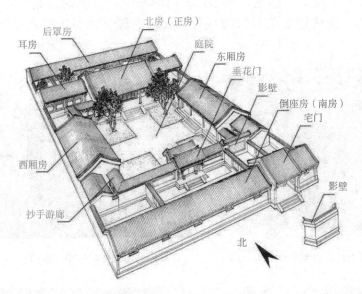

图4-1-22　北京四合院鸟瞰图

（图中标注）后罩房　北房（正房）　耳房　庭院　东厢房　垂花门　影壁　倒座房（南房）　宅门　影壁　西厢房　抄手游廊　北

从建筑艺术角度考察，人们从重点装修的大门进入门厅与对面的山墙影壁、外墙隔墙所组成的封闭空间，然后转向上下几级石阶通过隔墙的小门进入空间狭长横向的外院，再转向正面通过过厅进入二门或直接进入油漆彩画、挑檐垂柱、重点装饰的垂花门，这才看到画质疏密、树影婆娑、回廊环绕、屋檐错落的方正内院(图4-1-23)。北京四合院通过空间的阻隔与通畅，大小长宽的对比，上下登临降落及视野中形象、色彩与光影的

图4-1-23　梅兰芳故居正门

变化，给人以崇敬、次序、奥秘与丰富的精神感受。内外墙对院落内外的分隔与封闭，既可防风沙、防院外活动与声音的干扰，又能增强与改善院内独立生活情趣，在人口密集的市镇中，四合院显露出特别的优越性。

1. 大门、影壁、垂花门、廊

北京四合院的大门，从位置上说，指的是进入四合院的主要入口，临街的门，北京人习惯叫它"街门"。大门可分为两大类型，一种是屋宇式大门，另一种是随墙门（如墙垣式大门）。四合院的大门可分为广亮大门、金柱大门、蛮子门、如意门等多种（图4-1-24～图4-1-28）。大门开在倒座房的偏东部位，一般占一间房的宽度，但房顶比左右房略高，大门两侧的墙壁也向外凸出一些，以便装饰。大门的地面是被垫高的，这样进

图4-1-24　广亮大门

入四合院便有步步登高的感觉。当然，大门的高度或台阶的层数也要按规定设置，因此，从大门就能估计出院主人的地位。大门一般是油黑大门，可加红油黑字的对联。

图 4-1-25　金柱大门

图 4-1-26　蛮子门

图 4-1-27　如意门

图 4-1-28　墙垣式大门

　　影壁是北京四合院与大门配套的装饰性、标志性极强的一种砖砌建筑。影壁的主要作用在于遮挡大门内外杂乱呆板的墙面和景物，美化大门的出入口。有了影壁人们进出宅门时，迎面看到的是叠砌考究、雕饰精美的墙面和镶嵌在上面的吉辞颂语。四合院常见的影壁有三种，第一种位于大门内侧，呈一字形，叫作一字影壁。大门内的一字影壁有独立于厢房山墙或隔墙之间的，称为独立影壁（图 4-1-29）。如果在厢房的山墙上直接砌出小墙帽并做出影壁形状，使影壁与山墙连为一体，称为座山影壁。第二种是位于大门外面的影壁，这种影壁坐落在胡同对面，正对宅门一般有两种形状，平面呈"一"字形的，称为一字影壁；平面呈"⌐"字形的，称为雁翅影壁（图 4-1-30）。这两种影壁或单独立于对面宅院墙壁之外，或倚砌于对面宅院墙壁，主要用于遮挡对面房屋和不甚整齐的房角檐头，使经大门外出的人有整齐、美观、愉悦的感受。第三种影壁，位于大门的东西两侧，与大门檐口成 120°或 135°夹角，平面呈八字形，称作"反八字影壁"或"撇山影壁"（图 4-1-31）。做这种反八字影壁时，大门要向里退进 2～4 米，在

图 4-1-29　独立影壁

门前形成一个小空间，可作为进出大门的缓冲之地。在反八字影壁的烘托陪衬下，宅门显得更加深邃、开阔、富丽。四合院大门的影壁绝大部分为砖料砌成。影壁分为上、中、下三部分：下部为基座；中间为影壁壁心部分；影壁上部为墙帽部分，仿佛一间房的屋顶和檐头。

图 4-1-30　雁翅影壁

图 4-1-31　反八字影壁(撇山影壁)

进入大门还有垂花门、月亮门等（图 4-1-32、图 4-1-33）。垂花门是四合院中进入内宅的入口，位于全院中轴线上的重要位置。垂花门是四合院内最华丽的装饰门，称"垂花"，是因此门外檐用牌楼做法，其作用是分隔里外院。门外是客厅、门房、车房马号等"外宅"；门内是主要起居的卧室"内宅"。垂花门成为院内的视线焦点和趣味中心。垂花门里面正面的屏门平时不开，从屏门的两侧出入，只有在喜庆的日子或有贵客光临时才开启通行。因为垂花门的位置重要，所以建在一座高台基上，从外院到内院先要上几步台阶进入垂花门，再下几步台阶进入后院，这门下高起的台子正是主人迎送客人时站立之地。在内院没有回廊的四合院中有时建造没有门屋的垂花门——担梁式垂花门，在墙上直接开门，内外两面都有垂莲柱，中柱用滚墩石及玉壶瓶子支撑，门内再立木屏风一道。没有垂花门则可用月亮门分隔内外宅。垂花门油漆得十分漂亮，檐口橡头橡子油呈蓝绿色，望木油呈红色，圆橡头油呈蓝白黑相套如晕圈之宝珠图案，方橡头是蓝底子金万字绞或菱花图案。前檐正面中心锦纹、花崿卉、博古等，两边倒垂的垂莲柱头根据所雕花纹更是油漆得五彩缤纷。

图 4-1-32　垂花门

图 4-1-33　月亮门

四合院中的檐廊是指屋顶以下外檐装饰以外的地方。它是由室内到院子间的过渡，也是通道。四合院中还有游廊和穿廊，是联络各房屋间的有顶的通道，也可在其中小坐休憩或观看院景（图 4-1-34）。廊的尺度较小，用小筒瓦屋面、方形四角凹棱绿色梅花柱。柱间上部施挂落、花牙子与雀替，下部设坐凳栏杆。廊的一面向院子敞开，另一面墙壁上开花式小窗，小窗多是不通透的，只朝院内开，有的还安装上玻璃，内设灯光。窗的形式多样，有圆形、多边形、桃形、扇形等，俗称什锦窗。

图 4-1-34　游廊

2. 正房、耳房、厢房、罩房

正房在内院中坐北朝南，位于中轴线最显要的位置，是全院的主房。它的开间、进深、屋顶尺度及工程质量和装修精美程度都居全院之首。受建房制度所限，一般四合院的正房只能建三间，但进深可以较大。正房的台基要高于厢房，从院子或廊子到正房都要上几步台阶。正房供家长起居使用。正房只朝南的一面开窗，明间设四扇隔扇门，外加帘架门。两次间下为槛墙，上为支摘窗。正房的内部空间常用隔扇、落地罩、栏杆罩等各式花罩分隔，做得十分精美。

在正房两侧山墙之外，紧接着建造一间或两间进深、开间及高度尺寸皆小于正房的房屋叫作耳房。它与正房有如头顶同两耳的关系。耳房体积小于正房，多用作厨房、厕所及附属用房，前面留出小的外部空间。建造较早的耳房有自己的山墙，后期建造的耳房多省去这一道山墙（正房与耳房共用一道山墙）。单间的耳房从正房进入，称为套间；两开间的耳房除与正房相通外还常开门直接通向院子。耳房前的小院称作"露地"，别有天地，布局得十分幽雅。耳房可做卧室，也可做储藏室。

厢房位于内院与主轴线垂直的副轴线上，左右相对于正房之前，中间让出院子的宽度。厢房一般为三开间，进深、开间及高度小于正房，处处显出其次要地位。厢房明间是开四扇扇隔，外加帘架门，次间用槛墙及支摘窗。厢房一般供晚辈居住。东厢房夏日下午太阳西晒过甚，居住其中很不舒适。

在正房的后面留出一个横向窄长的院子，在院子北面建造一排的房子，就叫作后罩房。它坐北朝南，进深和高度比厢房还要小。后罩房后墙临胡同不开窗，只向院内开门窗。后罩房一般用来住女眷、女仆或用作储藏室。早期建造的房子，东次间的开间尺寸还要略大于西次间，东厢房要比西厢房略高一些。长房子孙住东厢房，虽然东厢房冬不暖，夏不凉，但地位高。子孙们按长幼分住各房中。女眷要住在远离大门的庭院深处，如耳房或后罩房中。倒座房做外客厅，可以对外接待。一般男客是非请莫进内宅的。男仆只能住在外院之中。

3. 院落与围墙

典型的北京四合院，除中心院落外，还有前面的倒座院，以及后面的后罩院，一共三个院落，明确体现出中心院落居于核心地位。中心院落的北侧是四合院里最大、最重要的正房。正房的中央一间是家庭祖堂所在之处，供奉祖先牌位。

四合院门槛楼前多种槐树，院里大多种石榴、海棠、核桃、枣树等。夏季花香四溢，树叶茂盛；秋季迎来硕果累累。之所以要选择这些树木来栽种，也反映出人们多子多孙、人财两旺的意愿。四合院无论大小，都有房屋垣墙包围，房屋之间，既相互沟通又相互分割，这种结构能够阻挡风沙，防止噪声干扰。房屋多用合瓦清水脊，以硬山居多，墙壁屋顶厚实，可以隔热保暖，冬暖而夏凉。

四合院临街一面往往是由倒座房及后罩房的后檐墙起围墙作用，左右与邻宅的分界处要建围墙。在围墙内留出一条窄道，用于夜间打更护院人行走，称为更道。围墙和更道也有隔开火源、便于防火的作用。

(二)北京四合院的建筑形式及特征

北京四合院属砖木结构建筑，房架子檩、柱、梁(柁)、槛、椽及门窗、隔崐扇等均为木制，木制房架子周围以砖砌墙。梁柱门窗及椽口椽头都要油漆彩画，虽然没有宫廷苑囿那样金碧辉煌，但也色彩缤纷。墙习惯用磨砖、碎砖垒。屋瓦大多用青板瓦，正反互扣，檐前装滴水瓦，或者不铺瓦，全用青灰抹顶，称为"灰棚"。四合院的顶棚都是用高粱秆做架子，外面糊纸。北京糊顶棚是一门技术，四合院内，由顶棚到墙壁、窗帘、窗户全部用白纸裱糊，称为"四白到底"。普通人家几年裱一次，有钱人家是"一年四易"。

窗户和槛墙都嵌在上槛(无下槛)及左右抱柱中间的大框子里，上扇都可支起，下扇一般固定。冬季糊窗多用高丽纸或玻璃纸，自内视外则明，自外视内则暗，既防止寒气内侵，又能保持室内光线充足。夏季糊窗用纱或冷布，冷布是京南各县用的窗纱，似布而又非布，可透风透气，解除室内暑热。冷布外面加幅纸，白天卷起，夜晚放下，因此又称"卷窗"。有的人家采用上支下摘的窗户。北京冬季和春季风沙较多，居民住宅多用门帘。一般人家，冬季要挂有夹板的棉门帘，春秋要挂有夹板的夹门帘，夏季要挂有夹板的竹门帘。贫苦人家可用稻草帘或破毡帘。门帘可吊起，上、中、下三部分装夹板的目的是增加质量，以免门帘被风掀起。后来，门帘被风门取代，但夏天仍然用竹帘，凉快透亮而实用。

北京冬季非常寒冷，四合院内的居民均睡火炕，炕前有一个陷入地下的煤炉，炉中生火。土炕内空，火进入炕洞，炕床便被烤热，人睡热炕上，顿觉暖融融的。室内取暖多用火炉，火炉以质地可分为泥、铁、铜三种，泥炉以北京出产的锅盔泥制造，透热力极强，富贵之家常常备有几个炉子。一般人家常用炕前炉火做饭煮菜，不另烧火灶，所谓"锅台连着炉"，生活起居很难分开。炉子可将火封住，因此常常是经年不熄，以备不时之需。如果熄灭，则以干柴、木炭燃之，家庭主妇每天早晨起床就将炉子提至屋外(为防煤气中毒)生火，成为北京一景。四合院内生活用水的排泄多采用渗坑的形式，俗称"渗井""渗沟"。四合院内一般不设厕所，厕所多设于胡同之中，称为"官茅房"。

拓展小知识

梅兰芳蓄须明志

梅兰芳(1894—1961年)，名澜，艺名兰芳，生于北京，祖籍江苏泰州。中国京剧表演艺术大师。梅兰芳先生是闻名世界的京剧表演艺术家。他在舞台上唱旦角，为了演出需要，总是把胡须剃得干干净净的。但他的一生中，有几年是留着胡须的（图4-1-35）。

图 4-1-35　梅兰芳蓄须

1937年，日军占领上海，梅兰芳被迫藏身租界，以躲避日军的纠缠。1938年年底，有人邀请他去香港演戏。演出结束后，梅兰芳在香港住了下来，深居简出，不再登台。对于一个视舞台为生活、视艺术为生命的人来说，不能演出，不能创作，无异于虚度生命。到了深夜，梅兰芳关紧门窗，拉上特制的厚窗帘，才能在寓所悄悄地细声吟唱，这对他来说已经很知足了。一个艺术大师就用这种方式坚持着对艺术的追求。

1941年12月香港沦陷。日本驻港司令官亲自出马，多次逼迫梅兰芳演戏。梅兰芳可以忍受生活的困顿，直面战争的危险，但他难以抵抗来自侵略者随时随地的骚扰。拒绝的借口都用尽了，梅兰芳最后只能蓄须明志，表示对日本帝国主义的抗议，表明不给侵略者演戏的决心。后来，梅兰芳不堪其扰，只好又回到了上海。

长期不演戏，没有了经济来源，又要养家，梅兰芳准备卖掉北京的房子。听说梅兰芳要卖房子，很多戏园子老板找上门来说："梅先生，您何必卖房子，只要您把胡子一剃，一登台，还愁没钱花？"有的甚至说："只要签订演出合同，就预支二十两黄金给梅兰芳。"但是，无论戏园子老板开出的条件多么优厚，梅兰芳全部拒绝了。他宁可卖房度日，也决不在日本侵略者的统治下登台演出。

一次，日本侵略军要庆祝"大东亚圣战"，要求他必须上台演出。梅兰芳斩钉截铁地说："普通的演出我都不参加，这样的庆祝会当然更不会去了。"但是，拒绝演出总得要想出个办法啊。

梅兰芳找到一位当医生的好朋友，说明了自己的危险处境，请朋友设法让他生一场"大病"，以摆脱日军。这个朋友被他的爱国精神感动了，决心帮助他渡过难关，于是给他打了伤寒预防针，人打了这种针就会连日发高烧。

日军不相信梅兰芳生病了，专门派了一个军医来检查。日本军医闯进梅兰芳的家，看见他盖着棉被躺在床上，床边桌子上放着很多药。军医用手摸了摸梅兰芳的额头，滚烫滚烫的，看不出破绽，只好认定梅兰芳得了重病，不能登台演出了。日本侵略者的妄想最终没有实现，梅兰芳为此差点儿丢了性命。

当抗日战争取得胜利的消息传来时，梅兰芳当即剃了胡须，高兴地向大家宣布："胜利了，我该登台演出了！"前来看他演出的人太多了，很多人没有座位就站着看。

作为艺术家，梅兰芳先生高超的表演艺术让人喜爱，他的民族气节更令人敬佩！

单元三　窑洞

窑洞民居历史悠久。由于降雨少，气候干燥，黄土稳定性好，窑洞直立边坡高度10～20米可长期稳定；在颗粒组成、含水量适度的条件下，强度接近50号砖；再加上历代森林被毁，木材缺乏、窑洞用木料又最少。正是上述自然地理特征，为窑洞的产生提供了前提条件。

一、窑洞的历史发展

黄河流域是中国的发源地，我们的先辈喝着黄河水，生活在沟壑纵横的黄土高原上，窑洞充当了他们最好的栖息之地。窑洞的历史最早可以追溯到五千多年前的龙山文化时期，考古工作者曾在陕西横山县魏家楼乡发现了几处龙山时期的古窑洞。随着历史的发展，不断有其他建筑形式出现，但窑洞一直被发展沿用了下来。隋唐时期黄土窑洞开始被官府用作粮仓，如大型粮仓——含嘉仓就是与隋代东都洛阳同时修建的。宋朝时，郑刚中在他的《西征道记》中有了对陕北、陇东、晋中、豫西几大窑洞区的记载。窑洞还曾经作为道家的练功修身之地，如陕西宝鸡市金台观张三丰元代窑洞遗址。元朝时已经出现了窑洞的另一种形式——砖石窑洞。

窑洞建筑最辉煌的时期是明末清初。在陕西榆林，有两处规模宏大的清代窑洞建筑群：一处是位于米脂城郊的刘家峁姜氏庄园，它被称作中国窑洞建筑史上一个少有的奇迹；另一处是米脂杨家沟马氏家族窑洞建筑群落。其中被称为新院的建筑既体现了西方建筑的典雅，又反映了窑洞建筑的雄浑大气，堪称中西风格结合的典范。可以这样说，我们的先辈在恰当的地方选择了恰当的居住形式，而窑洞也不负众望，承担起了保护一方人的责任。

窑洞在明清时迎来了建筑史上最辉煌的时期，而它为大部分人所熟知是始于1937年。在这一年，中央红军长征胜利后入驻延安，窑洞开始与全国人民的命运紧紧联系在一起。历经14年抗日战争，三年解放战争，它一直是指挥中国人民顽强抗战的总中枢。同时，它也经历了敌人无数次的轰炸袭击，用自己焦黄的身躯保护了中国人民的希望。据统计，从抗日战争到解放战争的十几年间延安共经历了40多次的狂轰滥炸。作为革命圣地的延安成了爱国主义教育示范基地，延安的窑洞用自己独有的革命内涵感染了很多人，它是进行艰苦奋斗教育最为直接的范例。

二、窑洞的含义

窑洞是中国北部黄土高原上居民的古老居住形式。在中国陕甘宁地区，黄土层非常厚，有的厚达几十米，中国人民创造性利用高原有利的地形，凿洞而居，创造了被称为绿色建筑的窑洞建筑。

三、窑洞的类型及特点

(一)窑洞的类型

按照窑洞的建造材料，可将其简单分为土窑和砖石窑两大类(图4-1-36、图4-1-37)。其中，土窑是指就土山山崖挖成的被覆结构为黄土的山洞或土屋。若按照建筑布局与结构形式来区分，一些学者将窑洞分为下沉式窑洞、靠崖式窑洞与独立式窑洞三种类型(图4-1-38～图4-1-41)。

图 4-1-36　土窑　　　　　　　　　　　　图 4-1-37　砖石窑

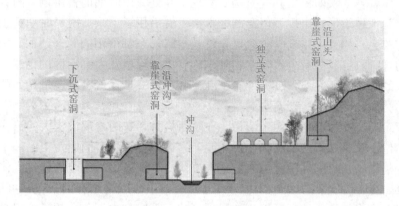

图 4-1-38　窑洞类型

图 4-1-39　下沉式窑洞　　　　　图 4-1-40　靠崖式窑洞　　　　　图 4-1-41　独立式窑洞

1. 下沉式窑洞

下沉式窑洞即地下窑洞。在黄土塬的干旱地带，农民巧妙利用黄土直立边坡的稳定性，先挖一方形坑，坑内形成四壁，再向四壁内挖窑洞。下沉式窑洞又可细分为全下沉型、半下沉型和平地型三种形式。这三种形式充分利用了黄土塬面的标高，很好地结合了地形巧妙地设计出各种下沉式窑洞。有一首古谣谚生动描写了地坑院的景观："上山不见山，入村不见村；院子地下藏，窑洞土中生；车从头上过，声由地下来；平地炊烟起，不见鸡狗光听声。"

2. 靠崖式窑洞

靠崖式窑洞有靠山式和沿沟式两种。靠山式窑洞依靠山崖，一般都沿等高线布置，呈现出曲线或折线形排列，与环境非常协调。有些山坡可以布置台梯式窑洞，形成层层退台，底层窑顶是上层窑洞前院，这样既丰富了空间层次又节约了土地。沿沟式窑洞是在沿冲沟两岸崖壁基岩上部黄土层中开挖的窑洞，很多在窑脸和前部砌石，进深方向利用黄土崖又称"接口窑"。

3. 独立式窑洞

独立式窑洞又被称为锢窑。因这种窑洞四面都无所依靠而暴露在外，民间也称之为"四明头窑"。按所用材料的不同可分为土基土坯窑洞、土基砖拱窑洞和砖石窑洞，窑洞上层还可以建窑，称为"窑上窑"，若上层建砖木结构房屋则称为"窑上房"。居住在装修精美的砖石窑洞里成为古时富人们的追求和崇尚。

独立式窑洞虽然建筑造价略高于靠崖式窑洞，但比一般房屋低得多，其空间体积比同等面积的方形房屋要小 1/3，在节约能源方面具有优势。独立式窑洞在平地形成院落者，以山西太原、介休一带居多，也有一些独立不成院落的锢窑，如山西阳泉狮脑山之百团大战指挥部（图 4-1-42）。

图 4-1-42　山西阳泉之百团大战指挥部

(二)窑洞的建筑特点

窑洞建筑堪称近乎完美的建筑形式，我国北方地区夏季炎热，冬季寒冷，风沙较大，而窑洞独特的特点使北方居民十分适宜居住在窑洞民居中。总体来说，窑洞具有以下五大优点。

(1)保温隔热，冬暖夏凉。窑洞除小面积洞口门窗部位相对单薄一些外，其他各面全部包裹在厚厚的黄土层或砖石中，适宜的厚度使窑洞内的温度变化较小，达到了冬暖夏凉的效果。因此，很多可以建造砖木混构式建筑的平原地区为了达到冬暖夏凉的效果，也将正房建造成独立式窑洞形式。窑洞内都会使用火炕，可以将室内温度调节到 20 ℃左右。

(2)利用自然，节约耕地。下沉式窑洞和靠崖式窑洞采用的是"减法式"的设计理念，挖去的黄土还可以做土院墙、隔墙、土炕、土台、土踏步、土照壁、土炉灶、土龛等土构件、土设备、土家具。充分将大自然赐予之物——黄土运用得恰到好处。靠崖式窑洞不占用地皮，充分节约了土地资源，地坑院的窑背上还有晾晒等用途。

(3)施工简便，节省木材，造价低廉。这点在这个提倡保护生态环境、走可持续发展之路，木材越来越短缺的社会中显得更为重要。因为建造窑洞所用的黄土、石材等都是取于当地，就连建造砖窑所用的砖也是用当地的黄土所烧制，所以窑洞是节约能源、节省运输的建筑形式。

(4)减灾建筑。窑洞土层很厚，使窑洞防空、防火、抗震的性能大大提升。窑洞这种掩土建筑一旦其中一孔失火也不会殃及其余。从一些统计资料来看，在大的地震灾害中，建筑物损失最小的还是窑洞和其他地下生土掩体建筑。

(5)从美学的角度上来看，窑洞建筑的色彩极为和谐。从土窑洞的黄土崖、土窑脸、土窑顶、土围墙、土庭院所带给人古朴粗犷、原汁原味的享受到砖石窑洞的青灰色窑脸、朴素的门楼、大气的雕饰及窑洞建筑与木结构建筑的完美结合，都体现着乡土味极浓的美感，以及劳动人民的智慧、力量。窑洞建筑群最大限度地与黄土大地融合在一起，远看那层层叠叠，顺着梁如沟壑等高线布置的靠崖窑群，以及虚实相间的地下窑群等，都给人一种天然、雄浑、极富韵律感的美。

窑洞的这些优点很值得人们在现代建筑设计的过程中学习,它涉及利用生土、节约能源、节约用地、保持生态环境、浓化乡土特色、可持续发展等一系列设计现代建筑所关注的问题。

拓展小知识

窑洞

　　1. 米脂县杨家沟毛泽东、周恩来旧居——红色建筑

　　1947年11月22日至1948年3月21日,毛泽东、周恩来、任弼时等居住于此。米脂县杨家沟是中共中央转战陕北的最后一站。1947年11月,毛泽东率领中央机关来到这里,在四个多月里指挥全国解放战争和西北战场取得重大胜利,领导开展土地改革运动,召开了具有历史意义的中共中央扩大会议(史称"十二月会议"),向全党发出"曙光就在前面,我们应当努力"的伟大号召,为争取人民解放做出巨大贡献。也正是在杨家沟,党中央做出一系列重大决策和正确的路线方针政策,吹响了夺取全国胜利的进军号角,有力地推动了中国革命走向胜利。

　　1947年,陕北由于战争和自然灾害,群众的生活十分艰苦。来到杨家沟后,中共中央决定每人每天从口粮中节约一两粮食,帮助群众度荒,以实际行动落实毛泽东此前"一定要把群众的生活和生产切切实实地安排好"的指示。正是通过这样的率先垂范,我们党培育出一支"站在最大多数劳动人民的一面"的党员干部队伍。他们尊重人民主体地位,始终同人民站在一起、想在一起、干在一起,充分相信群众、发动群众、依靠群众战胜一切困难;他们始终坚持"党的利益在第一位",始终代表最广大人民根本利益,与人民休戚与共、生死相依,没有任何自己特殊的利益,从来不代表任何利益集团、任何权势团体、任何特权阶层的利益;他们始终坚持"把屁股端端地坐在老百姓这一面",忠实地实践党的群众路线,不当"官"和"老爷",走出"衙门",深入基层,关心群众,真正为群众想办法、办实事,得到群众的拥护与支持。

　　毛泽东、周恩来旧居位于半山腰上,中西结合的砖木拱形窑洞,另有防空洞1孔。窑洞坐北朝南,平面布局凹凸有致,打破传统窑洞布局直线形(图4-1-43)。建筑立面造型采用西式的柱式,柱式高于窑洞的女儿墙,加强立面的垂直线条(图4-1-44)。窑洞的挑檐石造型采用云纹及龙纹,大胆而别致(图4-1-45)。披檐采用传统的木构,兼具雨棚作用。建筑立面除传统的拱形窑脸外,还增设双圆心拱的门窗造型(图4-1-46),造型挺拔独特。旧居旁边设置防空洞可方便疏散其上院落(图4-1-47),同时在防空洞内设计作战室(图4-1-48),充分考虑战时战争指挥的私密性及安全性。

图4-1-43　米脂县杨家沟毛泽东、周恩来旧居远景　图4-1-44　米脂县杨家沟毛泽东、周恩来旧居

图 4-1-45　米脂县杨家沟毛泽东旧居挑檐　　　　图 4-1-46　米脂县杨家沟毛泽东旧居窗户

图 4-1-47　米脂县杨家沟旧居防空洞　　　　图 4-1-48　米脂县杨家沟旧居防空洞内部

　　延安窑洞作为一种建筑形式，是陕北人民的伟大创造，它与黄土浑然一体，背靠高山，脚踏大地，坚固牢靠，岿然不动。它承载了厚重的中国革命史，毛泽东在这个窑洞里，运筹帷幄，决胜千里，领导和指挥了伟大的抗日战争和人民解放战争，写下了《实践论》《矛盾论》《纪念白求恩》《愚公移山》《反对自由主义》等光辉著作。《毛泽东选集》一至四卷的 158 篇文章中，有 92 篇是在延安窑洞里写成的。在这里，他坚持把马克思主义普遍原理与中国革命具体实际相结合，创建了毛泽东思想，从而使中国革命从胜利不断走向胜利，迎来了中国的曙光。

　　2. 百团大战

　　正太铁路（今石太铁路）于 1907 年通车，横穿太行山，连接平汉、同蒲两条铁路，这条纽带自 1938 年被日军占领后，就成为日军军事运输和掠夺我国矿产资源的主要通道。依托这条铁路，日军推行"以铁路为柱，公路为链，碉堡为锁"的"囚笼政策"，对根据地疯狂围堵。为打破封锁，打击日军的嚣张气焰，1940 年 8 月 20 日夜，在八路军总部的统一指挥下，我八路军第 129 师、第 120 师及晋察冀军区发动了"正太路破袭战"，拉开了"百团大战"的序幕。

　　百团大战共分为三个阶段。战役第一阶段为交通总破袭战，主要对日军路轨、桥梁、通信设施实施全面破击，使其在华北的主要交通线陷入瘫痪；第二阶段重点攻占交通线两侧和深入根据地内的日军据点，进一步扩大抗日根据地；第三阶段中心任务是反击日军大规模报复性扫荡。历时5个多月的百团大战，八路军在地方武装和广大人民群众的紧密配合下，仅前3个半月，就作战1 824次，毙伤日军2万余人、伪军5 000余人，俘日军280余人、伪军1.8万余人，拔除据点2 900多个，破坏铁路470余千米、公路1 500余千米，缴获各种炮50余门、各种枪5 800余支（挺）。八路军也付出了伤亡1.7万余人的代价。日军在遭受打击后惊呼："对华北应有再认识"，并从华中正面战场抽调2个师团加强华北方面军，对华北各抗日根据地进行更大规模的报复作战。

百团大战是抗日战争中八路军在华北地区发动的规模最大、持续时间最长的战略性进攻战役。在这次战役中，中国共产党领导的华北敌后抗日军民，齐心协力，前仆后继，同日本侵略者浴血奋战，充分表现了中华民族不屈不挠的战斗精神。百团大战严重地破坏了日军在华北的主要交通线，收复了被日军占领的部分地区，给了侵华日军以强有力的打击。百团大战对坚持抗战、遏制当时国民党顽固派妥协投降暗流、争取时局好转起到了积极作用，进一步鼓舞了全国人民夺取抗战胜利的信心，提高了中国共产党和八路军的声威。它在中国抗日战争史上写下了光辉的一页。

》》 模块二　南方建筑

单元一　客家土楼

福建永定县（现永定区）的客家人多筑土楼聚族而居，至明清时期，在全县2 000多平方千米范围内，逐渐形成了2 000多个以自然村落为空间单位的土楼建筑群体。

一、客家土楼的历史发展

（一）客家土楼的起源

客家土楼建筑在唐末宋初开始起源，到现在为止有一千多年的深远历史。它的数量大、种类多，而且规模都相对很大，内部功能十分齐全，在世界上属于少有的民居建筑。常常被人称为生土楼的客家土楼以悠久的历史文化、复杂多样的种类、宏大的规模建筑、奇巧的结构类型、齐全的功能性和实用性、丰富的内涵和适应性著称，具有独特的艺术特性、学术研究意义和历史研究价值。中原地区每次出现规模较大的战乱，均会影响人口的流动，因此，在不同时期迁至福建的中原人，与当地人相互融合，形成了一些比较独立、大小不一、极具当地文化特征的生活模式，土楼建筑由于此类原因逐渐发展与形成。

（二）民居的迁徙

我国广东、福建、江西等东南地区为客家土楼主要分布区域，客家先民主要经历了几次规模较大的南迁，历史上主要有以下几次大规模迁徙过程。

西晋末年爆发了八王之乱，趁虚而入的少数民族军阀使中原地区进入了一个较为动荡的历史时期。晋朝皇室从北方南迁到今天的南京等江南地区。中原人民为逃避战乱，同样陆续向南迁移。一些人迁入赣南地区，另一些人最终迁至闽粤地区。

唐朝安史之乱爆发后，也有大量为避难的中原人逃入较为安宁的东南地区，这次迁徙被称作史上第二次中原汉人的大规模南迁。

再一次南迁是在宋代，金灭北宋和元灭南宋的战争都迫使客家人再度南迁。

明末清初时期，清军镇压赣南、闽西一带的红营、集贤会等奴仆、佃农反抗组织，于是部分客家先民又进行一次大型迁徙活动，史称客家"西进运动"。

清军镇压太平天国运动的过程中，部分客家人向海南等地区西迁，也有部分向东南亚迁徙，现今东南亚的客家社区就是因此形成。

数次的迁徙体现了客家人对生活的热爱，也正是因为这份对生活的热爱，使土楼成为世界独有的大规模山区的民居夯土建筑，成为生土建筑中极具价值的艺术典范。无论是装饰、布局或工艺都非常少见，屋面用火烧瓦盖加以覆盖，十分耐用。其形式复杂多样，不仅有非常多见的圆形土楼，还涵盖了交椅形或方形土楼等多种结构的建筑，多样的建筑风格及形式结构填补了土楼的完整性。

二、土楼的含义

土楼是一种适宜大家族居住的、具有很强的防御性能，以土、木、石、竹为主要建筑材料，利用未经焙烧的土并按一定比例的砂质黏土和黏质砂土拌和而成，用墙板夯筑而成的两层以上的房屋(图4-2-1)。

客家土楼源于古代中原生土版筑建筑工艺技术。一般单体建筑规模宏大、形态各异、风格独特。结构上以厚实的夯土墙承重，内部为木构架，以穿斗式结构为主。常见的类型有圆楼、方楼、五凤楼(府第式)、宫殿式楼等，楼内生产、生活、防卫设施齐全，是中国传统民居建筑的独特类型。

土楼与建筑学、地质地理学、生态学、景观学、民俗学、伦理学等有密切的关系。

图4-2-1　福建土楼群

每座土楼，中轴线分明，厅堂、大门、主楼都建在中轴线上，横屋、附属建筑对称分布在左右两侧；楼楼有厅堂，以祖堂为核心组织院落，以院落为中心进行群体组合；内通廊式平面，四通八达。厅堂雕梁画栋，有众多典雅、精美的雕刻，岁时节庆、婚丧喜庆、民间文艺、伦理道德、宗法观念、宗教信仰、穿着饮食等处处展示了客家的古朴民风，这都体现了客家土楼建筑艺术的精致和审美价值。

三、客家土楼建筑的特点与功能

(一)安全防卫

圆形土楼，人称"圆寨"或"土堡"。"堡"和"寨"都是一种对抗外来侵扰、具有封闭性和自我保护性的建筑结构。

以承启楼为例，底墙厚1.5米，高12.4米，且围合成封闭状，如有强盗或土匪来袭，则可居高临下抵抗进攻（图 4-2-2）。一、二层楼对外不开窗：大型土楼的一层用作厨房和接待客人，二层存储粮食。在动荡不安的时代，其主要目的是加强土楼的防卫功能。但如今有不少土楼已被改造，有的土楼在一、二层向外开窗，便于采光和通风。

图 4-2-2　承启楼的外墙

土楼一般只开一个楼门，有的开两三个门。土楼的门框以厚重坚硬的花岗石或青条石砌成，石框四角紧密交合，上下方和左右侧都与地或墙连为一体，门槛和台阶也是由条石砌成的，有利于稳固大门且与土楼固体构造相连接。门扇则用硬质杂木制作，厚达 15～20 厘米，有些门扇由铁皮包封。门内侧的门闩由一根或多根方柱组成。

（二）防火

中国传统建筑以木结构为主，最怕火灾。为了方便生活和防火，土楼一般选择在水源比较充足的地方。以前土楼内的天井里均放有大水缸，全盛时期建造的一些土楼，二层及二层以上的通廊的杉木地板上，多铺一层青砖（图 4-2-3）。如今，很多土楼内都有从溪流或水井中直接引出来的自来水，可随时获取生活用水和防火用水。

图 4-2-3　暖廊内用青砖铺地

（三）排水

土楼中的天井一般低于通廊地面 30～40厘米，天井地面中间略高，四周低。雨水和生活污水会通过天井四周的小沟汇入楼内的一条或多条暗沟里，经楼门地下的暗沟向楼外排出（图 4-2-4、图 4-2-5）。

图 4-2-4　土楼内的排水沟

图 4-2-5　裕昌楼排水道

(四)抗震和防风

圆形土楼的屋顶是木结构，但土楼的承重是在土墙上。因此，土墙的质地和工艺水平就成为一座土楼坚固与否的前提。同时，筑楼墙体里面填入的竹墙筋，地基的转角结构上放置的大型条石，上层土墙内加入杉木墙骨，都起到整体加固和牵引土墙的作用。

厚实的生土墙能有效起到保温、挡风、防寒、隔热的功效，并能有效缓解内外的热交换。楼内居住的人多，关上门窗，冷空气无法对流。

(五)通风与采光

通风与采光是民居建筑不可缺少的功能，也是对住宅的基本要求。土楼的通风与采光主要依赖楼正中的天井及二层以上的各家窗户。天井过小会显得拥挤，因为这里是平时活动的场所；天井过大虽利于通风与采光，却不利于冬天防寒保暖。为了增加通风与采光，有些土楼在三层以上的楼梯拐弯处再加开窗户(图4-2-6)。

四、客家土楼的传统文化

客家文化是中国传统文化的子系统，它更多地体现出儒家文化的精神，并以建筑为载体表现出来。在土楼建筑的内部空间序列和居于核心地位的祠堂突出体现儒家"礼"的文化内涵。客家土楼建筑在形制和布局上，由祠堂等礼制空间和居住部分的围合体两部分组成，具有明显的礼制建筑特点。五凤楼的空间布局特点是以中庭为中堂厅井空间，中轴线上的敞厅堂为二进厅堂及对称的横屋，门前有池塘与禾坪，造型为前低后高。"三堂两横"的空间布局层次分明、秩序井然，这是封建宗法社会的遵从礼制名分、尊卑等级的体现(图4-2-7)。

图4-2-6　承启楼楼梯间通风窗

图4-2-7　福建五凤楼

拓展小知识

土楼

1. 土楼的建造流程

(1)开工前的准备。首先，选好土楼的地址和大门的朝向，然后设计出土楼的基本样稿，确定破土动工的时间，一般在下半年破土，因为这段时间相对于上半年雨水偏少，且将进入农闲季节。

（2）开地基。按照土楼样稿选定的楼址范围，建楼工匠撒石灰粉。向下挖地基，以挖到实土为止。若在选择的楼址向下挖掘数米，还是砂土或泥地，就要停止挖掘，改用松木打桩。一横一竖连排作为地基底座，在木排格上再砌筑墙基，能够加宽基底的面积，减轻地基自重，保证土楼的均匀沉降。

（3）打石脚。石基俗称石脚，石脚分上下两层。底层也称大脚，用大块的石材干砌而成，石材呈立体梯子形，一些体积更大的石料，则被用于转角等关键部位（图4-2-8）。为确保底层整体的稳定性和坚固性，会用一些小鹅卵石填充石基的缝隙。大脚砌成后填土，再夯实边缘。

图 4-2-8　土楼转角的加固条石

上层的石基也称小脚，小脚的宽度略小于底层石基，也呈立体梯形，使用的原料比底层石基要小，较大型的石料会放在楼房的转角处和其他关键部位。石块的铺排方向与下层墙基的石块叠压，能够牢固墙基。上层石基厚度比墙体略小，一般采用石灰和黏土，以一定比例浆砌。

（4）夯筑土墙。夯墙石建造土楼最关键也是最特殊的一个环节。筑墙的好坏直接关系着土楼质量的好坏和土楼的使用寿命。方形土楼一般从两角处开始夯筑。圆形楼则以选定的吉利方位开始。夯墙时，在墙枋下面两头各放一根承模棒，用于承受墙枋和每版土墙的质量。根据土楼建造需要的不同，一版墙分别夯四次到七次。在每版墙第二次或第三次放墙土时，需加入竹制、木制的墙筋条，以增加土墙的牵引力。夯完一围墙，再夯下一围墙时，夹板需要与上一层的夹板墙缝错开，以保证墙体相互咬合（图4-2-9）

图 4-2-9　圆形土楼的墙

（5）立柱竖木。土楼每层高度不同，底层一般高为3～3.6米，二层高为 3～3.2米，三层高为 2.7～3米，四层以上高为 2.5～2.8米。每完成一层楼高的土墙，需要在墙顶上挖出搁置楼层木龙骨的凹槽，将木龙骨的外侧架设在土墙的凹槽上，内侧由木柱支撑。内圈的木柱上架横梁，在每个开间的横梁上支数根龙骨，龙骨的另一端直接支在土墙上，在龙骨上铺设杉木楼板，并以竹钉固定。

（6）铺瓦封顶。圆形土楼木结构一般采用穿斗式，屋顶为悬山顶。屋顶上横向的是檩木，檩木上竖向铺就的是椽木。椽木上面铺宽为10厘米、厚为3厘米的杉木板，也称角子板。每片板一般长2米多，在出檐部分的板长3米。根据屋顶坡面的长度，一般3片对接或3片对接成一个瓦路。角子板以竹钉钉在椽条上，盖屋的瓦宽决定了板与板之间的间隔宽度，原则上，两块板之间的间隙小于瓦宽2寸之内，以此作为瓦沟。盖瓦的方法：瓦沟的瓦弓形面向下，盖在角子板上的瓦曲形面向上，向上的两侧瓦均压盖住瓦沟的瓦。瓦口一般以垒叠若干块瓦（一般为五块）的方式，增加瓦口的厚度，可避免瓦口被风吹落或被外力击破，造成瓦口漏缺。在铺瓦前抹一层石灰泥，起固定作用。这道工序也叫作"瓦口"。

客家圆楼铺瓦时，圆楼的屋顶内檐与外檐出檐大小不同，周长也相差很多，只有呈放射性的铺瓦才能做到全面覆盖，如果把瓦沟铺成一头大一头小，瓦也要有从大到小的不同尺寸，才能满足这种屋顶需求。为了解决这一问题，客家人在外坡的屋面每一个开间做一个"开叉"，即一条死沟开叉成两条沟，只要对这上面覆盖的瓦稍作剪裁就可以保证流水通畅且不泄漏，这样，其他的瓦沟还是标准间距。内侧的屋顶，每一开间"剪"一至二槽，大部分瓦沟仍是标准间距，只有一两个瓦沟的雨水不直接流到檐口，而是斜插流入相邻的瓦陇再排水，这样就能确保排水通畅。这也是圆楼所特有的一种铺瓦方式。与此类似，下面铺的角子板也按这个办法开叉钉牢，大部分角子板还是标准间距，便于施工。瓦面屋顶铺好后，还要再压上砖，以防止大风把瓦吹走（图4-2-10）。

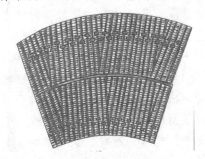

图 4-2-10　圆楼屋顶铺瓦示意

（7）装饰装修。土楼的外装修包括开窗洞、安木窗、粉刷窗框和大门、装饰入口处、制楼匾、题刻门联、修石阶等。内装修包括铺楼板、架楼梯、装门窗隔扇、安走廊栏杆，还有祖堂内的装饰等。

2. 客家土楼的典型——承启楼

承启楼（图4-2-11、图4-2-12）位于永定县高头乡，是圈数、居住人口最多的土楼。承启楼建于清康熙四十八年（1709年），由四圈同心环形建筑组合而成，两面坡瓦屋顶，穿斗、抬梁混合式木构架，内部通廊式（图4-2-13）。外高内低，逐环递减，环环相扣，错落有致，从高处往下看十分壮观。

图 4-2-11　承启楼

图 4-2-12　承启楼俯视图

第一环为外环，即主楼，以木质柱、檐、梁、板、楔、梯、廊架设。直径72米，高14米，垂檐滴水3米；分为四层，底层墙厚1.5米，顶层墙厚0.9米；底层和二层不开窗，底层为厨房、浴室、厕所，二层为粮仓，三层、四层为卧室。每层67开间（含门厅、楼梯间）。除外墙和门厅、楼梯间的墙体以生土夯筑外，厨房、卧室的隔墙均以土坯砖砌成。底层内通廊宽1.65米。二层以上挑梁向圆心延伸1米左

图 4-2-13　承启楼内通廊式结构

右，构筑略低于栏杆的屋檐，屋檐下用杉木板按房间数分隔成一个个小型储藏室；屋檐以青瓦盖面，上面可晾晒农作物。东、西面各有两道楼梯。正面、南面开有大门，均为石料门框，东西两侧开有侧门。

第二环为两层，每层40间，砖木结构，楼上为卧室，楼下为客厅或膳厅。除正面和东、西两侧各以一个开间作为通道外，其余各间与前向的小庭院、青砖隔墙围合成小院落；每个院落各开一门，与三环后侧的内通廊相通。院落后侧即外环底层的厨房、膳厅对面，是用青砖建成的浴室、卫生间、杂物间，高约1.8米。

第三环为单层，也是砖木结构，共20间。旧时楼主一方面崇文重教；另一方面又不让女孩到楼外读书，于是在楼内的这个地方办起了男女私塾。

第四环为单层，比第三环稍低，是祖堂大厅，也是全楼的议事厅，更是承启楼的核心，占地面积为33.83平方米。后向的厅堂与正面两侧的弧形回廊围合成单层圆形屋，中为天井。祖堂大厅为歇山顶，雕梁画栋，装饰和收藏着不少精美书画、题匾、雕刻。令人感慨的是堂柱上镌刻的楹联："一本所生，亲疏无多，何必太分你我？共楼居住，出入相见，最宜重法人伦""天地人三盘，奥妙无穷；助人间为乐，造福万年"，可见楼主立家为人的理念和对子孙后代的教育。其正面对着大楼正门，厅堂东西两侧各设一门，与全楼东西走向的通道及外环东西两面的边门相连。

据统计，承启楼占地面积为5 376平方米。全楼外高内低，形成逐环递减格局。总计365个房间，1个大厅，2个弧形廊厅，2个厢房，2口水井，1个大门，3个中门，3个门厅，8个侧门，8个廊道，8个巷道门，楼梯总长百余米，木廊道约650米，巷道300多米。

承启楼的环与环之间以河卵石砌成的天井相隔，又以石砌廊道或小道相连。中轴线上和东西两侧的二环、三环各有4个开间作为豁口；设有主通道，外环3个门均可直通主厅，其他方向也有多条通道，但宽仅1米左右，必须沿着屋檐的走廊，并经过主通道才能到达每环或楼门、边门。因此，有许多人形容承启楼为迷宫，进去容易出来难。第二环与第三环之间的东面和西南面的天井中各有一口水井，俗称阴阳井，分别代表阴阳，其大小、深浅、水温各不同。

单元二 徽州建筑

徽州地区历史悠久、源远流长。徽州是多层次的，它亦动亦静、亦俗亦雅。徽商从这里走出，踏遍大江南北，带回了数不胜数的财富。徽商好儒，崇尚文化，徽州因此形成了博大精深的徽文化。徽州建筑便是徽文化这片星空中最耀眼的一颗星。

一、徽州建筑的历史发展

徽州，古老的地域，名闻遐迩。古称新安，曾是一个行政区划的概念。秦置黝、歙二县属鄣郡，三国时立新都郡管辖，晋改新都郡为新安郡，隋唐改新安郡为歙州。宋宣和三年(1121年)改歙州为徽州，辖歙县、黝县、休宁、绩溪、祁门和婺源，府治在歙县。徽州"一府六邑"格局一直维系到20世纪中叶，历经一千多年，形成稳固一体化的地域历史文化圈。时至今日，徽州主体成立黄山市，婺源划归江西省，绩溪划归宣城地区。但它作为颇具地方特色的历史文化圈，并没有因为行政区划的变更而失去传统特色，而今学者和当地百姓仍习惯称"一府六邑"为徽州。

明清时期，徽州人大多外出经商，形成经济实力雄厚的商帮——徽商。徽商盛极一时，明人谢肇淛云："富室之称雄者，江南则推徽州，江北则推山右"。山右即山西。可见，当时徽商和晋商几执商界之牛耳。徽州本是一个"虽十家村落，亦有讽诵之声"的"习尚知书"之地。特别是唐末以后，中原文化与经济重心逐渐南移。兼以南宋时期，徽州为"朱子阙里"，"彬彬乎文物之乡也"。生长于此的徽州商人，大多在幼时即承师受业，读书习字。从商后仍是"贾而好儒"。这些儒商"资大丰裕"之后，或是为了享受，或是为了旌功，或是为了留名，或是为了光宗耀祖，不惜拿出巨资"广营宅，置田园"，力求建筑物气派恢宏，样式新颖。相因既久，遂成风格。明清时期，终于在徽州诞生了具有浓郁地方特色的以村落、祠堂、牌坊和民居为代表的徽派建筑，具有文化素养的徽州人将自身思想情感、文化属性和价值观念通过建筑物的建筑形式、建筑风格体现出来，从而决定了徽州建筑不仅具有很高的实用价值，而且具有很深刻的文化寓意。

二、徽州建筑的含义

徽州建筑又称徽派建筑，流行于徽州(今安徽省黄山市、绩溪县)，江西婺源县及浙江省严州、金华(古称婺州)、衢州等浙西地区。徽州建筑作为徽文化的重要组成部分，历来为中外建筑大师所推崇，并非特指安徽建筑。

徽州建筑最初源于古徽州，是江南建筑的典型代表。历史上徽商在扬州、苏州等地区经营，徽州建筑对当地建筑风格也产生了相当大的影响。徽州建筑坐北朝南，注重内采光；以砖、木、石为原料，以木构架为主，以木梁承重，以砖、石、土砌护墙；以堂屋为中心，以雕梁画栋和装饰屋顶、檐口见长。

根据建筑的使用功能和性质的不同，可以将徽州建筑分为徽州民居建筑、徽州礼制建筑、徽州园林建筑、徽州书院建筑四大类型。

徽州民居的形制属于天井院住宅的格局，即由四周的房屋围合中央的一方天井院。与北方四合院不同的是，长江中下游地区民居的天井规模通常较狭小，且围以高墙，这样的布局可以适应江南多雨湿润的气候特征。从现存的徽州建筑(尤其是民居)分析，徽州建筑的形制特征是在本土建筑的形制基础之上融合了北方四合院式的院落特征和长江流域的干阑式建筑的楼居形式，从而逐渐形成了独特的徽州地方民居建筑流派。这类民居的特征是平面由"三开间，内天井"的基本单元构成，空间布局对称，中间厅堂，两侧厢房，楼梯在厅堂前或在左右两侧，入口处形成一内天井，作采光通风之用，在此基础上纵横、组合形成二进、三进、四合的住宅。

三、徽州建筑的典型特征

(一)封火墙

建筑物的防火设计是徽州建筑适应环境的又一突出表现。徽州建筑规划紧密，建筑物之间的空隙狭小，有的建筑物墙体之间相隔还不足一米，因此，建筑的防火问题就显得非常重要。有学者论证，明代以前的建筑防火技术措施，主要是屋顶防火和涂泥，将防火墙技术推广到民居，并广泛应用的，当推明弘治年间（1488—1505 年）徽州知府何歆，他为治理民居火患，下令"降灾在天，防患在人，治墙其上策也，五家为伍，壁以高垣，庶无患乎"。而后"六七十年无火灾，灾辄易灭，墙岿然"。于是徽州建筑另一重要的风格特征——封火墙就这样产生了（图 4-2-14）。由于这种外观高大耸立、构造逐层叠落的山墙可保证"邻家之火不得殃及"，有利于防止火势蔓延，在四季又可防止雨季飓风掀起屋瓦，诸多

图 4-2-14 封火墙

裨益使它们很快就在民间流行起来。从政令强制到居民的主动接受，后来的封火墙形制超越了"五家为伍"，发展到每家每户独立建造。封火山墙的形制有三花、五花、七花、观音兜等数种，其名称实指山墙的轮廓迭级变化层次，墙体轮廓高出屋面，墙面以白石灰粉饰，上覆黑瓦，有极强的装饰效果。封火墙的来龙去脉如是，何歆以政令手段推广封火墙，本意是为了防火，却也从一个政治管理的角度促成了"封火墙"这一徽州建筑典型特征的形成。

在徽州的自然地理背景下，天井院落、楼居、粉墙黛瓦、封火墙构成了徽州建筑风格的几大特征，《歙事闲谭》里将明清时期的徽州描述为"粉墙矗矗，鸳瓦鳞鳞，棹楔峥嵘，鸱吻耸拔，宛如城郭，殊足观也。"实则是对徽州建筑特征的俯瞰，即使在今天，人们从现存的建筑群落里依然可以看到当年的盛景。

(二)三雕

1. 砖雕

砖雕始于明代，由窑匠鲍四首创。砖雕是徽州建筑装饰成就的杰出代表，它以徽州盛产的质地坚细的青灰砖为材，经过精致的雕镂而成，徽州众多的保存较好的明清民居、书院、宗祠、寺观及园林建筑都展现出了徽州砖雕的艺术精髓。

（1）砖雕的施用部位。徽州的建筑砖雕主要施用在门楼、门罩、门楣、屋檐、屋顶、屋瓴壁龛、雀替、角缘等处，其中以门楼砖雕施用范围最广泛、最集中（图 4-2-15）。

（2）砖雕的题材与内容。徽州砖雕的题材广泛，内容丰富，题材内容的选定主要依据主人的意图，由砖雕艺人进行艺术创作。民居砖雕的题材内容包括历史故事、戏文片段、山水花鸟、佛道人物等。砖雕的制作经过"打坯""出细"，生动的图案跃然浮现。砖

雕技法有平雕、浮雕、立体雕刻、线刻几种。平面浮雕手法简练，立体雕刻层次分明，写实性强。

（3）砖雕的选材、制作过程及技法。徽州砖雕的主要选材是水磨青砖，一般来说，砖雕的制作过程可分为以下四个步骤。

1）选土烧砖。首先精选精筛纯细无滓之土，烧制成青砖。

图4-2-15 砖雕门楼

2）构思图案。砖雕艺人根据房屋主人的要求构思图案，确定画面的构图格式，安排雕刻内容的具体位置。

3）打坯。砖雕艺人将青砖凿出大块面，做层次划分。

4）出细。对各层次进行精雕细刻，制成最终的成品。

徽州砖雕的制作技法纯熟，选择性地采用低浮雕、高浮雕、平面雕、圆雕、透雕、线雕等手法，尤以雕刻层次多、细部刻画精细生动见长。砖雕艺人在尺余见方、厚不及寸的青砖上，雕刻出题材内容丰富的图案。其中，人物题材在所有砖雕中，被视为精工细作的中心，占有很大的比重。

2. 木雕

（1）木雕的施用部位。徽州建筑木雕根据主要的施用部位可以分作梁架结构木雕和门窗隔断装饰木雕（图4-2-16）。梁架结构木雕集中在梁托、斗拱、雀替、檐角、华板等处；门窗隔断装饰木雕主要集中在门扇、窗扇、栏板、挂落、门罩等处。就装饰精美程度而言，梁架结构木雕以梁托、雀替最为精彩，门窗隔断装饰木雕以窗户下方，隔扇门中间的束腰部分最为突出。

图4-2-16 木雕

（2）木雕的题材与内容。

1）植物类。植物类如牡丹、梅兰竹菊等。

2）鸟兽类。鸟兽类如松鼠、雄狮、虎、鹿、鹤、象、喜鹊、凤凰、蝙蝠等。

在木雕作品里，有的鸟兽内容相互组合或与其他题材组合，这些特定的组合一般都有其特定的寓意，像喜鹊与梅花组合成"喜上梅梢"；蝙蝠与寿字组合成"五福捧寿"；马、蜜蜂、猴子的组合象征"马上封（蜂）侯（猴）"。

有的鸟兽内容在作品里仅作为画面情节的缀饰，如在历史故事题材的木雕作品里，出于构图的需要在空白处雕刻禽鸟。

3）戏文故事类。作品有《三国演义》《白蛇传》《西游记》等传统名著故事，如"刘备招亲""齐天大圣大闹天宫""三打白骨精""八仙过海"等。

"郭子仪祝寿"刻画了唐朝中书令郭子仪的七子八婿为他祝寿，子孙满堂的欢乐情形，这是"男寿"的象征。

4）生产生活题材类。生产题材如打鱼、砍樵、耕种、读书等；民俗活动题材如舞狮、闹花灯、划旱船、耍灯、跑驴等；礼仪活动如迎亲、祝寿、庆功等。

5)佛道题材类。佛道题材类如莲花、罗汉、暗八仙、和合二仙、观音渡海、福禄寿三星等。

6)忠孝节义题材类。忠孝节义题材类如苏武牧羊、岳母刺字等。

7)林园山水类。林园山水类以徽州名胜或各地林园山水为直接或间接的创作素材，以黄山、白岳等名胜为题材有“黄山松涛”“黄山云涌”“白岳飞云”等。以绩溪“十景”、婺源“八景”等具有各地代表性的山水风光为题材的如“寿山旭日”“郭山叠翠”“石洞流霞”“碎石滩头”“大屏积雪”“石印回澜”“龙尾山色”“太白湖光”“孤峰盘翠”“烟云铺海”“双桥夜月”等，还有表现新安江、练江、阊江、乳溪、徽水沿岸风光的作品。

8)装饰图案类。装饰图案类有云纹、回纹、缠枝等。

(3)木雕的选材、制作过程及技法。徽州木雕的选材多用当地产的柏、梓、椿、银杏、楠木、榧树、甲级杉树等木种。

徽州木雕的制作过程主要有两种，一是在建筑构件上直接进行创作；二是先进行选材雕刻，完工后再与构件结合起来(图 4-2-17)。雕刻技法根据需要采用圆雕、浮雕、透雕、线刻等表现手法。梁托、斗拱、雀替、月梁上的雕刻首先要考虑木构件的承重功能，再考虑美观的效果。例如，雀替木雕多圆雕动物或人物形象；门板、窗栏板木雕则多作浮雕或线刻，颇具版面风格。

图 4-2-17 “冰凌阁”的门扇木雕

3. 石雕

(1)石雕的施用部位。徽州的建筑石雕主要施用在门罩、廊柱、门墙、漏窗、牌坊等处(图 4-2-18)。

(2)石雕的题材与内容。徽州石雕的题材与内容以植物类和鸟兽类为主，少见故事类、山水类。大多数石雕作品内容简洁明了，但其中也有如砖雕般内容繁复的例子。如歙县吴氏宗祠天井内的一方石雕“百鹿图”，由九块石雕拼合成图，雕刻了各式姿态的鹿近百只，画面还穿插雕刻奇松、怪石、溪流、飞鸟等。

(3)石雕的选材、制作过程及技法。徽州建筑石雕采用当地产的青黑色的黟县青石和褐色的茶园石，石雕的技法受到材料限制明显，因而采取“因材施艺”的手法进行雕琢。多数作品以浅浮雕、线雕为主。

图 4-2-18 石雕

(三)牌坊

徽州牌坊数目之多在全国都蔚为大观。

1. 徽州牌坊的历史沿革

牌坊又名牌楼，是一种门洞式的纪念性建筑物，多建于陵墓、庙宇、宗祠、路口和园林中，用以纪念死者、宣扬礼教、标榜功德等。关于牌坊，著名建筑学家梁思成先生在《中国建筑史》上写道："牌坊为明、清两代特有之装饰建筑，盖自汉代之阙，六朝之际，唐宋之乌头门、棂星门演变形成者也。"学术界也普遍认为，牌坊源起汉代，发展于唐宋，原本的用途是作为村头路口的道路标志，发展到后来，成为主要用作旌表的礼制建筑。

牌坊的建造用材一般以木、石、砖等材料为主，牌坊的规模大小因等级与建造规划的不同而不等。徽州是中国现存牌坊群中数目较多的地区，据史载，徽州原有牌坊达千余座，保存至今的仍有百余座之多。

2. 徽州牌坊的类别

徽州地区的牌坊绝大多数是为故去的人建造的身后牌坊，只有极个别的建造生前牌坊的情况，像建于明万历年间的歙县城内的许国石坊就是荣耀之至的生前牌坊。

按照各类牌坊所旌表的事迹不同，可以将徽州牌坊分为三大类别：第一类是功德牌坊，包括科举坊、忠孝义行坊等，凡属于光宗耀祖事迹的原则上都可以用功德坊来旌表；第二类是贞节牌坊，是专门用来旌表"节妇烈女"的，也是徽州唯一专属妇女的牌坊；第三类是标志牌坊，设置在宗祠、书院、道路、桥梁等处，起标志提示的作用。

（1）功德牌坊。功德牌坊根据所旌表的事迹与用意又可以分为下列几种。

1）功名坊。功名坊旌表的人物多是为朝廷效力的官员，因为做出了卓著的政绩而受到过皇帝的封赏，例如，棠樾村牌坊群中的鲍象贤尚书坊、稠墅的"父子大夫坊"、歙县城内的"许国石坊"等就属这类功名坊。

2）孝义坊。孝义坊是用来颂扬孝顺事实的功德牌坊，被旌表者都是族内乃至村落公认的孝子。比较著名的孝义坊如棠抛村牌坊群中的鲍逢昌孝子坊、鲍灿孝子坊、慈孝里坊等（图 4-2-19、图 4-2-20）。

图 4-2-19　鲍象贤尚书坊

图 4-2-20　慈孝里牌坊

3）科举坊。科举坊是用于旌表在科举中登榜的学子的牌坊。在徽州，士多者以绩溪为最。科举坊也成为绩溪的一大景观。例如，冯村的"大夫坊"就是为明成化十五年（1479 年）为旌表本村进士冯瑢而立的。

4）义行坊。义行坊是用来旌表义行事迹的功德牌坊。例如，棠樾村牌坊群中的鲍淑芳父子义行坊，建于清嘉庆二十五年（1820 年）八月，是为表彰鲍志道、鲍淑芳、鲍均祖孙三代身为盐业巨商，能为朝廷捐赠大量金银用于军需、赈济灾民、河工、税务，并出资修缮邑城，兴建书院、宗祠、桥梁、牌坊、水利、道路等义举而奉旨修建。

（2）贞节牌坊。棠樾村牌坊群中有两座著名的贞节牌坊："鲍文渊妻节孝坊"和"鲍文龄妻节孝坊"。鲍文渊妻节孝坊建于清乾隆五十二年(1787年)，是尊朝廷旨意为旌表吴氏尽育子修坟守节之职而修建的。吴氏二十五岁嫁入鲍家，二十九岁即丧夫，之后她抚育前室遗子成人，侍奉病姑，安葬祖宗遗骨，修葺祖族坟茔，守节逾六旬卒。鲍文龄妻节孝坊建于清乾隆四十一年(1776年)，旌表鲍文龄妻汪氏二十五岁守寡，守节奉孝二十年直至四十五岁卒的"节孝"事迹。

(3)标志牌坊。标志牌坊用来标示村落中的某处重要地点或景观，起提示作用，对标志牌坊的命名往往有典可循，因此，标志牌坊还带有特定的纪念意义。根据不同的用途，标志牌坊又可分为地名标志坊和宗祠标志坊。歙县城东的"古紫阳书院坊"就是一座地名标志坊，牌坊选紫阳书院旧址，标示原书院的地点，并以之纪念曾在此讲学的理学宗师朱熹。宗祠标志坊多建造在宗祠前，或作为宗祠的附属建筑，或独立为宗祠的入口标志，如黄山石岗村的"汪氏祠坊"、歙县徐村的"徐氏祖祠坊"。

3. 徽州牌坊的独立形式美

徽州牌坊是徽州建筑中不具备居住、祠祀等实用功能的建筑类别。徽州牌坊的独立形式美主要由以下三个方面来塑造。

(1)形制。徽州牌坊的形制多样，明代多柱不冲天式，强化楼的部分，风格古朴端庄；清代多冲天柱式，立柱突破枋额，显得气魄威严、宏伟壮观。抛开牌坊营造气氛的需要，仅是那些或朴拙、或壮丽、或精巧、或威严的立面样式本身就生动展示了建筑的形式美。

(2)尺度。徽州牌坊的尺度较大，高度趋高、用材厚重。各类牌坊的高度少则七八米高，多则达十几米。这样的高度带来的视觉感受明显不同于居住类建筑，几根立柱作线状组合，横作一行，犹如一面单墙，看似单薄的坊体被营造得很高，尤其是冲天柱式的牌坊更有高耸入云的感受。牌坊的营造用材尺度厚重，大多数牌坊为石坊，坊上要制作精美的雕刻，还要架上许多石雕构件，为了防止倾倒，就要使用粗壮的石料进行加工，有时候还需要额外加固，像许国石坊在石柱底座前后分别砌造靠柱石，前后左右共十二块。为了避免体量笨重感，这些靠柱石都附加雕作，有的被雕成扇形，有的被雕成鼓形，有的被雕成倒爬狮、坐狮，从而使整个牌坊从外观看来稳固敦实又装饰丰富。例如，西递村的胡文光刺史坊，高12米，宽9.5米，为三间四柱五楼式结构，牌楼底座雕刻有四只高2.5米的石狮，石狮呈俯冲倒立状，造型生动，威猛传神。这种狮头朝下的倒立狮设计能够起到加固牌楼的作用。

(3)装饰。徽州牌坊的装饰手段主要是石雕，装饰风格因牌坊的类别、等级而各显不同。民间营造的牌坊装饰简略，朴素大方，雕刻层次少、内容简单。额坊一般用浮雕、浅浮雕、线刻手法；柱间楼常作透雕；靠柱石多用圆雕来增强形体真实感。

例如，西递村建于明朝万历八年(1578年)的胡文光刺史坊是徽州牌坊里装饰精美的典型，牌坊的月梁上刻有精美古朴的浮雕(图4-2-21)。正中额坊雕刻"五狮戏绣球"，两侧额坊分别雕刻凤凰、麒麟、仙鹤、梅花鹿。梁柱间，用石雕斗拱承托，两侧嵌以石雕花窗。二楼横梁西向刻有"胶州刺史"，横梁东向

图4-2-21　胡文光牌坊

刻有"荆藩首相";三楼轴线上刻有"恩荣"两字，两旁衬以花盘浮雕，显示牌楼的建造是皇帝的宠幸与恩赐。牌楼四根石柱，东西两面共有 12 个穿榫，立着中国神话传说的"八仙"与四位文臣、武将的雕塑。整座牌坊装饰题材多样、装饰内容繁多，体现出该牌坊不同寻常的地位。

(四)宗祠

"宗祠"即"宗族祠堂"，是祭祀祖宗或先贤的庙堂，其含义可从"祠堂"来了解。《现代汉语词典(第 7 版)》里对"祠堂"一词的解释通常有两种情况，一是指"在封建宗法制度下，同族的人共同祭祀祖先的房屋";二是指"社会公众或某个阶层为共同祭祀某个人物而修建的房屋"。这两种解释实则说明了"祠堂"建筑在两个不同方面的实际用途。徽州"宗祠"即同一姓氏族人的总祠，属于在封建宗法制度下用于祭祀祖先的"祠堂"。宗祠之下统有"家祠"，为同一姓氏的直系后人所建;同一姓氏或支脉后代亲属又建有"支祠"。

以木构架为主要构造方式的中国传统建筑，历来就重视梁架结构在建筑艺术特点方面的形式作用。徽州宗祠的梁架结构特点除满足支撑建筑整体的力学要求外，更具有对营造宗祠宏伟庄重气氛的辅助作用。

(1)徽州宗祠建筑的梁架选材讲究，构造复杂。大型宗祠建筑多以抬梁式和穿斗式并用，木构件使用较复杂，一般外檐多用木石混合，中进享堂的月梁、金柱粗硕。斗柱为标准南方式，节头多为象鼻、凤头、如意，有时上面装有翼形云板，主要部位装饰木雕或彩画。如东舒祠的整体梁架采用了抬梁式和穿斗式两种构架方式，木构件的使用如斗拱、雀替、梁头、驼峰、叉手、蜀柱、平盘斗等，与明代营造法式里的使用情况基本相符。再如吴氏宗祠中进享堂的梁架用材以硕壮为美，其厅堂的月梁、金柱粗硕宏大为徽州宗祠之最。再如胡氏宗祠的正厅由 14 根直径为 166 厘米的粗柱承托梁架，选材为当地产的银杏树。圆柱接地处做莲瓣形柱础。梁架搭建方式为抬梁式和穿斗式相结合，由 54 根冬瓜梁穿插组织于柱枋之间，整体气势恢宏。

(2)徽州宗祠建筑的梁架装饰精美。典型的如东舒祠(图 4-2-22)，厅内前檐廊轩梁以鲤鱼吐水雀替两端承托，其上架两荷瓣平盘斗，立两葵花瓣童柱，上承园栌头，一斗三升承托轩桁，三幅云，铺罗锅椽，形成船篷轩。抱梁云位置雕刻精美的花瓣，廊枋亦为冬瓜梁状，两端承以鲤鱼吐水雀替。比较华丽的是廊枋两端"梁眉"处也刻上五朵水纹。廊枋上，承托云水纹驼峰和一斗三升而廊柱下部为石柱，上面插木柱，木柱出插拱与隔间斗拱，一道承托柱头枋与普柏枋，普柏枋上坐三跳七踩枫拱承托檐口。寝殿中间为五架梁由丁头插拱承托，拱眼雕一朵卷云，梁上立荷叶瓣平盘斗与童柱，童柱上承金桁，横向额枋上架五踩斗拱与金桁相联系。脊桁两侧出卷云。寝殿的主体梁架还装饰有包袱式彩画，许多木构件上都有精美的木雕。这些梁架装饰与复杂的构件交织成气宇轩昂的装饰效果，突出了宗祠建筑宏伟庄重的气氛。

(五)徽州民居的平面布局——紧凑通融的天井庭院

徽州民居平面多作内向方形布局，面阔三间、明间厅堂、次间卧室，左右对称。围绕扁长形的天井构成三合院基本单元。三合院布局体现了封建制度的制约。明代典制森严，据《明史·舆服志》载:"庶民庐舍，洪武二十六年定制，不过三间五架"。这也反映了宗法伦理位序和蕴藏生气的空间观念。"三间五架"不能满足居住的需要，因此，徽州多以三合院为基本建筑单元组合成不同类型的住宅群体。基本单元一进一进地向纵深方向发展，形成二进堂、三进堂、四进堂甚至五进堂。后进高于前进，一堂高于一堂，这既有利于形成穿堂风，加强室内空气流通，也反映了主人"步步高升"的精神追求。

图 4-1-22　东舒祠

　　天井是住宅群体的生长点，具有承接和排除屋面流水、采光、通风之功用（图 4-2-23）。由于屋面檐口都内朝天井，四周流水从檐口流入明坑，当地称"四水归堂"，是徽商"聚财气""肥水不流外地"思想的建筑外化。天井长宽比一般为 5∶1，狭长形的天井使采光效果与一般北方四合院不完全相同，后者院子大，所采光基本为天然光，而前者所采光线多为二次折射光，这种光线很少有天然眩光，比较柔和，给人以静谧舒适之感。天井狭小，风沙尘埃很少干扰院内，因此厅堂临院很少设门，厅堂与天井融为一体，人们坐在厅堂内能够晨沐朝霞，晚观星斗。古徽《风水歌》曾赞美道："何知人家得长寿，

图 4-2-23　天井

迎天沐日无忧愁。"高大封闭的外墙隔离了自然，但天井又将自然引入。外宽内敞，既体现了民居的建筑风格，也折射了商贾、士人的人生哲理。

拓展小知识

徽州建筑

1. 徽商与徽州建筑的关系

　　徽商始于南宋，发展于元末明初，形成于明代中叶，盛于嘉靖时期，清代乾隆时期达到顶峰，是中国明清十大商帮中最富有传奇色彩的商人团体。徽州人热衷于经商有其特殊的背景条件。

　　（1）徽州人热衷于经商是由徽州地理环境特征决定的。徽州地狭民稠，田耕不足以满足生计，因此，徽州人为生计所迫而从商。胡适在口述自传里也曾讲述，徽商

的崛起是"因为山地十分贫瘠，所以徽州的耕地甚少。全年的农产品只能供给当地居民大致三个月的食粮。不足的粮食，就只有向外地去购买补充了。所以，徽州的山地居民在此情况下，为着生存，就只有脱离农村，到城市里去经商。因而几千年来，徽州人就注定成为生意人了。徽州人四处经商，向东上便进入浙江；向东北则去江苏；北上则去沿长江各城镇；西向则去江西，南向则去福建。"

（2）徽州地区物产丰富，尤其是土特产甚多，可以与各地互通有无。

（3）徽州地接苏、杭、饶等经济发达地区，水运十分方便。

清康熙《徽州府志》有载："天下之民安命于农，徽民安命于商。"虽然徽州的地理环境是相对独立和封闭的，但是商贾往来使徽州与周边地区有较为密切的关系，尤其以江苏和浙江为最。明清时期，徽商的经营活动也主要集中在江浙沿海及长江中下游一带。其经营项目之多，商业资本之雄厚，都居中国诸商帮之首。从徽商的崛起与繁荣中可以看出，徽商对整个徽州经济的发展有巨大的影响力。明中叶到清中叶是徽商发展的鼎盛时期，整个徽州区域的市镇建设也受到经济的推动，其中建筑业的发展程度是考评地域经济发展程度的因素，徽商经济对徽州建筑的影响同样是不容忽视的，它推动了徽州建筑在规模和数量上的发展、在营造技术上的进步。现存的徽州明清建筑有相当多是衣锦还乡的徽商建造的，其中有相当数量的建筑具有很高的艺术价值。

休宁人赵吉士在《寄园寄所寄》中曾说："新安自紫阳峰峻，先儒名贤比肩接踵，迄今风尚醇朴，虽避材陋室，肩圣贤而躬实践者，指盖不胜屈也。"这段话说的就是徽州自古人杰地灵，徽州人古来就强调读书的重要。《歙纪》卷五《纪政迹·修备赘言》有训："徽俗训子，上则读书，次则为贾，又次则耕种。"在徽州社会，能够由读书而登第的毕竟是少数，但因多种原因弃儒从贾的人依然将读书视作头等要事，"贾而好儒"便是徽商文化最典型的特征之一，"行者以商，处者以学"，"虽游于贾，然峨冠长剑，衰然儒服，所至挟诗囊，从宾客登临啸咏，怆然若忘世虑者"，"富而教不可缓也，积资财何益乎"……这些文字出现在徽州诸多的地方志及徽州人撰书里，反映的都是徽商贾而好儒的性格特征。成为商贾大富的人们内心深处仍有强烈的读书入仕情结，他们捐助教育、资助建造书院，这些义举使徽州书院无论在数量上还是规模上都较之前有显著发展。如黟商舒大信于乾隆年间"修东山道院，旁置屋十余楹，为族人读书也。邑人议建书院，大信捐二千四百金助之。"歙县盐商鲍志道捐银八千两增置城南紫阳书院膏火，复出三千金倡复古紫阳书院。根据徽州书院的营造情况，除官署设置的书院外，其余的大部分都有徽商的参与和资助。

徽商的贾而好儒、宗族归属感推进了徽州书院建筑、礼制建筑在规模和数量上的发展，并使这两类建筑在艺术风格上出现了程式化的发展模式。徽商的性格特征促成其生活习俗的模式，徽商的审美趣味影响到建筑的审美特征。从实物分析，以奢靡为美的审美取向是徽商建筑重要的审美特征，究其原因，除明中叶后世从流变的大背景外，徽商奢靡的生活方式是形成这种审美取向的原因。

明清时期，徽商组织的发展壮大为徽州商贾阶层赢得了比以往更受重视的社会地位，商贾阶层的生活习俗也逐渐成为徽州社会各阶层品评的重点内容，同时，也成为明中叶后徽州建筑审美风向嬗变的重要因素。明代商人营商发家致富后，消费习尚之奢俭表现各有不同。明人汤宾尹有文记述："徽俗主行贾，矜富壮，子弟裘马庐食，辐辏四方之美好以为奇快，歙为甚。歙人民巷舍所居，动成大都会，甲于四方，岩镇为甚。岩镇大姓以十数，衣冠游从，照耀市巷。"徽南多尚奢靡已经成为当时社会的共识。因此，徽商的"奢靡为美"在徽州建筑上的反映便是对建筑的品评以"华丽工巧、雕梁画栋"为美。

2. 西递村——桃花源里人家

图 4-2-24　西递村

西递村位于黟县城东南 8 千米处，原名西川，又称西溪。始建于北宋皇祐年间（1049—1054 年）（图 4-2-24）。村落呈船形，占地 16 万平方米。村前的胡文光牌楼是船的风帆，村西头的银杏古树是船的桅杆，鳞次栉比的古民居群是整个船身。明嘉靖版《新安名族志》记载："其地罗峰高其前，阳尖障其后，石狮盘其北，天马霭其南。中有二水环绕，不之东而之西，故名西递。"清代学者俞正燮（黟县人）的解释："西递在府西，日为递铺所，因以得名。"村内有横路街、正街、后边溪街三条主街巷，九十余条支巷纵横交错，六十余口古井星罗棋布。明景泰年间逐渐兴盛，至清乾隆年间有六百余幢豪华的深宅大院，形成了规模宏大的村落，"三千烟灶三千丁"，人口逾万，面积为现在的三倍，到清末逐渐走向衰落。

然而，虽经历史的沧桑巨变，但西递村至今仍有明清古民居三百余幢，保存完好的有一百二十多幢。如此布局之工、营造之精、结构之巧、装饰之美的大规模的古民居群实为国内所罕见，被誉为"中国明清民居博物馆"。

徽州的古村落大都是由血缘关系繁衍生息而发展起来的。西递村是胡姓世居之地，这说起来还有一段传奇故事。据胡氏宗谱记载，胡氏的始祖本姓李，是唐昭宗李晔之子昌翼公。904 年，梁王朱温企图篡位，胁迫唐昭宗李晔迁都洛阳，李晔深知此去洛阳必是凶多吉少，便将皇后于途中所生男婴托付给陕西地方官，徽州婺源人胡三之妻带回家乡抚养，因避朱温叛乱，奶娘将其带到婺源考水，并取名胡昌翼。五代时，昌翼考中后唐明经科，奶娘才告以身世，于是他决意不染仕途。到五世祖胡士良赴金陵途中，路经西递，见这里青石如金，和霭峰似笔，有虎步前蹲之势，犀牛望月之奇，觉得在这样的风水宝地安家，一定能大富大贵，世代兴旺，遂举家由婺源迁到此处定居。后代子孙为不忘李姓根本，以明经别其氏，称明经胡。故今日在黄山市境内有真胡假胡之说。该村最有名的官当属胡文光，明万历年间（1573—1620 年），他官至胶州刺史、荆王府长史，从此，这里的胡氏宗族便兴旺起来。至清道光年间，江南六大富豪之一的胡贯三，更将它推上了全盛的阶段。为了迎接亲家——当朝宰相曹振镛，胡贯三便在村口建造了走马楼、迪吉堂。另外，还在县里带头捐资修建碧阳书院、永济桥；在休宁县齐云山脚下重修了登封桥；还捐出巨资在亲家曹振镛的家乡歙县建起了横跨练江的大石桥。

胡姓一支迁居西递，与这里是一块休养生息的好地方不无关系。徽境多山，重峦阻隔，道路险峻，是一个开发较晚的地区，古代为山越部族居住。三国时，被孙权攻占，山越人与进入该地区的外来移民逐渐融合。到晋代，北方大乱，迁入徽州的中原人士渐多。至宋朝特别是南宋建都临安，随着民族的又一次大迁徙、大融合，进一步带动了徽州的开发和发展。北方的连年征战，使偏居一隅、交通闭塞的古黟成为中原士族躲避战乱的一块理想胜地，素有"世外桃源"之称。

　　徜徉西递，一些民居建筑的门额、楼额上至今还留有"桃花源里人家"的石刻、木刻。当年陶公避世隐逸，过着"采菊东篱下，悠然见南山"的恬淡、悠闲生活，"结庐在人境，而无车马喧。问君何能尔，心远地自偏"是脱离了仕途纷繁倾轧，远离尘嚣和世俗的诠释。岁月更替，如今的西递仍然风光依旧，民风古朴。另外，淳朴的西递村民充分发掘利用现在的遗风余韵，以其悠久的文明和古老的历史、独具一格的民居特色、清秀的山水风光、敦厚淳朴的乡土民情，向全世界揭开了神秘的面纱。

课后思考

　　1. 东北地区还有哪些特色建筑？关于东北少数民族的风俗习惯，你都有哪些了解？

　　2. 北京四合院的布局是怎样的？北京四合院里常常种植的植物有哪些？寓意如何？

　　3. 窑洞的类型有哪些？发生在窑洞里的红色故事有哪些？

　　4. 客家土楼的建筑功能有哪些？

　　5. 封火墙和天井的作用分别是什么？

参考文献

[1] 刘敦桢. 中国古代建筑史[M]. 北京：中国建筑工业出版社，1980.

[2] 柳肃. 营建的文明[M]. 2版. 北京：清华大学出版社，2021.

[3] 宋文. 国粹图典：建筑[M]. 北京：中国画报出版社，2016.

[4] 梁思成，林洙. 为什么研究中国建筑（英汉对照）[M]. 北京：外语教学与研究出版社，2011.

[5] 梁思成，林洙. 古拙：梁思成笔下的古建之美[M]. 北京：中国青年出版社，2016.

[6] 朴世禺. 藏在木头里的智慧：中国传统建筑笔记[M]. 南京：江苏凤凰科学技术出版社，2020.

[7] 史芳. 中国建筑浅话[M]. 北京：中国人民大学出版社，2017.

[8] 林之满，萧枫. 蜚声中外的中国建筑[M]. 沈阳：辽海出版社，2008.

[9] 彭才年，翟利群，马本和，等. 中国传统建筑·门窗[M]. 哈尔滨：黑龙江美术出版社，2005.

[10] 楼西庆. 中国传统建筑文化[M]. 北京：中国旅游出版社，2008.

[11] 梁思成. 中国建筑史[M]. 天津：百花文艺出版社，2005.

[12] 谢春山. 中国历代建筑[M]. 沈阳：辽海出版社，2012.

[13] 鲁毅. 建筑艺术欣赏[M]. 北京：机械工业出版社，2019.

[14] 张驭寰. 中国古代建筑文化[M]. 北京：机械工业出版社，2007.

[15] 王文思. 中国建筑[M]. 北京：时代文艺出版社，2009.

[16] 王振复. 中国建筑的文化历程[M]. 上海：上海人民出版社，2000.

[17] 肖东发，张德荣. 三大名楼：文人雅士的汇聚之所[M]. 北京：现代出版社，2015.

[18] 谢普. 巧夺天工的中国建筑[M]. 沈阳：辽海出版社，2017.

[19] 张驭寰. 中国古建筑知识一点通[M]. 北京：清华大学出版社，2019.

[20] 林徽因. 中国建筑常识[M]. 北京：北京理工大学出版社，2017.

[21] 陈孟琰，马倩倩，强晓倩. 建筑艺术赏析[M]. 镇江：江苏大学出版社，2017.

[22] 胡颖，汤宗礼，邓文华. 中国传统建筑文化读本[M]. 北京：中国科学技术出版社，2008.

[23] 张和敬. 徽州访古[M]. 北京：九州出版社，2007.

[24] 姜立婷. 中国传统建筑与文化传承探析[M]. 北京：中国纺织出版社，2020.

[25] 曹上秋，周国宝. 徽州山水村落：繁荣徽文化留下的最后物证[M]. 南京：江苏科学技术出版社，2013.

[26] 孙志春，苏晓华，孙超. 建筑文化与职业素养[M]. 北京：北京理工大学出版社，2018.

[27] 艾君. 四合院，记载着古老北京居住文化的历史轨迹——谈谈北京四合院文化的渊

源及其发展历史[J]. 工会博览，2020(14)：39-42.

[28] 金正镐. 东北地区传统民居与居住文化研究——以满族、朝鲜族、汉族民居为中心[D]. 北京：中央民族大学，2005.

[29] 王宇旸. 北方地区传统观演型建筑的营造与当代适应性研究[D]. 沈阳：鲁迅美术学院，2021.

[30] 张北松. 客家土楼建筑文化与艺术特征研究[D]. 长春：东北师范大学，2016.

[31] 李书源. 图说中国文化——建筑工程卷[M]. 吉林：吉林人民出版社，2007.

[32] 廖冬，唐齐. 解读土楼：福建土楼的历史和建筑[M]. 北京：当代中国出版社，2009.

[33] 焦雷，高成全. 地理要素对中国传统民居建筑形制的影响[J]. 山西建筑，2007(20)：10-11.

[34] 韩沫. 北方满族民居历史环境景观分析与保护[D]. 长春：东北师范大学，2014.

[35] 李向东，沈永宝. 赫图阿拉城历史建筑的保护与利用[C]//中国文物学会传统建筑园林委员会. 中国文物学会传统建筑园林委员会第十三届学术研讨会会议文件（二）. 2000：5.

[36] 王玉. 辽宁满族民居建筑特色研究[D]. 苏州：苏州大学，2011.

[37] 刘小军，王铁行，于瑞艳. 黄土地区窑洞的历史、现状及对未来发展的建议[J]. 工业建筑，2007(S1)：113-116.

[38] 杨柳，刘加平. 黄土高原窑洞民居的传承与再生[J]. 建筑遗产，2021(02)：22-31.

[39] 任芳. 晋西、陕北窑洞民居比较研究[D]. 太原：太原理工大学，2011.

[40] 陆林，焦华富. 徽派建筑的文化含量[J]. 南京大学学报（哲学社会科学版），1995(02)：163-171.

[41] 臧丽娜. 明清徽州建筑艺术特点与审美特征研究[D]. 济南：山东大学，2005.

[42] 李迪. 古代杰出的工匠——喻皓[J]. 建筑学报，1976(01)：43+14.